全国高职高专规划教材——工学结合教材

果蔬贮藏与运输

华海霞　侯晓东　主编

中国环境出版社·北京

图书在版编目（CIP）数据

果蔬贮藏与运输/华海霞，侯晓东主编. —北京：中国环境出版社，2018.1

全国高职高专规划教材. 工学结合教材

ISBN 978-7-5111-3329-8

Ⅰ．①果… Ⅱ．①华…②侯… Ⅲ．①水果—贮运—高等职业教育—教材②蔬菜—贮运—高等职业教育—教材 Ⅳ．①S660.9②S630.9

中国版本图书馆 CIP 数据核字（2017）第 224676 号

出 版 人	武德凯
责任编辑	孟亚莉
责任校对	尹 芳
封面设计	宋 瑞

出版发行　中国环境出版社
　　　　　（100062　北京市东城区广渠门内大街 16 号）
　　　　　网　　址：http://www.cesp.com.cn
　　　　　电子邮箱：bjgl@cesp.com.cn
　　　　　联系电话：010-67112765（编辑管理部）
　　　　　　　　　　010-67112735（第一分社）
　　　　　发行热线：010-67125803，010-67113405（传真）
印　　刷　北京市联华印刷厂
经　　销　各地新华书店
版　　次　2018 年 1 月第 1 版
印　　次　2018 年 1 月第 1 次印刷
开　　本　787×960　1/16
印　　张　13.0
字　　数　236 千字
定　　价　26.00 元

编审人员

主　　编　华海霞（南通科技职业学院）

　　　　　侯晓东（广东省潮州市质量计量监督检测所）

副 主 编　陈　云（南通科技职业学院）

　　　　　刘贵深（国家食品软包装产品及设备质量监督检验

　　　　　　　　中心）（广东）

编写人员　邹宗峰（烟台市农业技术推广中心）

　　　　　何雪莲（海南省水产品质量安全检测中心）

　　　　　李丽卿（广东省质量监督食品检验站）（潮州）

　　　　　欧燕清（潮州市茶叶科学研究中心）

主　　审　王晔武（江苏杨侍生态园科技发展有限公司）

序 言

工学结合人才培养模式经由国内外高职高专院校的具体教学实践与探索，越来越受到教育界和用人单位的肯定和欢迎。国内外职业教育实践证明，工学结合、校企合作是遵循职业教育发展规律，体现职业教育特色的技能型人才培养模式。工学结合、校企合作的生命力就在于工与学的紧密结合和相互促进。在国家对高等应用型人才需求不断提升的大环境下，坚持以就业为导向，在高职高专院校内有效开展结合本校实际的"工学结合"人才培养模式，彻底改变了传统的以学校和课程为中心的教育模式。

《全国高职高专规划教材——工学结合教材》丛书是一套高职高专工学结合的课程改革规划教材，是在各高等职业院校积极践行和创新先进职业教育思想和理念，深入推进工学结合、校企合作人才培养模式的大背景下，根据新的教学培养目标和课程标准组织编写而成的。

本套丛书是近年来各院校及专业开展工学结合人才培养和教学改革过程中，在课程建设方面取得的实践成果。教材在编写上，以项目化教学为主要方式，课程教学目标与专业人才培养目标紧密贴合，课程内容与岗位职责相融合，旨在培养技术技能型高素质劳动者。

前　言

本书根据教育部《国家教育事业发展第十三个五年规划》及高等教育对人才培养的有关要求，以高等院校涉农类和食品类相关专业人才培养为目标，按照理实一体、学做合一的原则编写。力求贴近生产实际，适应高等院校及职业需求，并吸纳近年来在果蔬贮藏与运输方面的新技术、新工艺，注重实用性，突出专业性、科学性、创新性和新颖性。

本书的编写以"项目为驱动，任务为载体"为思路来安排学习内容，通过案例分析，重点培养学生的实践动手能力和贮藏运输管理能力。本书有如下特色和创新。

一、形成"项目驱动，任务载体"的主线

本书中项目任务书以及有关案例的选取全部源于生产、生活实际，打破学科知识的传统教学体系，重构课程内容，使教材内容更具有实用性和科学性。

二、突出"理实一体，学做合一"的原则

本书注重对学生实际生产操作能力和知识综合应用能力的运用。强调以学生为主体，以教师为主导，做到任务清晰、目标明了，理论与实际融为一体，知识学习与实践操作合而为一，具有很强的实用价值，适合高等院校涉农及食品等相关专业作教材使用，也可供农业院校和果蔬经营、贮运部门及有关科研技术人员参考。

三、注重"创新思维、职业能力"的培养

本书在系统全面的基础上吸纳了现代果蔬产品贮藏与运输方面涌现的新技术和新成果，通过知识拓展和知识链接，使学生获取新知识和新技能，培养学生的创新思维能力。通过学以致用、案例分析等方式培养学生的生产和管理技能，

提高学生的综合职业素质和能力。

四、体现"工学结合，专业教育"的特色

本书注重岗位工作任务，把企业的实际工作任务作为学习的载体，使工作与学习实现无缝对接。做到以能力为目的，以就业为导向，实现做中学、学中做，学做合一，知识和能力的融会贯通。

本书由华海霞和侯晓东任主编，刘贵深、陈云任副主编。邹宗峰、何雪莲、李丽卿等参与编写。具体编写任务分工如下：项目一由陈云撰写；项目二由欧燕清撰写；项目三由李丽卿和何雪莲撰写；项目四由邹宗峰和李丽卿撰写；项目五由刘贵深写。最后由陈云、刘贵深和侯晓东统稿，王晔武主审，华海霞定稿。

在本书的编写过程中，我们汇集了多年教学、科技研发和行业企业的生产实践经验，结合职业岗位技能要求，参考和引用了国内外许多专家的有关文献资料。在此，对原作者表示衷心的感谢！感谢他们付出的辛勤劳动！

由于编写时间紧、任务重，加之编者水平有限，书中难免有不妥或错漏之处，敬请广大读者朋友批评指正。

编　者

2017 年 8 月

目 录

绪　论

一、果蔬贮藏与运输概念的引出

当今世界，在科技、经济、社会不断发展的同时，也产生了一些影响甚至威胁人类生存的危机，需要各国政府和人民共同努力，一起寻求解决的途径和办法。人口、食物、环境、能源是目前世界公认的四大危机，其中人口和食物（包括果蔬产品）的危机是许多国家特别是发展中国家急需解决和处理的难题。

随着社会和经济发展，果蔬产业发展迅猛，人民对生活质量的要求不断提高。水果、蔬菜和花卉的生产及消费不仅仅是单纯的满足于产量的增加，更重要的是满足消费的需要。2000 年，我国水果产量由 1952 年的 200 多万 t 增加到 6 000 万 t，这是世界上前所未有的发展速度。2014 年，全国水果总产量达 26 142.2 万 t。蔬菜和花卉的发展水平与果树共同，1997 年，蔬菜总产量达 3.45 亿 t，2014 年，全国蔬菜产量超过 7 亿 t，比 2003 年增长 1.7%。1999 年，花卉种植面积 9.1 万 hm^2，产值 115 亿元，2014 年种植面积达 102.21 万 hm^2，产值达到 1 855 亿元，生产形势喜人。

其实，农产品的采后损失是相当惊人的。据世界 FAO 估计，新鲜果蔬采后损失达 25%～80%，这些已超过了发展中国家所能承受的平均极限水平，使本来就不充足的食物更为紧张。人口和食物的矛盾更为突出。重视果蔬产品产前、产中和产后的管理技术和相应的设备，保持收获后新鲜原料的品质，延长贮藏期，从而获得应有的经济效益，是当前迫切需要解决的任务。要做好果蔬产品贮藏运销工作，必须掌握果蔬产品的市场前景、生理特性和它们对环境条件的特殊要求，以及满足这些条件所需设施、设备、原理、性能和操作技术，在保证优良品质的前提下最大限度地延缓果蔬产品的衰老。

二、我国果蔬产品贮藏业存在的问题和不足

（一）果蔬贮藏能力不足

目前，我国的果蔬贮藏能力严重不足，仅占总产量的 35% 左右，远远低于世

界发达国家水平，特别是现代化的空调贮藏在世界发达国家早已广泛使用，而我国的相关技术却刚刚起步，因此贮藏技术及全套设施问题应引起重视，否则当产量变高时将会由于中间环节不畅，出现全局性的问题。

（二）尚未建立适合我国国情、科学合理的果蔬流通链

为了进一步提高果蔬质量，减少采后损失，解决采前采后脱节的问题，应尽快研究并提出适合我国国情的果蔬流通综合技术，建立合理的流通体系，在有条件的地方，率先实行"冷链"流通。

（三）贮运保鲜技术的推广普及率不足

一些经济落后地区，资金缺乏，思想守旧，采后商品化处理意识淡薄，这些都制约了果蔬贮藏新技术的普及和推广。因此应在主要果蔬产区，通过新闻媒体、网络等渠道，加强常规技术和新技术的推广和应用。

（四）名、特、优果蔬贮藏理论和技术研究不足

荔枝、龙眼、板栗、大枣等果品是我国加入世界贸易组织（WTO）后的优势果品，但首先要解决贮藏保鲜问题才能与国外水果竞争。目前荔枝、大枣的保鲜技术尚未攻克，板栗、龙眼的贮藏保鲜尚未解决。因此，要加大科研资金投入和先进贮藏保鲜技术的推广应用，突破传统的贮藏保鲜模式，这对进一步促进我国水果产业的发展，提高级济效益有着非常重要的意义。

（五）采后商品化处理意识淡薄

研究建立适合我国国情的果蔬采后商品化处理技术体系，建立完善的产业技术管理体系，改进包装装潢，制订与国际接轨的果蔬贮藏保鲜技术标准，使果蔬产品商品化、标准化和产业化，是提高我国果蔬在国际市场上竞争力的重要措施之一。

三、发达国家果蔬产品贮运保鲜业的现状与趋势

（一）生产专业化、区域化

发达国家采用有目的果蔬专业化、区域化生产模式，在最适宜的地区栽种相应的果蔬品种，例如佛州的加工用柑橘、芒果、荔枝、草莓；加州的鲜食用柑橘等。他们还采取了一系列的举措，如按品种划分专门蔬菜场；按气候变化与市场

要求增加或变换蔬菜品种；生产蔬菜经初加工后投放市场或交给加工厂；生产、加工、销售一条龙的联合公司等从而实现了专业化的生产模式。

（二）技术与设备先进配套

基因工程技术在保鲜的商业应用。

（三）健全的质量和食品安全监控体系

美国 1963 年开始建立了一套完整的检测体系，3 个部门共同负责，其中环保局负责农药登记与最高残留量限定；美国食品药品监督管理局负责监督实施农药残留限量、进口与国内市场食品农残检测；农业部负责农产品农残检测与调查。食品安全质量越来越被重视。

（四）依靠产业协会和产业化经营

在美国，果蔬的贮藏与销售均依靠产业协会的力量实现产业化经营模式。采用联邦、州、县、大学的农业推广体系。利用以公司为核心的股份制包装加工企业。例如果品包装后统一运到市场，按果农的果品数量和质量分红，整个过程由农场主和缴会费的行业协会参加，例如新奇士橙协会，采用新举措引导发展生产和销售、制定生产技术标准，采用电脑统计每周果树成熟情况，从而确保产量；全球的代表将订单传给总部，总部发到各包装厂，向果农收购，总部分订单 3 天即可装货柜，每厂配备质检员 15 人，每箱均有标记，出问题可追究等，通过以上措施紧密联系市场，提高果蔬产品的销售速度，最大程度的保证产品的品质。

（五）完善成熟的市场体系

采用果蔬产品产销紧密结合的销售模式，首先由市场订合同进行生产，加工商按照规格加工后交付市场，实现了有目的生产模式。此外形成完善的规模化的果蔬批发业务由成熟的配套软件（信息）和完善先进的硬件（冷库/冷链）共同支持，形成了完善的果蔬销售市场体系。

四、果蔬贮藏与运输课程的研究内容及任务

随着时代的发展和社会的进步，教育水平不断提高，素质高、能力强的复合型人才越来越受到用人企业的欢迎，培养出适应企业岗位需求，具备勤奋踏实、认真负责等基本素质和认真细致、能独立思考并解决问题的复合型人才，就成为职业培养的目标。

　　果蔬贮藏与运输是高职高专食品类专业的专业必修课，它是依据食品类专业的就业岗位开设的。食品类专业的岗位主要有工艺员、检验员、品控员和技术员，他们在这些岗位主要从事着生产管理、经营管理、技术管理和质量管理，最终从事食品的研发与生产、食品贮运与销售两大方向。在这两大方向所从事的典型工作岗位主要有工艺员、检验员、技术员和品控员等，我们将其中的贮藏设计、贮藏管理、品质监控、采购和销售等内容进行整合，开设了果蔬贮藏与运输课程，用以培养学生的果蔬保鲜能力、果蔬商品化处理能力以及果蔬品质鉴定等能力。课程在授课之前学生已经上过了仪器分析、食品微生物、化学等基础课程，具备学习本门课程的理论基础，该课程的开设又为后续的专业课食品营养、食品加工工艺、农产品贮藏与加工等课程的学习奠定理论和实践基础。

　　通过本门课程的学习，学生将会具备果蔬商品化处理的能力，果蔬贮藏保鲜的设计和管理能力，果蔬贮藏期间品质监控的能力，并且能够解决果蔬在贮藏运输中出现的实际问题。为了达到这样的能力目标，要求学生掌握果蔬商品化处理技术、果蔬保鲜技术，能够理解影响果蔬贮藏保鲜的因素，理解果蔬运输和冷链流通的方式及要求等理论知识。并且要求学生能具备吃苦耐劳，深入果蔬一线的工作作风，具备较强的实际操作能力，具备创新思维，能解决实际生产问题，为今后的学习和就业奠定基础。

项目一　采前因素及采收技术因素对果蔬贮藏品质的影响

模块一　项目任务书

一、背景描述

1. 工作岗位

大型果蔬生产基地栽培技术管理人员。

2. 知识背景

果蔬的贮藏质量受到很多因素的影响,除了果蔬采收后的贮藏环境条件之外,果蔬本身的内在品质、果蔬生长期间的自然环境和农业技术措施对其品质的影响以及采收技术是否合理等因素都会对其耐贮性产生影响。把握好影响果蔬耐贮性的采前因素和采收技术因素,对保证果蔬采后耐贮性的强弱也有至关重要的作用。

3. 工作任务

在本项目中要求学生以大型果蔬生产基地技术管理人员的身份对基地内的果蔬生产进行实际指导,为生产出耐贮性合格的果蔬产品提供技术指导。

二、任务说明

1. 任务要求

本项目需要小组和个人共同完成,每4名同学组成一个小组,每组设组长一名;本次任务的成果以报告的形式上交,报告以个人为单位,同时上交个人工作记录。

2. 任务的能力目标

了解影响果蔬贮藏的采前因素及采收技术因素;掌握果蔬采收成熟度的确定方法;掌握采收技术。

三、任务实施

（1）在教师指导下查阅相关资料，深化基础理论学习，掌握相关知识。
（2）小组讨论交流后模拟设计指导方案。
（3）实施。

模块二　相关知识链接

一、采前因素对果蔬质量及耐贮性的影响

果蔬产品的耐贮性是指果蔬在适宜的贮藏条件下，抵抗衰老及贮藏期间病害的总能力。采前因素是决定果蔬贮藏效果的前提。影响果蔬采后质量、耐贮性强弱等特性的采前因素主要有内部因素和外部因素。内部因素包括遗传因素，外部因素包括生态因素和农业技术因素。

（一）遗传因素

遗传因素主要包括果蔬的种类、品种、大小、结果部位、树龄和树势等方面的影响，不同种类和品种的果蔬其耐贮性受自身遗传机制的调控，其耐贮性的强弱主要受到以下几个方面的影响。

1. 起源

起源于热带、亚热带地区或高温季节成熟的果蔬，如荔枝、枇杷等，由于自身呼吸旺盛，水分散失快，因而体内物质成分的变化快，消耗也快，收获后不久便迅速丧失其自身的风味品质。温带地区或低温季节收获的果蔬，则大多具有较好的耐贮性，特别是低温季节形成贮藏器官的果蔬产品，其新陈代谢过程缓慢，有些深秋凉爽成熟的果蔬，采后即进入休眠期，体内有较多的营养物质积累，贮藏寿命长，贮藏效果好，比如深秋季节成熟的葡萄、猕猴桃等。

2. 种类

不同种类的果蔬其贮藏能力差异很大。果品中仁果类大多耐贮藏，如苹果、梨、海棠、山楂等。核果类大多不耐贮藏，比如桃子、李子、杏等。蔬菜中可食用的器官多种多样其耐贮性也大不相同。

叶菜类中由于植物的叶片是新陈代谢最活跃的营养器官，不耐贮藏，如菠菜、白菜等，其可食用器官生命力旺盛呼吸作用强，耐贮性极差。但叶球类已成为养分的贮藏器官，比较耐贮藏。

　　花菜类是植物的繁殖器官，新陈代谢较旺盛，在生长成熟和衰老过程中还会产生乙烯，所以难贮藏。而幼嫩的果实为食用部分以及早熟品种难以贮藏，老熟的果实就较耐贮藏。块茎、球茎、根菜类蔬菜，以及需要后熟方可食用的果品，多数具有生理休眠或强制休眠状态，这些果蔬最耐贮藏，如根菜类的萝卜、马铃薯等。这些都是由于果蔬内在的遗传因素造成的，其耐贮性跟果蔬的自身品种有很大关系。

　　3．品种

　　果蔬品种不同，其耐贮性也显然不同。一般规律是：晚熟品种耐贮藏，中熟品种次之，早熟品种不耐贮藏。如苹果中的晚熟品种红富士，其贮藏期限为 7 个月，而早熟品种丹顶、祝光只有 3 个月左右。另外，耐贮性还受到品种本身组织结构特性的影响，包括形状、大小、外皮组织、表皮附着物及肉质质地等。比如在柑橘类中耐贮性强弱依次表现为：柚子、柠檬类最强，甜橙、芦柑次之，蜜橘最差，这也跟它们自身的果皮硬度、含水量等因素有关。一般中型果比大型或小型果耐贮藏；果蔬具有完整、致密、坚固的外皮组织，纤维较多，有一定的硬度和弹性，均有利于产品的贮藏。发育好的表面保护层，如蜡质层、蜡粉和茸毛等有助于贮藏。凡是蜡层、果粉较厚的都比较耐贮藏，如苹果、梨、葡萄、南瓜、冬瓜等。选用耐藏和抗病品种，才可达到高效、低耗、节省人力和物力的目的。

　　4．树龄和树势

　　树龄和树势不同的果树，其产量和果品品质有明显的差异，其耐贮性强弱也有很大的不同。一般来说，幼龄树和老龄树不如中龄树结的果实耐贮藏。幼龄树生长旺盛，所结的果实大，含钙少，氮和蔗糖含量高，失水较多，呼吸强，耐贮性差；而老龄树的长势衰老，所结的果实小，干物质含量小，耐贮性和抗病性差。

　　5．结果部位

　　同一棵植株不同部位，由于果实的大小、颜色、化学成分的不同，其耐贮性也有明显差异。光照好的部位，果实色泽好，养分充足；而内膛果质量差，营养生长过旺，不易挂果，易得苦痘病。

（二）生态因素

1．温度

　　积温及昼夜温差等决定果蔬的自然分布，也是影响果蔬成熟期及其耐贮性的主要因素之一。不同生育期的温度变化，都会对发育的果实产生影响。例如，瓜果类喜欢温暖的果蔬，若温度过低，果实就会生长不良，品质差，不耐贮藏。而白菜类、根菜类蔬菜则需要凉爽的气候，这样才有利于果实良好品质的形成。

2．光照

光照的时间、强度和质量与果蔬耐贮性密切相关。绝大多数的果树和蔬菜都属于喜光植物，特别是它们的果实、叶球、鳞茎、块根、块茎的形成，必须有一定的光照强度和充足的光照时间。而且果蔬的一些最主要的品质，如含糖量、颜色、维生素 C 含量等，都与光照条件密切相关。光照强度对蔬菜干物质含量有明显的影响。如生长期间阴雨天较多的月份，日照时间少，光照强度低，蔬菜产量就低，干物质含量下降，产品也不耐贮藏。除光照时间和光照强度外，光质对果蔬的生长和品质也有一定影响。如蓝光和红光对叶绿素和胡萝卜素合成的影响不同，在光强度较低的情况下，红光有助于色素的合成；在光强度较高的情况下，蓝光照射能积累大量色素；一般短波和紫外线有助于果实着色和提高耐贮性。

3．空气湿度及降雨量

空气湿度适宜，有利于提高果蔬耐藏性。但在果蔬生长期，如果阴雨天较多，空气湿度大，果蔬从根部和果皮中大量吸收水分，促使果肉细胞充分膨大，果肉部分向果皮产生压力，引起果皮开裂，造成裂果腐烂，降低果蔬品质和耐贮性。同时，湿度过大会使果蔬可溶性固形物含量降低，着色差，果蔬的生长受到影响，低糖和低酸有利于微生物的生长，在贮藏过程中易引起果实腐烂变质。

4．海拔高度和纬度

海拔高度对果蔬产品耐贮性的影响比较显著。根据气候规律，在北半球，海拔上升 100 m，温度降低 0.4～0.6℃，光照增加 4%～5%，紫外线辐射增加 3%～4%。所以海拔高的地带，日照强，特别是紫外线含量增加，昼夜温差大，有利于果蔬的着色及糖分的积累，果蔬耐贮性较好。在高纬度地区生长的果蔬，保护组织比较发达，有适宜的低温酶存在，因此耐贮藏。

5．土壤与土质

优质果蔬一般要求土壤土层深厚，质地疏松，通气性好，且富含有机质的微酸性和中性沙壤土。土壤中矿物质的种类、化学组成和结构对果蔬采后贮藏保鲜有较大的影响。

（三）农业技术因素

1．施肥

不同种类的果蔬对土壤的要求不同，不同性质的土壤可直接影响果蔬的生长水平和营养状况，进而影响果蔬的贮藏。大部分果蔬适宜在土质疏松、结构良好、营养丰富的土壤中生长，当土壤的结构和肥力状况无法满足生长需要时，一系列危害症状则表现出来，进而影响到果蔬的贮藏品质。例如，当土壤中氮肥含量过多时，果实的颜色差，硬度低，糖酸含量下降，耐贮性较差，而且容易发生生理性病害；钾肥的合理施用，能明显促进果实颜色的形成和果蔬固形物含量的增加，但钾肥过多也会出现一些不良现象，如影响果蔬对钙、镁的吸收，果蔬中钙含量低会增加苹果苦痘病、柑橘浮皮果的概率；土壤中缺磷肥，果实色泽差，果肉带绿色，含糖量低，在贮藏过程中易发生褐变和烂心等生理病害；另外，锌、铜、锰、硼、钼等微量元素的施用，对提高果蔬产量和品质以及增强耐贮性具有重要意义。

2. 灌溉

果蔬在田间生长时灌溉及时与否都会影响其品质，进而影响果蔬的贮藏状况。灌溉是否得当是影响果蔬生长发育、化学组成和耐贮性的重要因素。合理的灌溉可提高果蔬的品质，增强耐贮性。缺水则会造成产量下降、质地粗糙、品质差等，在贮藏中容易出现腐烂、糠心等现象，从而失去贮藏价值；相反，如果灌溉过多，特别是收获前的大水大肥，不仅会造成果实裂果，还会显著降低果实的耐贮性和抗病性。一般情况下，土壤持水量为60%～80%对果蔬生长最合适。

因此，在果蔬田间生产时，应尽可能做好水土管理工作，提高地表的保水能力，避免出现土地干旱或大涝，尤其是采前几周更应注意保持土壤的适度含水量。

3. 植株管理

加强果蔬的植株管理，如果树修剪、果实套袋、整枝打叉、疏花疏果等技术可以调节植株的营养物质供应，改善植株通风透光条件，加强叶片的同化作用等，从而提高果蔬产量，提升果蔬品质进而增强果蔬的耐贮性。例如应用果树修剪技术，可使树冠内部通风透光，加强光合作用，从而调节树体内的营养物质供应，提高果蔬的产量和品质。修剪技术要以果蔬种类、品种、树势而异，使果蔬达到优质、稳产、高产，应用疏花疏果技术，人为调节叶果比例，疏去营养不良的过多的果实，保证果实的营养供应，从而使果实大小均衡、含糖量高、品质好、耐贮性增强。一般在果实细胞分裂之前进行疏果，可以增加果实中的细胞数进而决定果实形成的大小，在某种程度上决定果蔬贮藏性能。

4. 采前喷洒农药

果蔬采前进行喷洒生长调节剂、杀菌剂或其他矿物质元素，是增强果蔬耐贮性，防止病害发生的重要辅助措施之一。

田间病虫害是造成果蔬贮藏期间腐烂变质的重要因素，许多果蔬在田间感染病虫害后，处于潜伏期，直到采后衰老过程才表现症状或大规模爆发，从而造成贮藏库中病虫害传播蔓延，因此控制田间病虫害的发生能有效提高果蔬的贮藏质量。

植物生长调节剂的种类主要有促进生长类、促进生长而抑制成熟类、抑制生长而促进成熟类以及抑制生长延缓成熟类等，这些都是提高果蔬品质、增强耐贮性的重要措施。

二、采收成熟度的确定

采收是果蔬栽培生产的结束，也是果蔬进入商品流通领域的开始，采收工作具有很强的季节性和技术性，采收时期和采收方法对提高果蔬的耐贮性，保持果蔬品质，意义重大。

采收过早，果蔬产品器官未达到成熟的标准，单果重量小、产量低、品质差，果蔬产品本身固有的色香味还未充分表现出来，耐贮性也差。采收过晚，果实已经成熟，接近衰老阶段，采后必然不耐贮藏和运输，在贮运中自然损耗也大，腐烂率明显增高。因此，确定适宜的采收成熟期是至关重要的。另外，适宜的采收期确定不仅取决于果蔬产品的成熟度，还取决于果蔬产品采后的用途、采后运输距离的远近、贮藏方法、贮藏和货架期的长短以及产品的生理特点等。一般就地销售的产品可以适当晚些采收，而作为长期贮藏和远距离运输的产品则应该适当早些采收。有呼吸高峰的果蔬产品，应该在达到生理成熟或呼吸跃变前采收。例如，对葡萄、柑橘等采后不能进行后熟的果实则应等其果实风味、色泽充分形成时采收。因此，只有适时采收，才能获得质量好和耐贮藏的产品。

适时采收，首要的是要确定适宜的采收期和适当的采收方法。

（一）成熟度的分类与标准

采收期取决于产品的成熟度、特性和销售状况。因果蔬的种类和用途不同，采收时对成熟度的标准也不一样。

1. 生理成熟度

生理成熟度是针对产品本身而言，指植物器官在生理上已达到充分成熟，即已经达到最大生长并开始成熟的阶段。此时种子已经充分成熟，果肉变软，由于果实呼吸和化学成分水解作用的加强，果味变淡，甚至无味，营养价值降低，故不适于食用，更不耐贮藏，但具备留作种子的要求。对于坚果类、籽仁类或作种子的蔬菜等，都适于到此阶段采收，否则同样影响果蔬的产量和质量。它是以开花授粉的时间或播种后出苗的时间开始计算的天数为标准，如茄子开花后 18 d 就进入果实成熟期，35 d 进入种子成熟期。另外，有些蔬菜，如供贮藏用的块根、块茎类等也必须在此阶段采收；其他的如大白菜营养生长结束后进入生殖生长，虽然产量会高，但也不耐贮藏，也应在此阶段采收。

2. 消费成熟度

消费成熟度也称为食用成熟度。对产品的零售商和消费者而言，它是指果蔬充分成熟，表现出其特有的色、香、味，此时果实的风味和质地均最好，具有最佳食用价值的阶段。它是以产品的品质转变为标准。缺乏或无后熟作用的果蔬，如大多数蔬菜和桃、李、杏、葡萄等果品，都适于到此阶段采收，采收后即可上市销售，但不适于长期贮藏或长距离运输。

3. 采收成熟度

采收成熟度是针对农民和果蔬经销商而言，此时果实已充分长大，但未完全成熟，品种应有的色、香、味还未充分表现出来，还不适于食用。它是以产品的大小、形状、颜色、硬度为标准。一般具有明显后熟作用的果蔬，如苹果、香蕉、番茄等，只要达到此阶段即可采收。因为再经过一段时间的贮藏后，果蔬可以自然完成后熟过程，达到本身固有的食用质量和风味要求。采收成熟度的确定对于不同的果蔬品种、不同的采收季节以及不同的用途其确定标准都是有所差异的。

（二）判断果蔬成熟度的指标

1. 色泽变化

许多果蔬在成熟期都显示出它们固有的果皮颜色，因此，果皮的颜色可作为判断果实成熟度的重要标准之一。未成熟果实的果皮有大量叶绿素，随着果实成熟度的提高，叶绿素逐渐分解，底色逐渐显现出来。例如，柑橘类果实在成熟时，果皮呈现橙黄或橙红色。一些果蔬也常用色泽变化来判断成熟度。大多数果蔬成熟时，首先表现在果实表皮色泽变化上，果实在成熟过程中叶绿素含量逐渐减少，此时绿色消退同时显露出果蔬固有的颜色。通常人们把直观最容易判断的色泽作为鉴别果蔬成熟度的重要标志。果蔬的生产者和经销商应综合考虑果蔬品种、食用部位、内外品质和市场销售需求等因素来确定适宜的采收期，以最佳品质的商品提供销售。就番茄而言，根据用途和运销远近适当掌握采收期，长距离运销或贮藏用应在绿熟期采收，当地鲜销可在粉红色或红熟期采摘，就地加工原料则以充分成熟的红色果为好。

果蔬色泽的变化一般由采收者目测判断，现在也有一些地方用事先编制的一套从绿色到黄色、红色等变化的系列色卡，用感官比色法来确定其成熟度。但由于果蔬色泽还受环境条件的影响，如光照强，时间长有助于果实着色，但采前阴雨较多，表面着色就差，所以这个指标并非完全可靠。而使用分光光度计或色差计可以对颜色进行比较客观的测量。

2．蒂梗脱落的难易度

有些种类的果实（如苹果、梨、桃、杏、李、猕猴桃）在成熟时果柄与果枝间产生离层，而使果实自动脱落，俗称"瓜熟蒂落"，此类果实离层形成时为品质最好的成熟度，如不及时采收就会造成大量落果。

3．质地和硬度

果蔬的质地和硬度也是判断果蔬成熟度的重要依据之一。果实的硬度是指果肉抗压力的强弱。抗压力越强果实的硬度就越大，反之果实的硬度就越小。一般未成熟的果实硬度较大，达到一定成熟度时变得柔软多汁。只有合理把握果蔬的硬度，在最佳质地时进行采收，这样的果蔬产品才能耐贮藏和运销。如苹果、梨等都要求在果实有一定的硬度时采收。而对于蔬菜，一般不测其硬度而用坚实度来表示其发育状态。有一些蔬菜坚实度大，明发育良好、充分成熟、达到采收的质量标准，如甘蓝的叶球和花椰菜的花球都应该在致密紧实时采收，这时的品质好、耐贮运。但也有一些蔬菜坚实度高，说明品质下降，如莴笋、荠菜应该在叶变得坚硬之前采收。

4．果实形态

果实必须长到一定的体积重量时才达到成熟，各种类、品种都应具有其固有的形状和大小，过小过轻都达不到其品质标准。例如，香蕉成熟度判断方法为：果面圆满无棱为九成熟以上；果面圆满但尚现棱角为八成熟；果面接近平满为七成熟；果面棱角明显凸出为七成熟以下。因此香蕉的成熟度可根据蕉指横切面形状来判断，对于杧果可根据邻近果梗处果肩的丰满度来判断等。

果实成熟应达到充分饱满、充实的程度，例如，贮运香蕉的成熟度达 75%～90%饱满度最好。如饱满度低，则产量低，品质差；而饱满度高则不耐贮运，内源乙烯释放快且多，呼吸强度大，易变黄。

5．生长期和成熟特征

在正常的气候条件下，各类果蔬产品都要经过一段时间的生长才能成熟。不同的果蔬其生长期和成熟特征不同。如山东元帅系苹果 4 月下旬落花后生长期 145 d 左右，国光苹果生长期为 160 d 左右；四川青苹 4 月上旬落花至 7 月中旬采收只生长 110 d 左右。又由于每年气候不同，各地栽培技术不一致，因此各地可根据多年平均数得出当地适宜的习惯采收期。另外，不同的果蔬在生长成熟期往往表现不同的特征如马铃薯块茎表皮脱落、芋头须根枯萎、洋葱茎部变软、鳞茎外皮干燥、西瓜卷须枯萎、冬瓜和南瓜表皮"上霜"（即出现白粉蜡质）、组织硬化等特征都是达到成熟的标志。

6. 主要营养成分的含量

果蔬中的主要化学物质有淀粉、糖、有机酸、维生素等，它们含量的变化可以作为衡量品质的指标。一般通过可溶性固形物（主要是糖）含量的高低来判断成熟度，也可以可溶性固形物含量与含酸量（固酸比）、总糖含量与总酸含量（糖酸比）的比值来衡量品种的质量，此比值不仅可衡量果实的风味品质，也可判断果实的成熟程度，部分地区以此作为采收标准。要求固酸比或糖酸比达到一定比值才能采收。例如，四川甜橙采收时要求固酸比为 10∶1 或糖酸比为 8∶1；而苹果、梨含酸量低，糖酸比为 30∶1 时采收，风味浓郁，品质好；伏令夏橙在糖分积累最高时采收为适时，而柠檬则需在含酸最高时采收。

淀粉含量和糖含量也是衡量果蔬采收成熟度的重要指标。苹果等可以利用淀粉含量的变化来判断成熟度。果实成熟前，淀粉含量随果实的增大逐渐增加，到果实开始成熟时，淀粉逐渐转化为糖，含量降低。糖和淀粉含量也常常作为判断蔬菜成熟度的指标，如青豌豆、甜玉米、菜豆等以幼嫩组织为主要食用器官的蔬菜，如果淀粉含量高则组织粗老，品质低劣，在糖含量高、淀粉含量低时采收，其品质好、耐贮性也好。然而马铃薯、芋头以淀粉含量高时采收的品质好，耐贮藏，加工淀粉时出粉率也高。有些果实如油梨，还可通过测定其含油量来判断其成熟度。

另外，判断果蔬成熟度还有其他一些方法。如莴笋的植株在茎顶和最高叶片尖端相平时进行采收；大蒜在植株叶枯萎，蒜头顶部开裂之前采收；南瓜、冬瓜等果实出现果皮硬化、蜡质白粉增多时即为其最适宜的采收期。

总之，判断果蔬成熟度的方法繁多，特征各异，在采收时可根据自身状况，结合果蔬的特征，采用不同的方法综合判断，以期确定其最适宜的采收时期，从而达到贮藏保鲜的目的。

三、采收方法与技术

（一）采收的方法

适宜的采收期、无机械损伤对提高果蔬商品的质量、价格、利润都有很重要的作用。

在田间不合格的采收和粗放处理，直接影响商品品质，撞伤和损伤后显示出褐色和黑色的斑点，使商品失去吸引力，表皮的损伤作为微生物进入果实内部的重要通道而引起腐烂，同时损伤使呼吸加强，贮藏期缩短。

据联合国粮农组织的调查报告显示，由于采收成熟度和采收方法的不当造成机械损伤，使果蔬损失达 8%～12%。因此采收方法的合理与否对果蔬的质量和品质以及贮藏至关重要，果蔬产品采收的总原则是及时而无伤。

1. 采收准备

首先，做好采收的组织和工人的技术培训工作，尽早安排运输工具和商品流通计划，避免采收时混乱，致使产品积压，处理不及时造成损失；其次，采收工具的准备也是采收前的一项重要工作，常用的采收工具有采果剪、采果篓（袋）、采果梯、装果筐、不锈钢刀具、包装材料及容器、锹或镐及运输工具等。果蔬采收前，应该综合考虑果品和蔬菜的采后用途、产品种类、贮藏时间的长短、运输距离的远近和销售期长短，等等。

2. 采收方法

果蔬的采收方法分为人工采收和机械采收两种。不同种类和不同品种的果蔬需用不同的采收工具和采收方法。目前我国主要采用人工采收的方法。它的优点是可以针对不同的成熟度，不同的形状及时分类、选择、收获，同时可以减少机械损伤。目前我国人工采收质量与国外相比有很大差距，主要是因为缺乏可操作的采收标准、采收工具原始、采收管理粗放等。在发达国家，由于劳动力比较昂贵，可用机械的方法采收某些适宜的果蔬品种和某些加工用品种。

根据可用机械采收的程度可将蔬菜分为 5 类：已实现机械采收如马铃薯、短根性蔬菜、洋葱、大蒜等；基本实现机械采收如长根性蔬菜、叶球类、大部分绿叶菜类、蚕豆、芋、甘薯等；以专用品种并改变栽培方式后可实现机械采收如石刁柏、西瓜、加工黄瓜、加工番茄、深根性葱等；大部分靠人工采收如鲜食黄瓜、鲜食番茄、辣椒、爬蔓豆类、花球类；完全人工采收如莲藕等。

（1）人工采收

作为鲜销和长期贮藏的果蔬最好采用人工采收。人工采收工具原始、效率低，增加了生产成本，但由于有很多果蔬鲜嫩多汁，用人工采收可以做到轻采轻放，可以减少甚至避免碰擦伤。同时，田间生长的水果和蔬菜的成熟度往往不是均匀一致，人工采收可以比较准确地识别成熟度根据成熟度分期分批采收，以满足各种不同需要。另外，有的供鲜销和贮藏的果品要求带有果柄，如若失掉，产品就得降低等级，造成经济损失，人工采收可做到最大限度的保留。因此，目前世界各国鲜食和贮藏的果品蔬菜，人工采收仍然是最主要的方法。具体的采收方法视果蔬特性而异。例如，柑橘的采果剪应该用圆头的，不能用尖头剪；苹果和梨成熟时，其果梗与果枝间产生离层，采收是以手掌将果实向上一托即可自然脱落；采收香蕉时，用刀先切断假茎，紧护母株让其徐徐倒下，再按住蕉穗并切断果轴，要特别注意减少擦伤、跌伤和碰伤；桃、杏、李等成熟后果肉变得比较柔软，容易造成伤害，故采果时应先剪齐指甲或戴上手套，并小心用手掌托住果实用手指轻按果柄使其脱落。蔬菜由于植物器官类型的多样性而其采收与水果有所不同。例如，根茎类蔬菜从土中挖出，如果挖掘不注意或挖得不够深，可能产生伤害。叶菜类常用手摘或刀割，以避免叶的大量破损。水果和蔬菜采收时，应根据种类选用适宜的工具，并事先准备好采收工具如采收袋、篮、筐、箱、梯架等，包装容器要实用、结实，容器内要加上柔软的衬垫物，以免损伤产品。采收时间应选择晴天的早晚，要避免雨天和正午采收。同一棵树上的果实由于花期参差不齐或生长部位不同，同时成熟，分期采收既可以提高产品品质，又可提高产量。在一棵树上采收，应按由外向里、由下向上的顺序进行。

人工采收主要包括以下几个采收方法。

①手摘法。直接用手采摘果蔬。蔬菜中的叶菜类和果菜类采收时为避免叶和果的大量破损常用此法。果品中苹果、梨等品种成熟时，其果梗与短果枝间产生离层，采收时手要紧紧抓住果实，但动作要轻，然后向上拉即可完成。

②剪切法。利用剪刀直接伸到枝茎上剪摘果实的方法，如葡萄、瓜类都采用此法。剪刀应保持锋利，木质茎或带刺茎采摘时应尽量在近果实处下剪，以免在运输中刺伤邻近的果实。柑橘采收时为避免果蒂拉伤，多采用复剪法，即先将果实从树上剪下，再将果柄齐萼片剪平。

③刀砍法。利用刀片切割果实的方法。如采收香蕉时，用刀先切断假茎，紧扶母株让其徐徐倒下，按住蕉穗并切断果轴，要特别注意减少擦伤、跌伤或碰伤；蔬菜中球类和大白菜也常采用此法。

④打落法。利用木杆、竹竿直接敲打或摇晃果枝，这是一些坚果和干果常用的采收方法。在北方板栗产区，一般树上的球果完全成熟后自动开裂，坚果落地后再拾取。也有一次打落法，即等树上有 1/3 球果由青转黄开始开裂时，用竹竿一次全部打落，堆放数天，大部分球果开裂后取出栗子。

提高人工采收质量主要有以下几个途径。

①采收时间的确定。尽可能避免在高温（高于 27℃）和高强度光照下采收。一般选择早晨或傍晚采摘，此时果蔬内部温度相对较低，从而减少预冷所需的能量。中午是一天中气温最高的时间，如夏季，处在太阳直射下的黄瓜气温高达40℃，这是最不适宜采收的时间。上午采收的优点是可保持果蔬细胞高的膨胀压，果蔬含水量最高。但因露水多，果蔬较潮湿，采后易受病菌感染。一般傍晚采收比较理想，在夏季，最适宜的采收时间是 20：00 左右，因为经过一天的光合作用，果蔬中积累了较多的碳水化合物，质量较高，但在实际中往往受工作时间和光线的影响而难以实现。采后失水快和用于长期贮藏的果蔬，要注意在露水、雨水或

其他水分干燥后进行采收。这是因为遇水后果皮较脆，果面水分高，容易受病菌侵染，这时若立即采收，表皮细胞容易开裂，受感染导致腐败的概率增大。例如，杧果和柑橘等作物的乳液量接近中午时通常要比拂晓时少，所以上午尽量迟些采收，可在包装前节省不少清洁产品的时间。

②提高采摘工人素质。手工采摘人员应经过严格培训，掌握相关的采摘技术，并能判断果蔬最佳采收期，以保证采收时使损伤和浪费减少到最低限度。采摘人员要求做到：a.采收水果或蔬菜时应轻拿轻放，尽量减少损伤。b.刀锋磨利，以保证收割时将损伤减至最低限度。将袋子或篮子倒空时不要将产品用力倾倒或扔到容器中，如柑橘从 1.5 m 高处落到地上的腐烂率为 37.6%，腐烂率是从 0.5 m 处落下时的 13.9 倍。c.应剪平指甲或戴手套采收，减少人的指甲对产品造成划伤。

③尽量避免采后产品温度上升。采收时及采收后应避免将产品置于阳光下。因为在太阳照射下，产品会吸收热量，温度升高，伤口的呼吸加强，这将加速产品的衰老。如果产品不能立即从地里运走或放进预冷库，应在现场使用一些遮阳物或运送到树荫下。据报道，5 月大连采收大樱桃，采用反光膜遮阳处理比对照要低 1℃，贮藏 3 个月后腐烂率要低 20%；采收后的葡萄置于树荫下比暴露在阳光下温度要低 2～3℃；国外采摘草莓时，采用现场包装技术，其使用的工具车就有遮阳设施。

（2）机械采收

机械采收可以节省劳动力，采收效率高，改善工人工作条件，但机械采收本身也有不可避免的缺点，如产品损伤严重，无选择性。果实以机械采收，往往会折断果梗和增加机械损伤，因而作为鲜销和长期贮藏的果蔬不适宜机械采收。1970年美国试用有 80 个钻头的气流吸果机，每株树吸果 7～13 min，可采收 60%～85% 的果实，效率很高，但果实经过 14 d 的贮藏后，腐烂率比人工采收的高许多。目前，机械采收主要用于采收后立即加工销售或能一次性采收且对机械损伤不敏感的果蔬品种，但要求成熟度必须保持一致，如番茄、樱桃、苹果、柑橘、坚果类、豌豆、甜玉米、马铃薯等。

国内外采收机械的主要类型有以下几种。

①强风压机械或强力振动机械。主要用于樱桃和加工用柑橘的采收。其果实在成熟时，果梗与枝条间形成离层，迫使果实离层分离脱落，同时在树下铺设柔软衬垫的传送装置承接果实，并自动将果实送到分级包装箱中。采前配合使用果实脱落剂，如柑橘脱落剂萘乙酸等，可使机械采收效果得到进一步改善。

②犁耙式采收机械。主要用于地下根茎类、胡萝卜、马铃薯、山药、大蒜等果蔬的采收。采收机械由挖掘器、收集器和运输带组成。采收要求挖到一定深度，

以免伤及果蔬根部。

③辅助采收机械。主要有输送设备、升降平台等，这些都是为提高人工采收效率而研发的辅助机械。

另外，提高机械采收效率的主要途径有以下几点。

①提高机械操作员的技术，不恰当的操作将带来严重的设备损伤和大量果蔬的机械损伤。②机械设备必须进行定期的保养维护。③采收产品必须达到机械采收标准，如蔬菜采收时必须达到最大的坚实度，结构紧密。④培育适用于机械采收的果蔬新品种。⑤正确估计经济实力，量力而行。采收机械设备一般价格昂贵，投资较大，所以必须达到一定的规模才具有较好的经济性。

四、采收注意事项

果蔬采收这一关，往往容易被忽视，从而造成经济损失。为此，在采收时必须掌握以下方法。

（一）把握采收时间

根据果蔬的外观及内在品质掌握采收标准；同时结合果蔬的外观、内在品质、当地的气候、土壤品质及农业措施等确定采收时间。

（二）分期分批采收

同一植株上的果实由于花期或各自所处部位的光照和营养状况不同，成熟早晚会有差异，蔬菜产品如黄瓜、番茄、菜豆等均要分期分批采收。在进行果蔬采收时，应按照"先下后上，先外后内"的原则进行。

（三）培训采收人员

采收前培训相关人员，使其掌握采收要求及方法，如采收人员应剪指甲或戴手套进行操作，轻拿轻放，保证产品的完整性。

（四）采后及时处理

采后应避免日晒、雨淋，及时分级、包装、预冷、运输或贮藏。

模块三 单项技能训练

一、实地调查采前因素对果蔬贮藏的影响

1．训练目的

了解当地贮藏的主要果蔬种类和品种。实地调查它们各自采前因素的差异与其贮藏差异之间的关系。

2．训练材料

记录本、笔、尺子、温度计、硬度计、手持折光仪等。

3．训练步骤

（1）合理选择3～4个贮藏库的果蔬种类和品种；

（2）实地调查各果蔬生产状况（树龄、树势、结果部位等）；

（3）调查当地生产环境条件（温度、光照、降雨量、土壤状况和田间管理状况等）；

（4）调查果蔬采收时的成熟状况和具体采收技术措施；

（5）动态观察果蔬的贮藏效果（感官指标、理化指标等）；

（6）总结果蔬采前因素和果蔬质量的关系。

4．训练要求

要求学生在掌握基础理论知识的基础上明确训练的目的，要求学生能根据不同种类和品种的果蔬把握好采前因素与贮藏效果的关系，总结出达到贮藏要求的果蔬原材料应具备的综合条件，并能对合格的果蔬产品做出准确筛选；同时能结合果蔬的采前因素和采收技术分析出贮藏中易发生的问题，并能提出预防措施。

5．知识提示

具体实例——采前因素对葡萄贮藏的影响

葡萄适应性强，早果、丰产，果实营养丰富，经济效益高，很受生产者和消费者的青睐。我国的葡萄以鲜食为主，占80%以上，葡萄生产在我国发展很快，我国鲜食葡萄的栽培面积和产量已持续多年居世界第一位。葡萄是一种易腐难贮藏的浆果，是水果中最不耐贮运的果品之一，脱粒、腐烂、干梗、褐变是影响葡萄贮藏和运输的主要问题。我国鲜食葡萄保鲜贮藏量每年有40多万t，只占鲜食葡萄总产量的10%～15%，并且，其中高达30%～35%的葡萄因采后腐烂而损失。

要使葡萄果实在采收后较长时间内仍然保持较好的品质和风味，就需要提高其贮藏性能与贮藏质量。葡萄贮藏性能与贮藏质量的好坏，除了取决于采后处理

（预冷、分级、包装、保鲜剂）及贮藏环境（温度、湿度、气体成分、库房卫生）等因素外，还和葡萄果实采收前的诸多因素密切相关。

下面从品种、气候条件、栽培管理措施及采收环节等采前因素对葡萄浆果贮藏质量的影响进行简述，以期对葡萄栽培者和贮藏经营者有所帮助。

（1）品种的差异

品种是影响葡萄浆果贮运保鲜的重要因素之一，品种不同，耐贮性差异很大。一般来说，晚熟品种耐贮性好于中、早熟品种。欧亚品种耐贮运性好于欧美杂交品种，欧亚品种里的东方品种群果皮厚韧，果面及果梗覆有一层蜡质果粉，含糖量较高，较耐贮藏。有色品种贮藏性强于白色品种，有色品种果皮较厚，果粉和蜡质层致密均匀，能阻止水分的损失和病害的侵染。糖酸比大的较糖酸比小的果实耐贮藏。同一品种不同结果次数，耐贮性也有较大差异，一般二、三次果比一次果耐贮藏。

通常，深色、晚熟、皮厚、果面有蜡质、果粉多、肉质致密脆硬、穗轴木质化程度高、果刷粗长、含糖量高的品种耐贮运，如红地球、龙眼、粉红太妃、秋黑、秋红、意大利、和田红、拉查玫瑰、玫瑰香、甲斐路等；果粒大、抗病性强的欧美杂交种，如巨峰、黑奥林、夕阳红、先锋、京优、藤稔等品种耐藏性中等；无核白、牛奶、木纳格等白色品种贮运过程中果皮磨、碰伤后易褐变，果粒易脱落，耐贮性较差。

（2）气候条件对葡萄贮藏质量的影响

葡萄产地的气候因素对葡萄贮藏影响很大。同一品种南方栽植的浆果不如北方栽植的耐贮运。一般在光照不足、湿度较大、昼夜温差小的地域或雨量较多的年份，葡萄品质和耐贮性下降，贮藏期腐烂增多，生理性病害加重。采前阴雨可导致葡萄贮藏期裂果现象加重，果粒和果梗抗 SO_2 能力明显下降。在葡萄果实成熟期与产地雨季同期的地区，果实易发生灰霉病、腐烂病等病害，生产的葡萄不宜长期贮藏。

（3）栽培及管理方式对葡萄贮藏质量的影响

葡萄贮藏的好坏与果实自身的质量关系密切，而果品质量是由栽培管理水平决定的。合理的栽培技术措施有利于提高葡萄浆果着色和积累含糖量，着色好、含糖量在 18%以上的葡萄较耐贮藏。加强采前管理，生产优质耐贮运的葡萄果品应从以下几方面加以考虑。

①树体管理

a. 光照条件

栽植密度大，架式、树形、叶幕形不合理，夏季修剪不及时，田间管理跟不上，都会造成树体通风透光条件差，严重影响葡萄果实的着色和含糖量。例如，巨峰葡萄理想的株行距为 0.6 m ×（3～4 m），红地球葡萄理想的株行距为 0.7 m×（4～5 m）。同时，将传统的光能利用率低的多主蔓扇形和直立龙干形树形改造成光能利用率高的斜干单层单臂水平龙干形树形，配合高光效的水平叶幕或"V"形叶幕。在果实开始着色时，剪短或剪除果穗上方的新梢和副梢，摘除果穗附近的老化叶片，在葡萄架下和行间铺设反光膜，可显著改善光照条件，对促进果实着色，提高浆果含糖量作用明显。

b. 负载量和叶果比

产量直接影响果实的品质和耐贮性，合理控制产量能达到鲜销效益和贮藏效益双丰收。用于贮藏的葡萄最好控制在 22 500～30 000 kg/hm^2。产量过高，浆果果粒小，上色晚且着色差，果实成熟期推迟，含糖量低（可溶性固形物含量14%以下）。

合理叶果比，科学处理花序和果穗，既可保障产量和果实品质，也可增强果实的耐贮性。一般于开花前 5～7 d 在葡萄花序上留 6～7 片叶子摘心，以控制营养生长，提高坐果率。为了供给果实充足的营养，每穗葡萄需留 20 片以上叶片，若叶果比过小，果实得不到足够的营养，会导致果粒小，成熟期延迟，成熟度差且不一致，浆果着色差，含糖量低，硬度小，果梗木质化程度低。

c. 禁用激素

用于贮藏的葡萄浆果，果实生长发育过程中不宜使用拉长剂、膨大剂等激素类物质，果实成熟前禁止喷施乙烯利等催熟剂，否则会造成果实含糖量低，硬度小，果梗变脆、变短，贮运过程中脱粒、裂果、腐烂严重，果实很难长期贮藏。

②肥水管理

a. 施肥

施肥种类、数量和时期，是生产优质鲜食葡萄的重要技术环节，也是提高葡萄耐贮性的一项主要技术措施。生产中，用于贮藏的葡萄浆果，要注意氮、磷、钾肥的配合施用，增施钙肥，多施有机肥，尽量减少使用化肥的数量和次数。

葡萄是喜钾肥的果树，钾元素有利于浆果着色上糖。果实发育后期要增施磷、钾肥，严格控制氮肥的使用，过量施用氮肥，易造成新梢旺长，影响葡萄果实的发育。

葡萄浆果在成熟时容易缺钙，吕昌文研究表明，采前 10 d 对葡萄果穗喷 1.5% 硝酸钙可以增加果实中的钙含量，增强果实的耐压力和果柄的耐拉力，提高果实硬度，保护细胞膜的完整性，提高果实的抗腐能力，防止生理病害的发生，有利于提高果实品质和增加耐贮性。

在果实成熟期，喷钙时期越早越易吸收，越能提高葡萄的耐贮性。外源钙使红地球葡萄贮藏过程中果梗表皮细胞排列紧密，果梗木质化增强，减缓了韧皮部和木质部的失水收缩，使红地球葡萄果梗保持鲜绿和饱满状态。外源钙的喷施还减缓了红地球葡萄果实内在品质的变化幅度。

b. 灌溉

灌水次数较多的葡萄其耐贮性不如旱地栽培的浆果，但合理灌溉可以提高葡萄的商品性能和贮藏品质。要保证几次关键时期的灌水，具体时期有萌芽前后到开花前、新梢旺盛生长与幼果膨大期、浆果迅速膨大期。每次施肥后，均要进行灌水。采前 14 d 内禁止灌水，如降雨要注意排水。雨量较多的年份，葡萄耐贮性较差。

③病虫害防治

葡萄园的病虫害严重影响果实的耐贮性。葡萄贮藏期的病害，大部分是从田间带入贮藏库的。采收前，病虫害防治不及时，使葡萄带病菌（灰霉病、霜霉病等）入库，灰霉病菌在低温下仍能繁殖致病。

因此，加强果园病虫害防治，尤其后期防治工作至关重要，必须将各种病虫害消灭在田间。采前 7 d 喷施 1 次 50% 的 800～1 000 倍液的多菌灵，可保证树体良好发育，提高果品质量，降低贮藏过程中的腐烂率，有效抑制贮藏期灰霉病的发生。套袋能有效减轻果实病害，提高葡萄耐贮性。

（4）采收环节对葡萄贮藏质量的影响

①采收期的确定

葡萄属非呼吸跃变型水果，没有后熟过程，所以用于鲜食或贮藏的葡萄应在充分成熟时采收。充分成熟的果实，着色好，糖度高，品质佳，耐贮藏。生产上，通常根据果实可溶性固形物含量判断葡萄浆果成熟度，果实进入转色期后，每隔 2 d 测定 1 次，可溶性固形物含量不再增加时为成熟采收期。浆果含糖量 16%～19%，贮藏效果较好。

②采摘注意事项

应选择晴天，露水蒸发后采收葡萄，阴雨天及雨后不能立即采收。采摘、装箱、搬运要小心操作，严防人为落粒、破粒。采摘时一手握剪刀，一手抓住葡萄穗梗，在贴近母枝处剪下，保留一段穗梗，尽量不要破坏果粉，采后直接剪掉果穗中烂、瘪、绿、干、病的果粒和硬枝，分级后再将果穗横卧平躺彼此紧密相接轻轻放入果箱，2～3 层为好。果箱宜小不宜大、宜浅不宜深，一般每箱装 3～6 kg 即可。葡萄采收后应及时装箱运往冷库，做到不在产地过夜，以保持新鲜。

综上所述，为提高葡萄的耐贮性，用于贮藏的葡萄应选择耐贮品种；合理负载；加强树体和土肥水管理，改善光照条件，提高果实的着色和含糖量；禁用激素；增施有机肥和钙肥；成熟期严格控水，采前 14 d 内禁止浇水；加强病虫害防治，果穗套袋；果实充分成熟时采收。

二、当地大型生产基地果蔬采收实践

1．训练目的

深入当地大型果蔬生产基地实地对果蔬的采收成熟度进行判断，学习各种果蔬的采收技术。

2．训练材料

采果剪、果筐、采果袋、采果凳、菜筐、包装盒、包装纸、硬度计、手持折光仪等。

3．训练步骤

（1）合理选择大型果蔬生产基地的 3～4 种果蔬；

（2）实地判断果蔬的采收成熟度；

（3）设计采收方案；

（4）实地采收。

4．训练要求

要求学生扎实掌握采收基础技术，能够准确把握果蔬的采收成熟度，并能设计出完整合理的采收技术方案，把握好采收的工具、技术、方法等具体环节，明确采收与贮藏效果的关系。

5．知识提示

具体实例——桃果实采收技术及操作要点

果实采收是桃果实管理的关键环节，采收不当，易导致产量低、品质差，降低经济效益。因此，应确定适宜的采收期，及时采收，提高商品果产量，以达到高产、优质、高效的目的。

（1）果实成熟的特征

桃果实成熟时果实内部会发生一系列生理生化反应，果实的颜色、风味及硬度发生变化，表现出成熟的特征。

①颜色的变化。颜色变化表现为果皮和果肉的颜色变化。果皮颜色变化以底色变化为主，成熟时底色由绿色到黄绿色或乳白色或橙黄色；果肉颜色变化与品种的肉色有关，黄肉桃品种果肉由青色转黄色，白肉桃由青色转乳白色或白色。

②风味变化。早期果实淡而无味，随着果实成熟，淀粉逐渐转化为糖，有机酸转化或降解，香气物质形成，果实甜味增加，酸味降低，表现出固有的风味。

③硬度变化。果实成熟前硬度较大，随着果实成熟，细胞壁的原果胶逐渐水解，细胞壁变薄，硬度降低，不溶质桃果肉开始有弹性。

（2）果实成熟度划分

果实成熟度可作为桃果实采收的指标，主要通过果实底色、硬度来判断。目前，生产上桃果实成熟度划分下述几等。

①七成熟：果实底色开始由绿色转白或黄绿色，果实充分发育，硬度大，果面基本平整，绒毛密而厚。

②八成熟：果皮绿色大部褪去，白肉品种果实底色呈绿白色，黄肉品种底色为黄绿色，着色品种向阳面开始着色，绒毛减少，果实仍较硬。

③九成熟：果皮绿色全部褪去，白肉品种果实底色为乳白色，黄肉品种底色为浅黄色，果实丰满，果面干净光洁，充分着色，果肉弹性大，有芳香味。

④十成熟：果实变软，硬度降低，溶质桃柔软多汁，硬溶质桃开始发软，不溶质桃弹性降低。此时溶质桃硬度已很低，极易受挤压，产生机械损伤，但风味最佳。

（3）采收期确定

桃果实的大小、糖、酸、色素和香气等的变化，均在树上成熟过程中发生，且在成熟时达最大，采收后基本不再变化。采收早将导致产量低，风味差；采收晚则果实软化，易产生机械损伤，导致腐烂，不耐贮运。因此，应适时采收，保证果实同时具有较高的产量和品质。采收期确定的依据有以下几个方面。

①历年采收期及果实发育期。生产中，常将历年的采收期作为采收依据，但由于不同年份间桃花期早晚及果实发育期间的温度不同，加之果实成熟期也不同，因此不能单独作为采收依据，需结合果实发育期和成熟特征来确定，一般每个品种的果实发育期是相对稳定的。

②品种特性。有的桃品种，果实在树上充分成熟后，硬度仍较大，且不易落果，保持较高的商品性，可在果实充分成熟后再采收，不用提前采收。有的品种，如大久保、雪雨露等，果实在树上充分成熟时，果实变软，硬度下降，需提前采收，这类品种多为溶质或软溶质。

③用途。加工用桃应在八成熟时采收，此时采收的果实，加工成品色泽好、风味好，加工利用率也较高。加工用的不溶质桃可在八九成熟时采收，但要注意果肉内不能有红色素。

④市场远近。销售市场较近的可在八九成熟时采收；需要远距离运输的，宜在七八成熟采收，以保证较大的果个和较高的品质。但软溶质桃品种即使在当地销售，也应在八成熟时采收，以避免运输过程中造成的损失。

⑤贮藏。准备经贮藏后再销售的桃，果实采收宜早些，一般在七八成熟时采收，尽可能地保证消费者购买时，果实依然新鲜。

⑥采收时间。桃果实采收应避开阴雨、潮湿的天气，早晨露水未干及晴天中午高温时也不宜采收。雨水和露水会导致果皮细胞膨胀，容易造成机械损伤，且潮湿环境有利于病原微生物的入侵；高温时采收，果实温度过高，容易腐烂。因此，果实采收宜在晴天的早、晚较冷凉时段进行，或在阴天进行。

⑦采收注意事项。采收前应先估计产量，再安排人力、设施、工具和场地等。由于桃果实硬度较低，易受到损伤，因此，工作人员应戴手套或剪短指甲。采收时用篮子不可过大，以装果实 2.5～4 kg 为宜，篮子内垫海绵或软布，避免碰伤。采摘时应轻采轻放，不能用力捏果实，应用手托住果实，轻轻扭转，再顺果枝方向采下。果柄短、梗洼深、果肩高的品种，采收时不能扭转，摘果时用手轻握果实，顺果枝方向采下。蟠桃果实采收时，果柄处的果皮易撕裂，更需注意。桃果实最好带果柄采收，以减少伤口，避免贮藏运输过程中腐烂。整株树的采摘顺序是由内向外、由上向下，逐枝采收。桃树上的果实成熟不一致时，可分批采收。

模块四　项目实施

一、任务

每组以一种果蔬为例，设计其具体的生产技术和采收技术，为果蔬生产基地生产出合格的果蔬产品提供技术支持。

二、项目指导

项目设计的内容：采前因素的具体管理操作、采收的具体操作。

三、知识提示

具体实例——核桃的种植管理及采收技术

核桃的营养价值较高，并具有非常高的医疗价值，含有丰富的脂肪、蛋白质、维生素和多种矿物质，是当前休闲日常中必备的食品，市场需求量较大。但核桃的种植条件所带来的实际经济效益较小，因此有必要注意核桃种植管理和收获技术，保证核桃收获的质量，使核桃生产质量满足消费市场的需求，改善收益。

1. 核桃种植的管理

作为一个喜欢凉爽的山区气候的物种,核桃对种植环境条件的要求并不严格,只要一年平均气温保持在 9～16℃，海拔不太高的缓坡便能够种植培育。

（1）种植地选择。以"便于管理、高产稳产"为最基本的原则，选择土壤肥沃、土壤侵蚀较轻、交通便利、水分充足的地区种植核桃。另外，还要注意相对集中，有利于种子培育基地的形成，有利于对核桃开展集约化的管理。

（2）选种、种植与管理。由于我国的地理情况比较特殊，且地理分布较为明显，气候特征区别明显，所以只有在合适的地理特征下生长的核桃树，才能提高核桃的种植质量。应选择优良品种，适地适树，核桃生产率才会得到提高，核桃仁质量才会有所保证。要在采种、苗木和场地的准备、种子处理、播种、播种后管理等制定相应的管理措施，为核桃生产实际效率提供保障，进而提高核桃的核桃仁质量。

2．采收技术的探讨

（1）科学确定核桃采收成熟度。不同核桃类型，其成熟期是不一样的，所以针对不同类型确定核桃采收成熟度，是提高产品质量的关键。南北之间气候有一定的差距，使同一种品种在不同的气候带产生成熟度存在差异，成熟期一般在 9 月上旬至中旬。核桃果实成熟的标志是深绿色外皮顶入皮肤的蛋黄部分开始脱落并且很容易分裂，此时是最适宜的收获期，要及时采收。采收方法分为手工采收和机械采收，木杆敲击采伐其实更简单，敲击应该从上而下、从内而外沿着树枝开始敲打，这样可减少对树木的伤害，但是机械收割是利用机械振动的方式收获，应用催熟剂，形成外柄皮，当外青果皮开裂的时候用机械摇动就可以对果实进行采收。

（2）适当脱皮。采收后要将果实进行分类，不同的坚果和青皮要及时分离、漂洗、晾晒。一般脱皮的方法是收集后堆放在阴凉处，或户外或者室内，不能进行曝晒，此方法为传统的脱皮方式。药剂的脱皮方式污染率比较高，机械脱皮生产率较高。

（3）科学干晒，合理存储。在竹席和高粱箔上晾晒核桃是最适宜的，以阴干的方式为主，大量水分蒸发后再摊晒，摊晒的厚度不要超过 2 层，防止其受热度不均匀而发生霉变。短期存储核桃应该装入尼龙袋或布袋后保持通风，以防止潮湿。如低温储存，环境温度在 0～1℃，并保持一种稳定的存储环境。

总之，核桃是我国特有的植物，拥有丰富的林地资源，同时也具有最优、最好的核桃速生林栽培环境，然而栽培技术仍存在一定的问题，需要进一步改善。分析核桃种植管理和收获技术以满足市场的需要，能促进核桃种植经济效益进一步扩大。各级农业部门必须坚持适树适栽的原则，促进核桃速生林发展，进一步研究速生丰产栽培技术，促使能够培育出品质优、产量高的核桃。

四、资料查阅途径

网络资源、图书馆、生产一线等。

五、分组讨论

确定具体果蔬—设计生产管理—设计采收方案—汇报交流—出具设计报告。

六、评价与反馈

1. 自我评价。通过实训，你的收获是什么？用文字或口述项目流程。
2. 小组评价。
3. 综合评价。教师对学生的学习过程进行总体评价。学生通过对本项目的学习进行自我总结和评价。

习 题

一、名词解释
1. 采收成熟度
2. 采前因素
3. 可溶固形物
4. 固酸比
5. 硬度
二、简答题
1. 影响果蔬贮藏效果的采前因素都有哪些？
2. 果蔬采收成熟度与果蔬贮藏有何联系？
3. 果蔬采收成熟度如何确定？
4. 果蔬采收方法有哪些？
5. 果蔬采收前应做哪些准备？
6. 果蔬采收注意事项有哪些？

项目二　果蔬采后商品化处理

模块一　项目任务书

一、背景描述

1. 工作岗位

果蔬贮藏库管理人员、果蔬采购和销售人员等。

2. 知识背景

果蔬采后商品化处理直接影响果蔬的采后贮运、损耗和品质等。由于果蔬采收季节性强，采集时间集中，并且果蔬鲜嫩多汁，采后容易受到机械伤害和病菌的侵染，导致腐烂，造成大量损失，甚至造成丰产不丰收，并且不当的处理会造成果蔬品质下降，大大影响果蔬的商品价值，造成巨大的经济损失，因此合理的采后商品化处理措施，对进一步保障果蔬质量，满足消费者需求，提高商品价值意义重大。

3. 工作任务

在本项目中要求学生以大型果蔬贮藏库技术管理人员和果蔬采购及销售人员的身份对流通果蔬进行合理必要的商品化处理，能对果蔬采后的挑选、加工、分级、清洗、包装、催熟、预冷、晾晒等技术环节进行正确的把握，并能结合实际情况设计出完整的采后商品化处理方案。

二、任务说明

1. 任务要求

本项目需要小组和个人共同完成，每 4 名同学组成一个小组，每组设组长一名。本次任务的成果以报告的形式上交，报告以个人为单位同时上交个人工作记录。

2. 任务的能力目标

能了解果蔬商品化处理的具体技术；掌握果蔬的催熟技术；能够结合实际生

产设计出合理的商品化处理方案。

三、任务实施

1. 在教师指导下查阅相关资料，深化基础理论学习，掌握相关知识。
2. 小组讨论交流后模拟设计指导方案。
3. 实施。

模块二　相关知识链接

随着生活水平的提高，人们越来越重视果蔬的质量，因此以提高果蔬质量为中心的商品化处理显得特别重要。广义地讲，果蔬生产不仅是指从播种到采收的栽培过程，而且还包括了采收后的清洗、分级、包装、加工和贮运等果蔬产后商品化处理。果蔬经过商品化处理，既有利于保持优良品质乃至在某些方面改善品质，提高商品性，又有利于减少腐烂；既方便人民生活，又可使果蔬商品增值，使生产者和经营者增加经济效益。

一、果蔬采后商品化的特性

1. 采后商品化处理有很大的必要性

一方面，我国水果种类繁多，有许多名特优产品，这些产品不仅能够满足国内市场需求，而且在国际市场上也具有一定的竞争潜力。但是，由于我国目前对果蔬的采后商品化处理不够重视，大部分果蔬都是以原始状态上市，不分等级，没有精细的包装和预冷等措施，再加上贮藏、运输设备不完善，还不能实现冷链流通。因此，果蔬的采后损失非常严重，大约 1/3 的产品在消费前就损失掉了，从而造成了人力、物力和财力的极大浪费。此外，随着生活水平的提高，消费者不仅希望果蔬品种多，还要求产品新鲜、干净和精美。因此，通过分级、清洗、打蜡、包装等环节来美化产品，使其对消费者更具有吸引力，提高产品的附加值，使现有资源得到更为充分和合理的利用，减少果蔬采后损失，因此实现果蔬采后商品化已成为当务之急。

另一方面，果蔬采后增值潜力巨大，世界发达国家都将果蔬的采后处理放在产业发展的首要位置，他们能够将新鲜水果和蔬菜的采后损失控制在 2%～5%，粮食的损耗控制在 1%以下。从世界发达国家果蔬产品产值构成来看，果蔬产品70%以上的产值是通过采后商品化处理和销售环节实现的。采后产值与采收时自然产值的比例，日本为 2.2，美国为 3.7，而我国只有 0.38。这说明果蔬采后商品化处理工作开展在我国有广阔的应用前景和巨大潜力。

2. 果蔬采后商品化根据产品要有选择性和灵活性

水果的采后商品化处理要根据产品的特点和上市目的，有选择性地使用。需要立即上市的产品采后即可进行打蜡处理，而那些需要贮藏的产品，则应该在上市前再打蜡；为了方便运输而在绿熟期采收的果实，上市前要进行催熟处理，但若想长期贮藏则不能催熟。对于不同果蔬的处理方式也是不同的，如柑橘采后稍微失水则有助于贮运，而有些水果恰恰相反；鸭梨采后不能骤然降温，否则易得黑心病，而这样的处理对苹果则影响不大。由此可知，不同的种类品种和用途，采后商品化处理环节有所差异，应区别对待，灵活掌握。此外，采后商品化处理的先后顺序也可以不同，如有些产品先预冷后包装，而部分则需要先包装再预冷；有些环节还可以结合在一起进行，如清洗、药物处理和预冷（水冷却）可以同时进行。

3. 果蔬采后商品化处理的经济性

虽然果蔬采后商品化处理后能大大提高附加值。但长期以来，我国大部分果区却放松了这项工作。目前，西欧各国果蔬采后商品化处理高达 90%以上，我国却不足 40%，近年来虽有较大程度的改进，但与发达国家仍有较大差距。一些果农和经销商的商品化意识不强，加之处理措施不强、处理设施落后，不洗果，不打蜡，挑选分级不严格，包装不规范（纸箱质量差、无标识、分量不足、混等混级、弄虚作假）等现象普遍存在。

二、采后商品化处理的重点环节

根据国内外先进经验，我国果品采后商品化处理应重点抓好以下 3 个环节：

首先，严格分级，先进国家果品采后商品化处理已经实现了机械化操作，我国在缺乏技术与设备的情况下，应首先搞活国内市场，再积极创造条件，向国际市场挺进。要按照国家颁布的标准严格进行挑选、分级、去除果面污物等工作。准备进入高档市场的精品果，要力争通过程控式分选机械进行自动化分选，使其外在品质都合乎精品果的等级标准。

其次，精细包装，良好的包装，可以保证果品安全运输和贮藏，减少果品间的摩擦、碰撞和挤压造成的机械伤，阻止病虫害的蔓延和水分的蒸发，便利果品仓储堆码，使水果质量在流通过程中保持稳定。另外，精美的包装也是商品的重要组成部分，是贸易的辅助手段，可为市场交易提供标准规格单位，是果品商品化生产中增值潜力最大的一个技术环节，国外果品包装增值可达 10 倍以上。根据不同国家地区的消费习惯和水平，果品包装可分为多种规格：一般面向城市居民或用于外销的产品应以精美的小规格包装为主；而面向广大农村消费者的，包装成本则要相对降低一些，可用较大规格的包装。但无论哪种包装规格，都要突出品牌个性。

最后，对于贮藏保鲜，建立现代化的冷藏库或气调库是果品产业化的必由之路。目前欧美等发达国家苹果冷藏量已达到总产量的 80% 以上，而我国部分地区苹果冷藏量还不足 10%。建造冷藏库和气调库的一次性投资较大，且需要大量的周转资金，因此不可能快速推广，当前我国应坚持土洋结合、人"两条腿走路"的方法，根据不同地区的经济状况，分别采取不同的措施。经济欠发达地区，应积极改进和提高土窑洞和地窖的设计和管理技术，必要时采用强有力的通风措施，在保证良好通风的条件下，大力推行简易气调和大帐气调贮藏，以解决地窖、土窑洞前期温度偏高的问题。经济发达地区可根据当地生产和市场需求，加快冷藏库、气调库建设，以大、中型库为主。对于经济发达地区的个体农户，提倡发展微型节能冷藏库，这种冷藏库具有结构简单、施工方便、造价较低、节约能源、便于管理等特点，贮藏保鲜效果也不错。

三、果蔬商品化处理率的提升

商品竞争实质上是质量的竞争，如何把果蔬变成商品是果蔬商品化处理的目的。就果蔬商品化处理技术而言，包括果实采收、分级、包装、商品注册等工作。目前我国应通过制定各种果蔬的质量标准，进行国产设备和引进设备的选型工作，提高果蔬采后商品化处理的程度；尽快建立与高档优质果蔬相适应的现代果蔬批发市场、零售网点和贮运体系；重点建立现代果蔬的贮藏加工和果蔬采后预冷、分级、打蜡等处理体系，提高包装的档次，完善"冷链"环节，逐步提高我国果蔬的商品化处理率。

1. 标准化

目前世界上一些商品经济发达的国家，为了搞好果蔬的供应，十分重视对标准化工作的智力和财力投资，充分发挥标准话语权的作用。在果蔬产销的各个环节都有相应的标准和技术规程，严格控制商品质量，使整个的果蔬商品流通在标准控制下进行，使生产者能获得较好的收益，消费者也能购买到质优鲜嫩的商品。美国、日本、澳大利亚、新西兰等国已将标准化作为果蔬现代化生产和管理的纽带。一些国际组织如欧洲共同体和经济合作与发展组织还制定了统一的果蔬商品质量标准。通过标准的制定与实施强化了流通中商品的质量管理，有利于果蔬按质论价、优质优价。

2．组织化

发达国家果蔬采后商品化处理工作有的是以农户为单位，有的是以许多农户成立的小型合作社为单位，还有的是以许多农户成立的大型合作社为单位。农业合作社已经开始进一步完善，把一级合作社聚集起来组成二级或三级合作社。多年的经济完善过程不仅体现在组织和管理方面，而且在产品集中供应、市场批发等方面也已经取得了良好的效果。果蔬采后商品化处理技术必须同时满足消费者和经营者的意向，既服务于国际市场，又服务于国内市场。

3．自动化

果蔬采后商品化处理技术工作最初是由人工完成的，现逐步向半机械化和机械化方向发展，特别是将电子计算机及光电子学用于分选，使自动化程度进一步提高。多数现代化果蔬采后处理技术工作站包括采收、清洗、预冷、涂蜡、分级、包装和运输等机械设备。但要根据处理的产品种类和规模选择相适应的设备。自动化的优点不仅在于节省劳力，提高工作效率，还可以克服不同人之间的操作差异。尽管已做了很大的努力，机械对果蔬会造成伤害这一问题仍未得到圆满解决，至今仍是阻碍果蔬采后商品化处理的一大问题。

4．配套化

现代果蔬采后商品化处理技术工作集采后处理、运输和贮藏为一体。除配有采后处理、分级和包装机械外，还配备了冷藏运输车以及气调库等，并将包装车间与冷藏库和气调库连接起来。生产场地内还设有凉棚，以便于包装容器的堆放。这些设施的科学选用和合理配套也是提高工作效率、保障经济收益的一个重要方面。

四、增强果蔬的贮运性能、商品性能的方法

果蔬在采收后贮藏、运输、销售前要进行一系列的处理，如整理与初选、晒晾、愈伤、喷洒、预冷等预处理；分级、涂膜、催熟与脱涩、包装等商品化处理，增强果蔬的贮运性能、商品性能，以提高果蔬的商品价值。

果蔬产品是一种具有生命、所谓"皮包水"的特殊商品，它完全不同于一般的工业制品。果蔬产品具有易腐、易变质、种类多样而不均一的特点。所谓的果蔬采后处理，就是为保持和改进其品质并使其从农产品转化为商品所采取的一系列措施的总称。果蔬的采后处理过程主要包括整理、挑选、预贮愈伤、预冷、清洗、涂膜、分级、防腐、灭虫、包装、催熟、脱涩处理等环节。也可根据产品种类，选用全部措施或选用其中的几项措施。这些程序中的许多步骤可以在设计好的包装房生产线上一次性完成。即使目前机械设备条件尚不完善，暂不能实现自

动化流水作业,仍然可以通过简单的机械或手工作业完成果蔬的商品化处理过程。

通过采后的科学处理,果蔬可最大限度地减少产品采后损失、提供最优化的条件调控水果的生理状态,稳定并强化它们的商品性,以最优的内在品质和最吸引人的外观形态迎合和满足消费者对果蔬的品种、滋味、兴趣、品尝、美感、营养、有益和减少疾病等各种各样的需求,从而稳固地提升它们在市场的占有率和竞争力,保证取得高效益,同时还能达到延缓其新陈代谢、延长采后寿命的目的。果蔬采后商品化处理的主要技术环节及操作如下。

1. 挑选

挑选是果蔬采后处理的第一个环节,无论是用于贮藏加工还是直接进入流通领域,采收之后都应该进行严格挑选。挑选的目的是剔除有机械损伤、病虫害、着色度不够、外观畸形等不符合商品要求的产品,以便改进产品的外观,改善商品形象,便于包装贮运,有利于销售和食用。果蔬从田间收获后,往往带有残叶、败叶、泥土、病虫污染等,必须进行处理,部分产品还需进行修整,并去除不可食用的部分,如去根、去叶、去老化部分等。叶菜采收后整理显得特别重要,因为叶菜类采收时带的病、残叶较多,有的还带根。单株体积小、重量轻的叶菜还要进行捆扎。其他的茎菜、花菜、果菜也应根据产品的特点进行相应的整理,以获得较好的商品性能和贮藏保鲜性能。

挑选由于涉及病、虫、伤、残、色、畸形等多项指标,综合判断较复杂,目前还难以做到机械挑选,所以无论是发达国家还是发展中国家,这一环节大多靠手工完成,因此必须根据不同果蔬的特点制定相应的标准。

2. 分级

分级就是根据果蔬产品的大小、重量、色泽、形状、成熟度、新鲜度、清洁度、营养成分以及病虫害和机械损伤等情况,按照一定的标准,进行严格的挑选,并分为若干等级。果蔬分级的目的是使之达到商品标准化,实行优质优价。同时,便于收购、贮藏、销售和包装,而且通过挑选分级,剔除有病虫害和机械损伤的产品,可以减少贮藏中的损失,减轻病虫害的传播,并可进一步推动果蔬栽培管理技术的发展和提高产品质量。

不同果蔬的分级,每个国家和地区都有各自的分级标准。我国把果蔬标准分为国家标准、行业标准、地方标准和企业标准4类,在果蔬产品国际贸易中常采用国际标准。我国现在已有20多个果品质量标准,其中鲜苹果、鲜梨、香蕉、鲜龙眼、核桃、板栗、红枣等都已制定了国家标准,此外部分果品还制定了一些行业标准。随着生产的发展、品种的更新以及市场的需求,有的标准已不能满足现状,必须重新修订或制定新的标准。

　　分级标准包括人工分级和机械分级。人工分级是依靠人的视觉，同时借助一些简单的分级器具，如分级板等，将产品分为若干等级，其优点是可以最大限度地减轻机械损伤，适用于各类果蔬。但工作效率低，分级标准不统一，特别是对颜色的判断，往往偏差较大。机械分级工作效率高，适用于那些不易受伤的果蔬产品，而且可以使分级标准一致。

　　3. 清洗

　　清洗是采用浸泡、冲洗、喷淋等方式清除果品表面污物，减少病菌和农药残留，使之符合商品卫生标准，改善商品外观，提高商品价值。洗涤水要清洁卫生，可加入适量杀菌剂，如次氯酸钙、漂白粉等，水洗后要及时进行干燥处理，除去表面的水分，否则在贮运过程中会引起腐烂。套袋的果品由于果面洁净，可以免去清洗环节。

　　清洗最简单的办法是用清水喷淋。去除污物时也常会加入一定量的化学药剂，如去除苹果、梨等具有蜡质原料常用 0.5%～1.5%的盐酸常温浸泡 3～5 min；对具有果粉的果实用 0.1%的氢氧化钠溶液浸泡数分钟；对柑橘、苹果、梨等用 600 mg/L 的漂白剂处理 3～5 min；对枇杷、杨梅、草莓等用 0.1%的高锰酸钾溶液浸泡 10 min。化学洗涤剂较清水能有效地除去虫卵、降低耐热芽孢的数量，对农药残留较多的原料也有清除作用。

　　清洗分为人工清洗与机械清洗。人工清洗时将洗涤液盛入已消毒的容器中，调好水温，将产品轻轻放入，用软毛巾、海绵或软毛刷等迅速去除果面污物，取出在阴凉通风处晾干。机械清洗时用传送带将产品送入洗涤池中，在果面喷淋洗涤液，通过一排转动的毛刷，将果面洗净，然后用水冲淋干净，将表面水分吸干，或通过烘干装置将果实表面水分烘干。

　　4. 打蜡

　　打蜡是在果蔬的表面涂上一层薄而均匀的透明薄膜，也称为涂膜。多用于苹果、柑橘、油桃、李子等。经涂膜后，一是可抑制呼吸作用，减少水分蒸发和营养物质的消耗，延缓萎蔫衰老；二是如涂料中加防腐剂，还可抑制病原菌侵染，减少腐烂；三是可增进果品表面光泽，使外皮洁净、美观、漂亮，提高商品价值。这种方法已是现代果蔬营销中的一项重要措施，多用于上市前的果实处理，也可用于长途运输和短期贮藏。但涂膜并不能改善水果的内在品质，只是一项改善外观和有一定保鲜作用的辅助措施。目前国内市场上出售的进口苹果、脐橙、油桃、黑李子等都是经过涂膜处理的水果，在国产水果中一些销往大城市的特优果和出口果也常采用这种方法。

　　打蜡一般在洗果后进行。方法有人工浸涂、刷涂和机械涂蜡。少量处理时，可用人工方法将果实在配好的涂料液中浸蘸一下取出或用软刷、棉布等蘸取涂料抹在果面上。无论采取哪种方法。都应使果面均匀着蜡、萼洼、梗洼及果柄处也应涂到，并擦去多余蜡液，以免在果面上凝结成蜡珠而影响效果。大量处理时，可用机械喷涂，工作效率高、效果好。

打蜡所用的蜡液配方是各国的专利，相互保密，世界上最初使用的是石蜡、松脂和虫胶等，加热溶化后将果蔬瞬时浸渍。目前，我国商业使用的涂膜剂大多是以医用液体石蜡和巴西棕榈蜡作为基础原料，石蜡可控制失水，巴西棕榈蜡可产生诱人的光泽；采用的进口果蜡以美国戴克公司的"果亮"为主；最近开发的新产品有：脱乙酸甲壳素涂膜，是从节肢动物外壳提取出来的一种高分子多糖，它安全无毒，可以被水洗掉，还可以被生物降解，不存在残留毒性问题，适用于苹果、梨、桃、和番茄等果蔬的保鲜；另外还有磷蛋白类高分子蛋白质保鲜膜和纳米保鲜果蜡等。近年来，含有聚乙烯、合成树脂物质、乳化剂和润湿剂的蜡液材料也被普遍采用。

5. 包装

包装是采用不同形式的容器或物品对产品进行包装和捆扎。合理的包装是使果蔬标准化、商品化、规范化、安全运输和贮藏的重要措施。包装的作用：①通过包装能改善果蔬产品外观，提高果蔬产品在市场的竞争力。②通过包装可防止有害病菌在果蔬间的传播蔓延，减少腐烂。③通过包装可减少果蔬内水分丧失，有助于果蔬保持新鲜状态。④果蔬包装后，还能减少果蔬之间的碰撞、挤压、摩擦，减少机械损伤。

包装容器的选择应针对不同水果的特点和要求以及用途的不同如运输包装、贮藏包装、销售包装等，分别进行设计或结合在一起。包装容器应该具有保护性，在装卸、运输和堆码过程中有足够的机械强度；具有一定的通透性，利于产品散热及气体交换；具有一定的防潮性，防止吸水变形造成机械强度降低而压伤产品并引起腐烂。包装容器还应该具有清洁、无污染、无有害物质、内壁光滑、卫生、美观、重量轻、成本低、便于取材、易于回收及处理等特点，并在包装外面注明商标、品名、等级、重量、产地、特定标志、包装日期等内容。对外销的果蔬，包装容器不仅要求标准化，而且还要装潢美观化。

长期以来，我国新鲜果蔬的包装多为植物材料制成的竹筐、荆条筐、草袋、麻袋、木箱、纸箱等。近几年随着市场经济的快速发展，塑料箱、木箱、纸箱、泡沫箱已成为高档果蔬包装的主流。包装容器的尺寸、形状应适应贮运和销售需要，长宽尺寸可参考 GB 4892—2008《硬质直立体运输包装尺寸系列》中有关规定，高度可根据产品特点和要求自行选择。

　　果蔬包装前应经过认真的挑选，做到新鲜、清洁、无机械伤、无病虫害、无腐烂、无畸形、无冷害、无水浸，并按有关标准分等级包装产品。包装应在冷凉的环境下进行，避免风吹、日晒、雨淋。包装方法可根据果蔬的特点来决定。包装方法一般有定位包装、散装和捆扎后包装。无论采用哪种包装方法，都要求果蔬在包装容器内有一定的排列形式，既可防止它们在容器内滚动和相互碰撞，又能使产品通风换气，并充分利用容器的空间。如苹果、梨用纸箱包装时，果实的排列方式有直线式和对角线式两种；用筐包装时，常采用同心圆式排列。马铃薯、洋葱、大蒜等蔬菜常常采用散装的方式等，不耐挤压的果蔬，包装容器内应加支撑物或衬垫物，减少产品的震动和碰撞；易失水分的产品，应在包装容器内加塑料膜衬垫。

　　销售小包装应根据产品的特点选择透明薄膜袋、带扎塑料袋，也可放在塑料或纸托盘上，再覆以保鲜薄膜，既能造成一个保水保鲜的环境，起到延长货架期的作用，还增加商品美观度，便于吸引顾客达到促销目的。销售包装袋应注明重量、品名、价格和日期等。包装物的重量应根据产品种类、便于搬运和操作等来确定，一般不超过 20 kg，零售的宜小，一般以 0.5～5 kg 为宜。

　　产品装箱完毕后，还必须对重量、质量、等级、规格等指标进行检验，检验合格者方可捆扎、封钉成件。对包装箱的封口原则为简便易行、安全牢固。纸箱多采用粘合剂封口，木箱则采用铁钉封口。木箱、纸箱封口后还可在外面捆扎加固，多用的材料为铝丝、尼龙编带。上述步骤完成后对包装进行堆码。目前多采用"品"字形堆码，垛应稳固、箱体间、垛间及垛与墙壁间应留一定空隙，便于通风散热。垛高根据产品特性、包装容器、质量及堆码机械化程度来确定。若为冷藏运输，码垛时应采取相应措施防止低温伤害。果蔬进行包装和装卸时、应轻拿轻放、轻装轻卸，以求避免机械损伤。我国的包装技术与国外相比还存在一定的差距，应加速包装材料和技术改进，使我国包装向标准化、规格化、美观经济等方面发展。

　　6. 预冷

　　果蔬预冷是将新鲜采收的产品在运输、贮藏或加工以前迅速除去田间热，将其尽快冷却到适于贮运低温的措施。果蔬收获以后，特别是热天采收后带有大量的田间热，再加上采收对产品的刺激，呼吸作用旺盛，释放出大量的呼吸热，对保持品质十分不利。预冷的目的是在运输或贮藏前使产品尽快降温，以便更好地保持果蔬的生鲜品质，提高耐贮性。预冷可以降低产品的生理活性，减少营养损失和水分损失，延长贮藏寿命，改善贮后品质，减少贮藏病害。为了最大限度地保持果蔬的生鲜品质和延长货架寿命，预冷最好在产地进行，而且越快越好，预冷不及时或不彻底，都会增加产品的采后损失。

果蔬的预冷方式有自然预冷和人工预冷。常见预冷方式有如下几种。

①自然降温冷却。将果蔬产品放在阴凉通风的地方，使其自然散热降温。适用于大多数蔬菜水果，成本低，但冷却速度慢、时间长、受环境影响大。

②水冷却。用冷水（0～3℃）冲、淋产品，或者将产品浸在冷水中，使产品降温的一种冷却方式。水中经常加入一些杀菌防腐剂（氯气、漂白粉等）。该方法降温快、成本低，但要防止冷却水污染和防腐药剂污染等。在商业上适合于水冷却的产品有胡萝卜、芹菜、甜玉米、菜豆、甜瓜、柑橘、桃等。

③冷库空气冷却。是将产品放在冷库预冷间中的一种冷却方法。适合于苹果、梨、柑橘、葡萄等，该方法要求包装不能完全密封，堆垛之间、包装容器之间要留有大空隙。

④强制通风冷却。是在包装箱或垛的两侧造成空气压力差而进行的冷却，当压差不同的空气经过货堆或集装箱时，将产品散发的热量带走。在草莓、葡萄、甜瓜、红番茄上使用效果显著，同时注意保湿。

⑤包装加水冷却。在装有产品的包装容器内加入细碎的冰块，一般采用顶部加冰。如菠菜、花椰菜、孢子甘蓝、萝卜、葱等进行辅助预冷。由于其降温效果有限，一般仅作为其他预冷方式的辅助措施。

⑥真空冷却。将产品放在坚固、气密容器中，迅速抽出空气和水蒸气，使产品表面的水在真空负压下蒸发而冷却降温。适合于生菜、菠菜、莴苣等叶菜类，真空冷却速度快，但成本较高，操作复杂。

果蔬预冷如下有要求：

①预冷要尽早进行，要迅速降到规定的温度。如果冷却缓慢，以后将很难保持果蔬的品质，鲜度和品质一旦下降，就不可能再恢复。

②预冷的温度因果蔬的种类、品种、运输贮藏时间的长短而不同。根据产品的形态结构选用适当的预冷方法，一般体积越小，冷却速度越快，并便于连续作用，冷却效果好。

③不同的果蔬其预冷速度和终温不同，要采用适合于该种果蔬的预冷方法。预冷后处理要适当，果蔬产品预冷后要在适宜的贮藏温度下及时进行贮运，否则会加速腐烂。

7. 愈伤与催熟

果蔬在采收过程中，常常会造成一些机械损伤，特别是块根、块茎、鳞茎类蔬菜。愈伤即是使果蔬伤口形成一些新的细胞木栓化作用，起保护作用，防止微生物侵入，减少水分蒸发。果蔬即使有微小的伤口也会使微生物侵入而引起腐烂，在贮藏前必须进行愈伤处理。给予适当条件，加速愈伤组织的形成，这种方法称为愈伤处理。大部分果蔬在愈伤处理过程中，要求有较高的温度、湿度和良好的通风条件，其中以温度影响最大。不同的果蔬愈伤时，对温度、湿度要求不同，如山药、甘薯等采收后在高温、高湿下可以抑制表面真菌的生长，减少内部组织坏死，形成愈伤组织；还有些要求温度较低的条件，如洋葱、蒜头等，采收后晾晒，使外部鳞片干燥，减少微生物侵染，同时对鳞茎茎节和盘部伤口有愈合作用。就大多数果蔬而言，愈伤的条件为温度25～30℃，相对湿度85%～95%，而且通气良好，同时确保愈伤环境中有充足的氧气。马铃薯块茎采收后保持在18.5℃以上2 d即能愈伤。甘薯在32～35℃和85%～90%的湿度条件下4 d才能愈伤。过低、过湿愈伤都很难。

催熟是指销售前用人工方法促使果蔬加速完熟的技术方法。不少果树上的果实成熟度不一致，有的因长途运输的需要提前采收，为了保障这些产品在销售时达到最佳成熟度，确保其最佳品质，常需要采取催熟措施。催熟可使产品提早上市，使未充分成熟的果实尽快达到销售标准或最佳食用成熟度及最佳商品外观。催熟多用于香蕉、杧果、洋梨、猕猴桃、番茄、蜜露甜瓜等。

8. 催汗

适度地散失水分，达到愈伤的要求。果蔬在收获时，水分含量很高，组织坚挺、脆嫩，在贮藏是容易受到损伤和遭受微生物的危害。同时由于水分过多，在生理上的呼吸和蒸发也非常旺盛，如果在这种情况下将果蔬放在通风不良的贮藏库，库内很快变得潮湿，温度上升，微生物大量繁殖，加速了果蔬的腐烂，对贮藏十分不利，所以贮藏前必须先进行催汗处理（干燥）。例如，大白菜贮藏前应该晾晒，使其表面萎蔫。在洋葱采收前10 d停止灌水，收获后放在田畦上，晾晒5～6 d，待叶片发软、变黄、外层鳞片干缩即可贮藏。

9. 化学药剂处理

化学药剂防腐保鲜处理，在国内外已经成为果蔬商品化处理一个不可缺少的步骤。化学药剂处理可以延缓果蔬采后衰老，减少贮藏病害，防止品质劣变，提高保鲜效果。

常用的化学防腐剂有：①仲丁胺制剂：具有强力挥发性、高效、低毒的特点，常用的有克霉灵、保果灵。②山梨酸。③苯并咪唑杀菌剂：此类杀菌剂包括托布津、杀菌灵、苯菌灵。它们对青霉、绿霉等真菌有良好的抑制作用，能透过产品表皮角质层发挥作用，是一种高效、无毒、广谱的内吸性防腐剂。

模块三　单项技能训练

一、果蔬的催熟与脱涩

大多数果实可以在采后立即食用。也有些果实生长到一定时期，采收后须经过后熟或人工催熟，其色泽、芳香等风味才能符合人们的食用要求。如柿子未充分成熟前，带有强烈的涩味，无法食用，经人工脱涩后方可消除。又如香蕉、番茄等也可以采用类似的方法，加速其成熟，以满足消费者的需要。果实催熟的原理是利用适宜的温度或其他条件以及某些化学物质及气体如酒精、乙烯、乙炔等来刺激果实的成熟作用，以加速其成熟过程。本实验是利用温水、酒精、乙烯、乙烯利、乙炔、二氧化碳等处理，观察对番茄催熟、香蕉催熟、柿子脱涩的效果。

1. 训练目的

（1）学会柿子脱涩的方法；

（2）学会香蕉催熟的方法，并观察催熟效果；

（3）学会番茄催熟的方法；

（4）掌握果蔬在冷藏后催熟的方法。

2. 训练材料

涩柿子、未催熟的香蕉、淡绿色的番茄、猕猴桃、杧果等；催熟箱、定温箱、果箱、聚乙烯薄膜袋、温度计等。酒精、乙烯、二氧化碳、电石（CaO）、乙烯利、石灰、玻璃真空干燥器等。

3. 训练步骤

（1）合理选择3～4种待催熟的果蔬种类和品种；

（2）结合实际情况合理设计催熟的实施方案；

（3）在教师的指导下，分组讨论催熟设计方案；

（4）学生模仿设计方案进行实际操作；

（5）动态观察果蔬的催熟效果（感官指标、理化指标等）；

（6）发现并总结果蔬催熟和脱涩过程中的问题。

4. 训练要求

要求学生掌握果蔬催熟的原理、明确果蔬催熟需要的材料和仪器设备、能够熟练进行果蔬催熟的方案设计、掌握果蔬人工催熟方法并对催熟结果进行分析，并能够发现并解决果蔬在催熟过程中遇到的问题。

5．知识提示

具体实例——香蕉的贮运及催熟关键技术

近年来，大批量香蕉从南方运到全国各地销售，贮运技术就显得非常重要。在生产上，香蕉果实是根据饱满度采收的，采收后要经过后熟过程才能食用。在采后至后熟这段时间里，会出现一个呼吸高峰，同时果实本身乙烯释放量明显增加，果皮颜色变黄，果肉变软变甜，涩味消失并散发香味，直到最佳食用品质。在香蕉贮藏过程中，延迟香蕉呼吸高峰出现，也就是推迟其衰老过程，达到延长贮藏期的目的。

（1）影响香蕉贮藏的若干因素

①品种的耐藏性与抗病性。如油蕉耐藏性和抗病性皆强。

②生长环境。如地下水位低处生产的香蕉比地下水位高的耐贮藏。

③肥料施用。以有机肥为主、无机肥为辅两者混用施肥的比单纯施用氮肥或钾肥的耐贮藏。

④采收饱满度。拟远途运输的香蕉果实采收饱满度应较低，如从广东运往北京的香蕉饱满度应在70%～85%为宜。

（2）采后处理

①条蕉（整个果穗）。不加任何包装，悬挂在架上，常用于短途运输。此法易造成机械伤，费工费时。

②梳蕉。用快刀将条蕉切成梳，去掉每梳中个别质量差、有病虫害及有机械伤的香蕉果实，装入包装箱。出口远销则将梳蕉用纸包好，再装入塑料薄膜袋，采用纸箱包装。

③去轴梳蕉。不带轴的梳蕉具有两点优势：一是去轴包装，如贮运100 kg梳蕉比条蕉多 10 kg，比带轴梳蕉多 5 kg，可节省包装费与贮运费。二是蕉轴富含水分，易被病菌侵染而致腐烂，因此选择去轴梳蕉为好。

（3）贮藏方法

①冷藏。香蕉对温度很敏感，贮藏与运输温度不能低于11℃，否则会导致冷害。在5～7℃条件下6 d或在8℃条件下20 d都会使蕉皮变灰黑造成冷害。75%～80%饱满度的香蕉在11℃或11℃以上条件下可贮藏33 d。但要注意通风换气，因为少量的乙烯都能促使香蕉黄熟腐坏。

②调节气体贮藏。自发性调节气体贮藏是目前我国香蕉气体调节贮藏的主要方式。利用聚乙烯薄膜包装香蕉，通过改变袋内气体成分延长贮藏寿命。在常温条件下，袋内二氧化碳含量0.5%～7.0%，氧含量0.5%～10.0%，在较高的二氧化碳和较低的氧含量条件下，贮藏寿命可显著延长。使用乙烯吸收剂是香蕉贮藏的

主要方法，一般用高锰酸钾，以砖块、珍珠岩为载体，吸收饱和的高锰酸钾水溶液，稍微晾干后装入纸袋或塑料袋中，开口或打孔，然后与香蕉一起装入聚乙烯袋内。若二氧化碳过高，则用小包装消石灰装入贮运袋中以利于吸收二氧化碳，消石灰用量应为香蕉重量的0.8%左右。

（4）贮运中极易出现的问题及解决方法

香蕉贮运过程中极易出现过早黄熟、冷害、腐烂、机械伤等问题。在贮运过程中过早变黄、变熟、变软以致不能继续贮运而造成经济损失。解决方法：①严格掌握70%～75%的采收饱满度；②快装快贮，迅速降温至适宜温度以降低呼吸强度，抑制乙烯生成；③通风换气，减少贮藏环境中乙烯积累；④减少机械损伤，用防腐剂处理，防治病害。

（5）催熟方法

①熏香催熟。熏香催熟适用于少量香蕉的催熟。用普通的棒香点燃后放置在密封的催熟容器或小室中，在一定容积的催熟室内棒香数量、密封时间要根据气温与香蕉饱满度确定。如装量为2 500 kg的催熟室，气温30℃左右时，用棒香10支，密闭10 h；气温25℃左右时，用棒香15支，密闭20 h；气温20℃左右时，用棒香20支，密闭24 h；气温更低时，则应用炉火提高温度至20℃以上。饱满度高的香蕉可少用棒香，缩短密闭时间；饱满度低则多用棒香，延长密闭时间。经过密闭熏香后将香蕉移到空气流通、比较阴凉的地方，最好是20℃左右的环境使其成熟，在冷天则要保暖，防止受冷害。

②乙烯催熟。乙烯催熟适宜温度20℃左右，相对湿度85%，乙烯浓度为1：1 000（乙烯：催熟室的空气容积）。为了避免催熟室内累积过多的二氧化碳，以致延缓后熟过程，应每隔24 h通风一次，通风1～2 h，再密闭加入乙烯，待香蕉开始显现初熟颜色后方可取出。在广州，乙烯催熟香蕉温度为20℃，处理24 h后可从密闭室取出；以此为基础，温度升高1℃可缩短处理1 h，温度降低1℃，则延长处理1 h。

③乙烯利催熟。据广州市果品食杂公司应用乙烯利催熟香蕉的经验，在17～19℃时，使用乙烯利浓度2 000～4 000 μg/g；20～23℃时，使用乙烯利浓度1 500～2 000 μg/g；23～27℃时，乙烯利浓度1 000 μg/g效果较好。按需要的浓度配好乙烯利溶液后可直接喷洒或者浸蘸，只要每个香蕉果实都蘸到药液（不用整个蕉果浸湿）即可。处理后使其自然晾干，一般存放3～4 d便会黄熟。使用乙烯利催熟不需要特殊设备，操作简便、成本低。

具体实例——柿果的脱涩原理及脱涩技术

柿，柿科柿属植物，起源于中国，原产于我国长江流域。柿子的种植历史可以追溯到三千年前的汉朝，隋唐时期传入日本，明代又传入朝鲜。我国柿果产量很大。中国北方产区的柿子品种基本上都为涩柿，山东、河北、河南、山西、陕西 5 省为主要产区，其产量占全国总产量的 70%～80%。广东、湖南、湖北等南方各地区也有少量栽培，但产量较少。

柿果营养丰富，风味独特，具有很高的食用价值，一直以来深受人们的喜爱。据测定，柿子含水分 82.40%、蛋白质 0.7%、碳水化合物 10.8%、脂肪 0.1%、可溶性果胶 0.4%～0.6%、Ca 10 mg/100 g、Fe 0.2 mg/100 g、P 19 mg/100 g、I 49.7 mg/100 g、V_A 0.15 mg/100 g、V_{B1} 0.01mg/100 g、V_{B2} 0.02 mg/100 g、V_C 11 mg/100 g，此外还含有大量的单宁。

柿子除营养丰富外，还具有很好的药用保健价值。《本草纲目》中记载："柿乃脾肺血分之果也。其味甘而气甲，性涩而能收，故有健脾、涩肠、治嗽、止血之功效。"

成熟的柿子色泽艳丽，内含多种营养，口味甘甜多汁，除供鲜食外，还可制成柿饼、柿汁、柿酒等多种产品，但是成熟的鲜柿子不同于其他果实在成熟时便可鲜食，它必须经过一个脱涩过程，才能被人们作为鲜果食用。甜柿子除外。

（1）脱涩的原理

柿子果实内含有一种特殊的细胞，它的原生质里含有很多单宁物质，被称为单宁细胞。涩柿果实中的单宁，绝大多数以可溶性状态存在于单宁细胞内。当人们咬破果实后，部分单宁流出来，被唾液溶解，使人感到有强烈的涩味。甜柿果食中的单宁，绝大多数以不溶性状态存在，当人们咬破果实后，单宁不为唾液所溶解，所以不会感到有涩味。脱涩，就是将可溶性单宁变为不溶性单宁，并不是将单宁除去或减少，这种变化在单宁细胞内较容易进行。

（2）脱涩的作用

柿子脱涩的作用大致分两种：直接作用和间接作用。

直接作用用酒精、石灰水、食盐等化学物质，渗入单宁细胞中。这些物质与单宁作用，使可溶性单宁发生沉淀，变成不溶性单宁而脱涩。

间接作用将柿果置于水或二氧化碳、乙烯气体中，使其处于密闭的环境中，由于呼吸作用，先把容器内空气中的氧消耗掉，再由分子间的内呼吸而分解果实内的糖分，放出二氧化碳，同时产生酒精、乙醛等物质，使单宁细胞内可溶性单宁发生沉淀，变成不溶性单宁而脱涩。

（3）脱涩的方法

①硬柿供食脱涩后的柿果，肉质脆硬，味甜。这种柿子又叫懒柿、暖柿、温柿、泡柿、脆柿等。硬柿供食的脱涩方法，有以下几种：

a. 温水脱涩。将新鲜柿果装入铝锅或洁净的缸内（容器忌用铁质，以防铁和单宁发生化学变化而影响品质），倒入 40℃左右的温水，淹没柿果，密封缸口，隔绝空气流通。保持温度的方法因具体条件而不同，有的在容器下边生一个火炉，有的在容器外面用谷糠，麦草等包裹，也有隔一定时间掺入热水等。脱涩时间的长短与品种、成熟度高低有关，一般经 10～24 h 便能脱涩。

温水脱涩的关键是控制水的温度，过高、过低均不合适。水温过低，脱涩很慢，如南方用冷水浸泡要 4～7 d 才能脱涩；水温过高，果皮易被烫裂，影响果肉品质，果色变褐，而且酶的活动受到抑制或遭到破坏，虽经很长时间，涩味仍然很浓，人们把这种现象称为"煮死"了。因此，水温保持在 40℃最理想，既不会损伤果实，又使酶的活动能力处于最高状态，产生乙醛最多，所以脱涩时间最短。

这种方法脱涩快，但脱涩的柿子味稍淡，不能久贮，2～3 d 颜色发褐变软，不能大规模进行。小规模的、就地供应时，采用此法较理想。

b. 冷水脱涩。该方法多在南方应用。将柿果装在箩筐内，连筐浸在塘内，经 5～7 d，便可脱涩。或将柿浸于缸内，水要淹没柿果，水若变味则换清水。也有 50 kg 冷水中加入柿叶 1～2 kg，倒入柿果，以水淹没，上面覆盖稻草，经 5～7 d 也能脱涩。一般来说，采收早，脱涩时间长；采收迟，脱涩时间短。柿叶数量多，脱涩时间短；柿叶放得少，脱涩时间长。当时的气温或水温高，脱涩时间短；气温或水温低，脱涩时间长。冷水脱涩虽然时间较长，但不用加温，无须特殊设备，果实也较温水脱涩的脆。

c.石灰水脱涩。每 50 kg 柿果用生石灰 1～2 kg，先用少量水把石灰溶化，再加水稀释，水量要淹没柿果。3～4 d 后便可脱涩。如能提高水温，则能缩短时间，用这种方法处理，即使柿果处于缺氧环境中，进行分子间内呼吸，间接地使单宁沉淀；同时，钙离子渗入单宁细胞中，也会直接引起单宁沉淀，钙离子又能阻碍原果胶的水解作用。因此，脱涩后的柿果肉质特别脆。对于刚着色、不太成熟的果实效果特别好。但是，脱涩后果实表面附有一层石灰，不太美观；处理不当，也会引起裂果。

d. 二氧化碳脱涩。将柿果装在可以密闭的容器内，容器上下方各设一个小孔。二氧化碳由下方小孔渐渐注入，待上方小孔排出的气体能把点燃的火柴熄灭时，表示容器已充满了二氧化碳，便将孔塞住。

脱涩快慢与品种及二氧化碳浓度有关。温度 25～30℃，在常压下 7～10 d 便可脱涩，如果加压至 7～11 kg，温度维持在 20℃左右，2～3 d 后便可食用。若在容器中再加入少量酒精，则能加速脱涩。

脱涩后，取出放在通风处，让刺激性气体挥发掉方可食用。这种方法需要一定的设备，规模较大。少量的二氧化碳可用生石灰或大理石碎块、苏打等，加入稀硫酸产生。也可购买现成的二氧化碳。

②软柿供食经脱涩后的柿果，质软，可以剥皮。又叫烘柿、爬柿等。

脱涩后成软柿，与硬柿不同，除完成脱涩外，还要促使果胶物质发生变化。在鲜果中，果胶物质呈原果胶状态存在，不溶于水，是细胞壁的组成部分，与纤维素结合，使果肉组织呈紧密状态。当原果胶水解以后，变为果胶，转移到细胞液中，细胞壁失去了支持力而松弛，因而果实变软。软柿供食的脱涩方法，一般采用以下几种：

a. 鲜果脱涩。柿果装入缸内，每 50 kg 放入 2～3 kg 梨、苹果、沙果、山楂等其他成熟的鲜果，分层混放，放满后封盖缸口，鲜果在处于缺氧的情况下放出大量乙烯，促进了柿果的后熟，经 3～5 d 后，便软化、脱涩，而且色泽艳丽，风味更佳。

b. 熏烟脱涩。先挖一条横沟（宽 1.2～1.4 m，深 1.2 m，长度可根据地形和柿子的多少而定）作为人行道。再在沟的侧旁挖圆锥形的窖洞，底宽 70 cm，深 70 cm，口径 20～25 cm，在洞底下，从沟道的一侧开一个 20 cm 见方的火口（似煤炉），与窖洞底相隔约 10 cm 厚，在此隔层中间钻 2～3 个小孔，作为进烟孔，上盖 1～2 块瓦片，以分散烟雾。在一条横沟两侧能挖很多窖洞，两个窖洞之间只需保留 80 cm 的距离即可。熏烟的方法：将柿果整齐排放在窖洞，放满后洞口用砖盖住，再用泥封住。在火口中燃烧柴草树叶等物，使烟从小孔注入窖内。每天早、中、晚各熏一次，每次用燃料 1.5 kg，经 3～4 d 后，柿果软化脱涩，取出后放在通风处，散去烟味，便可食用。

这一方法也是使果实处于缺氧的环境中进行无氧呼吸，而且不完全燃烧形成的烟也能促进后熟。因此，提早采收的果实经烟熏后色泽加深，与成熟果实一般。此法成本低廉，但果实常有烟味。

c. 自然脱涩。南方许多地方，果实成熟后不采收，让它继续生长，等到软化后再采收，吃起来已经不涩；北方常在柿果成熟后采下，经贮藏变软，吃起来也不涩。这种不加任何处理而脱涩的称为自然脱涩。

这种方法需要的时间较长，对单宁含量多的品种，在温度较低的情况下，脱涩不能完全。但是自然脱涩的柿果色泽艳丽、味甜。

d. 酒精脱涩。将柿果装在酒桶或其他容器中，每装一层柿果，喷布少量酒精，装满后加盖密封，约一星期便可脱涩。脱涩后的柿果呈半软。注意酒精不能过多，否则，果面容易变褐或稍有不适的味道。

e. 刺伤脱涩。利用机械伤害，加速果实进行分子间的内呼吸，促进后熟。方法是在柿蒂附近插入一小段干燥的细牙签，几天以后就变软不涩，柿蒂虫、柿绵蚧等虫害引起柿果变软发红而不涩，也是这个道理。这种方法容易造成伤口，容易被微生物入侵，引起发酵或霉烂。

f. 植物叶脱涩。用柏树、苹果树等植物的叶片，与成熟的柿果混放在容器内，数日后便可脱涩。

g. 乙烯利脱涩。用 250 mg/L 的乙稀利水溶液在树上喷布至果面潮润，或将采收后的果实，连筐在上述溶液中浸 3 min 后取出，经 3～10 d 便可脱涩。脱涩速度的快慢因品种、成熟度、药液浓度、浸渍时间及气温高低有关。原理是：乙稀利在 pH≥4.1 分解，释放乙烯，随着 pH 的增高，乙烯释放速度加快。柿果 pH=5 左右，当乙烯利被吸收后，随即放出乙烯，从而达到脱涩目的。

具体实例——番茄的催熟方法及注意事项

目前，用植物生长调节剂催熟番茄比较普遍。有时却因使用方法不正确而难以充分发挥调节剂的效应，甚至适得其反，导致叶片狭小、黄化，植株早衰，裂果或畸形果等药害现象。

（1）催熟方法

①2,4-D 浸花或涂花法

该法可使果实提早成熟 5～7 d，而且是当前生产中防止因温度过低（春季夜间温度在 15℃以下）或过高（秋季夜间温度在 25℃以上）引起落花的主要措施，能显著提高座果率，一般增产 30%以上。具体操作方法：将药液放在开口小容器中，把半开或刚开的小花在药液中轻轻地浸一下。或用毛笔、棉球等物蘸取药液涂在花朵或花柄上。2,4-D 浓度：保护地番茄 10～20 mg/L；早春露地番茄 15～20 mg/L；秋番茄 10～15 mg/L。

②防落素（PCPA）喷花法

防落素又名番茄灵、座果灵、促生灵。使用效果优于 2,4-D，且简便省工、药害较轻，适用于小型手动或电动喷雾器，在开花盛期，喷洒花序。浓度依据当时气温而定，气温在 20℃以下、20～30℃及 30℃以上，浓度分别为 50 mg/L、25～30 mg/L 及 10 mg/L。

③乙烯利浸果法

当果实进入转色期，提前采下，浸泡在 1 000～4 000 mg/L 的乙烯利溶液中约 1 min，取出沥干放置在 20～25℃条件下，2～5 d，果实变红。温度低于 15℃或高于 35℃时，催红效果较差。

④乙烯利涂果法

在田间进行，将 2 000～3 000 mg/L 的乙烯利溶液涂在转色期的第一篷果上，4～5 d 就能转红。涂果时只需涂到萼片或大部分果面即可。

⑤乙烯利喷雾法

在田间进行，将 500～1 000 mg/L 的乙烯利溶液喷洒已充分长大的青果。该法简便省工，尤其适合果实发育整齐，一次性采收及加工用番茄。一般在采果前 7～10 d 喷药。

（2）注意事项

①在田间处理露地番茄时，避免在风雨天施药，并保证施后 6 h 内不遭雨淋。以无风阴天全天或晴天上午 8～10 时、下午 16 时后进行为宜。

②使用 2,4-D 时，每朵花只能处理一次，为防止重复处理造成畸形果，可在药液中加点红色颜料（如红墨水等），使处理过的花呈红色，以与未经处理的花相区别。此外，药液不能沾到植株其他部位，特别是幼芽、嫩叶上，以免叶片变细长，影响光合效果。

③防落素一般只使用一次，最多间隔三天喷第二次。其药害虽比 2,4-D 小，但也应尽量避免和减少药液喷到植株幼嫩部位。另外，防落素晶体不易溶于水，配药时应先将其用氢氧化钠进行中和滴定溶解后，再加水稀释。

④田间使用乙烯利，不能与碱性农药或碱性肥料混用；分别应用时，至少要相隔 5 d 以上。用乙烯利喷雾处理时，不要喷到叶片上，而且浓度不能大于 1 000 mg/L，或温度高于 25℃，否则易引起黄叶、落果。不过，在拔秧前一次性采收时，使用不超过 1 000 mg/L 的乙烯利，影响不大。

⑤用调节剂处理过的番茄不能留种。

二、果蔬商品化处理实践

1. 训练目的

掌握果蔬采收后商品化处理的主要流程，学会具体的果蔬采后商品化处理操作技术。

2. 训练材料

当地主要果蔬、包装材料、分级工具、化学防腐药剂等。

3. 训练步骤

（1）分别对一种果蔬和蔬菜进行商品化处理；

（2）结合实验室状况，设计果蔬 1～2 个采后商品化处理操作；

（3）实施。

4. 训练要求

要求学生熟练掌握果蔬采后商品化处理技术,明确各环节的技术和操作技能,能对具体果蔬的采后处理进行具体的操作,并对各环节的技术有很好的把握并能应用于实践。

5. 知识提示

具体实例——核桃采后商品化处理规范操作技术

核桃是具有很高营养价值和多种保健功效的超级食品,近年来受到越来越多消费者的青睐,我国核桃的种植面积和产量也大幅增加,2012 年核桃总产量达204.7 万 t,位居世界第一。但目前由于核桃的生产仍以家庭式种植生产为主,这种农户型的生产方式在核桃采后商品化处理方面,如脱青皮、清洗、干燥、包装,特别是在干燥过程中,技术陈旧,缺乏统一规范操作,标准有待提高,直接影响核桃在流通领域的品质,很难保证核桃的优质与营养,更无法形成良好的品牌效应,阻碍了我国核桃国际地位的提高。

核桃生产规模的不断扩大,也促进了科学工作者对核桃生产技术及科学研究的深入,进而极大地丰富了核桃采前和采后生物学理论,为核桃规范化操作的制定提供了新的理论和实践基础。因此有必要规范及更新核桃采后商品化处理技术,为核桃采后商品化处理及规模化生产,保持核桃货架期品质提供指导。以下是根据近年来的科研与生产实践经验总结的核桃采后商品化处理规范操作技术,可为核桃采后处理与生产实践提供一定的技术指导或参考借鉴。

(1)脱除青皮

核桃采收后要及时进行脱除青皮处理,避免因长时间未处理而延迟核桃干燥,进而导致果仁霉变与皮色褐变。

①乙烯利处理

将采收后的青皮核桃装筐,放入浓度为 0.3%～0.5%的乙烯利溶液中浸泡0.5 min 左右,捞出沥干,堆积在阴凉处,堆积厚度 0.5 m 左右,上面盖一些保湿秸秆或塑料布。或者把经过乙烯利处理的核桃装入编织袋码成垛,高度不超过1 m。在温度 30℃,相对湿度 80%～90%条件下,堆放 3～5 d,当青皮核桃膨胀或出现绽裂,果皮发泡离壳或开裂达 50%时,即可进行去皮。

注意事项:堆放时避免阳光直晒,并经常翻动,注意通风,以免核桃散热不好,造成核桃仁褐变、霉变或青皮变黑、腐烂。

②脱除青皮

可用专用核桃脱皮机或人工脱除青皮。机械脱除青皮:开启脱皮机,将经乙烯利溶液处理过的青皮果 10 kg 左右倒入核桃脱皮机,通过机械作用,青皮被剥离脱除，脱去青皮的果实收集在筐内，准备清洗。核桃脱皮机可连续操作，一台脱皮机每小时能脱除青皮核桃 800～1 000 kg，约是人工脱皮的 30 倍，可大大缩短脱青皮时间。

人工脱除青皮：将已形成离层的青皮核桃摊放在干净地面上，用木棒轻击，或脚轻踩、手搓或小刀剥除，青皮很容易剥离去除。

少数不易脱除或未脱除干净的核桃可再堆放 1～2 d 后再去皮。

（2）洗涤坚果

①清水冲洗

核桃脱除青皮后，应趁湿及时清洗，清除坚果表面残留的烂皮、泥土及青皮液污染物。清洗可用核桃清洗机机械清洗或人工清洗。

核桃清洗机清洗：将核桃倒入清洗机内，靠机械振动和淋水冲洗洗净核桃表面的污物，一般 3～5 min，可清洗干净。对坚果表面不易洗净的残留青皮，可人工用刷子刷洗。

人工清洗：将脱皮的坚果倒入流动水池中或将核桃装筐，把筐放在流动水中，人工搅拌冲洗 5～10 min 至坚果壳上无污物残留，捞出沥干。

注意事项：人工清洗时用流动水，并且尽可能短时间内完成清洗，避免清洗的污水进入核桃壳内污染核桃仁。

②漂白处理

对于出口用核桃，为保证核桃壳外观品质，可将核桃再进行漂白处理。将清水清洗后的核桃倒入 2%左右的漂白粉或次氯酸钠溶液中搅拌浸泡 5 min 左右，至核桃壳色泽全部变为黄白色时，立即捞出用清水冲洗至核桃没有漂白粉味。

注意事项：漂白用的容器适宜用瓷缸、水泥槽等，不宜用铁质容器。

（3）核桃干燥

核桃干燥分自然干燥和人工干燥两种方法。为保证核桃的品质，建议采用人工干燥方法。人工干燥分为烘房干燥、热风和远红外机械干燥法。目前生产企业多采用烘房干燥方法。核桃干燥至以坚果碰击声音清脆，横膈膜用手易搓碎，种仁皮色由乳白色变为浅黄色，种仁含水量为 4%左右时为准，较以往核桃干燥终点含水量 8%降低 50%左右，有利于防止核桃脂肪的水解与霉变。

①自然干燥

自然干燥是利用自然风干和晾晒的方法。将清洗、漂白后的干净坚果先摊放在阴凉干燥处晾半天左右，不要直接放在阳光下暴晒，以防核桃壳产生破裂。待核桃壳大部分水分蒸发后再摊晒，摊晒厚度以不超过两层果为宜。晾晒过程中要经常翻动，一般 10 d 左右即可晾晒干。

②烘房干燥

烘房干燥是以炉灶加热，提高空气温度，经鼓风机将热空气吹入烘房，从核桃干燥隔层自下而上流动，将核桃中的水分带走，达到烘干的目的。烘房中安装有温度感应器，可自动调整加热与鼓风。烘房干燥的温度模式有恒温式干燥和变温式干燥。

核桃铺层，将洗净沥干的核桃堆放在具有网眼的架板上，堆放厚度一般为0.2～0.8 m，铺层厚度根据烘房大小和热炉加热能力确定，架板应具有一定的承重力。堆放好后，烘房开始升温。

恒温式干燥，空气温度一般控制在45℃以下。核桃堆放好后，烘房开始加热升温，同时打开排气扇，及时排出湿气，当烘房温度达45℃时，停止鼓风，维持干燥温度在45℃以下。在干燥过程中可翻动核桃2～3次，干燥时间约50 h。

变温式干燥，主要是根据水分散失速度和规律调节温度，能加快水分散失，缩短干燥时间，提高干燥核桃品质。调整温度的变化模式为 30℃ 2 h→35℃ 2 h→40℃ 3 h→45℃ 3 h→50℃ 10 h→42℃ 20 h。

核桃铺层堆放同上。烘房加热升温，同时打开排气扇，当温度达到30℃时，控制火力，停止鼓风，30℃维持 2 h，然后，继续加热鼓风，升温至35℃，维持 2 h。依次按照上述调温模式的温度与时间，控制烘房温度与维持时间，直至核桃彻底干燥。共约干燥 40 h，核桃达到干燥标准。在完成40℃ 3 h、50℃ 10 h 干燥后，可分别翻动核桃一次。

③远红外干燥（机械干燥）

机械干燥就是用干燥设备进行干燥，热媒介有热风、远红外线和微波干燥。远红外干燥是利用能产生远红外线的干燥设备进行干燥，具有干燥速度快、物料吸热均匀、干制效率高、化学分解作用小和食品原料不易变性的优点，特别适合热敏性物质的干燥。将鲜核桃平铺于远红外干燥箱的干燥隔板上，每层隔板铺放核桃3～4层，核桃铺层厚度视干燥箱大小而定，调整干燥温度的变化模式同变温式热风干燥，但干燥时间大大缩短。具体干燥时间及温度为 30℃ 2 h→35℃ 2 h→40℃ 2 h→45℃ 2 h→50℃ 10 h→42℃ 6 h。可通过干燥机上的调温旋钮和定时旋钮调整干燥温度和时间，共计干燥 24 h，核桃达到干燥标准，且品质优良。在完成 45℃ 2 h、50℃ 10 h 干燥后，可分别翻动核桃一次。

核桃干燥完毕后，迅速放置于通风阴凉处，及时散热、均湿，使核桃果内的水分含量达到平衡，然后进行分级包装。

注意事项：干燥过程中，若核桃铺层厚，不便于翻动，可不翻动，但排风扇应始终开启，以利于热风循环良好，保证烘房内干燥温度均匀。

（4）核桃分级

核桃因品种不同，其单果重、果径大小、果壳厚度、缝合线紧密度、核桃仁饱满度等指标差别较大，所以核桃等级不能一概以单果重、果径大小等指标进行划分。应在本品种范围内结合上述指标，主要考虑：坚果成熟度，壳面洁净度，坚果整齐端正洁净度，果仁饱满度，有无露仁、虫蛀、出油、霉变、异味等指标进行分级，一般以分为优级、一级和二级三个等级为宜。

优级：外观整齐端正洁净，坚果成熟度好，果仁饱满，出仁率大于59%，无露仁、虫蛀、出油、霉变和异味。

一级：外观端正洁净，整齐度略低，坚果成熟度欠佳，果仁较饱满，出仁率为50%～59%，无露仁、虫蛀、出油、霉变和异味。

二级：坚果外观有破裂或有黑色污物等，坚果大小参差不齐，果仁不饱满，出仁率为43%～49.9%，有少数坚果露仁，无虫蛀、出油、霉变和异味。

（5）核桃包装材料及包装方式

①包装材料

核桃包装可用纸箱、麻袋、尼龙袋和塑料袋，建议使用避光的PVC袋，因PVC袋可防潮、透气性差、防虫、避光，能有效地减缓核桃的氧化劣变，保持优良品质。包装材料要结实、干燥、整洁卫生、无毒、无异味。包装箱上要贴上标签，标明品种、产地、等级、产品标准编号、净重、包装日期、封装人员代号等。

②包装方式

a. 普通包装

可采用普通PE塑料袋、聚丙烯（PP）编织袋、纸盒对核桃进行包装处理。

b. 真空包装

真空包装也称减压包装，将核桃装入真空包装袋后，利用真空包装机将包装袋内的空气全部抽出密封，真空度为-0.1MPa。维持袋内处于高度减压状态，减少包装内的氧气含量，可减少核桃氧化，保持核桃品质。常温条件下，5 kg真空包装优质核桃的保存期限可比普通包装核桃延长3个月以上。

c. PVC硅窗气调袋包装

PVC硅窗气调袋包装是利用硅窗气调保鲜袋将核桃进行包装密封，包装袋上的硅橡胶薄膜可调节袋内氧气和二氧化碳的通透比例，减少袋内氧气，从而达到减少核桃氧化的目的。常温条件下，PVC硅窗气调袋包装优质核桃的保存期限可比普通包装核桃延长2个月以上。

d. 充氮包装

采用充气塑料包装袋，装入核桃后充氮气（100%）、密封，维持袋内膨胀饱满状态，常温避光保存。

（6）核桃贮藏温度

贮藏温度是影响核桃氧化劣变最重要的因素，低温能很好地保持核桃品质，延长保质期。0℃条件下贮藏 12 个月的核桃货架期品质与室温贮藏 6 个月的货架期品质相当。

①低温贮藏

将干燥好的核桃包装在纸箱、尼龙袋中，置于干燥、通风、0～10℃、光线照射不到的通风库中存放。如贮存在低温冷库中，则将核桃包装在聚乙烯塑料袋内，防止核桃受潮。低温贮藏的核桃保质期至少在一年以上。

②常温贮藏

将干燥包装好的核桃放在通风、阴凉、光线不直接射到的常温库房内存放。

注意事项：核桃在库中存放时，要注意防虫、防鼠。在贮藏过程中，可将库房密闭，用 40～50 g/m³ 的溴甲烷熏蒸 6 h，或用 200 g/m³ 的硫黄熏蒸 6～10 h。

具体实例——番木瓜采后商品化处理技术

番木瓜主要分布在热带和南亚热带地区，由于番木瓜产量高，因此市场价格较为稳定，种植投资回收快和收益高。近年来我国海南、广东、广西、福建和云南等省（区）的番木瓜适宜种植地区都在积极发展番木瓜生产。但是国内有关番木瓜采后商品化处理技术却鲜有报道。

（1）番木瓜采后处理流程

采收→挑选、分级→清洗→保鲜处理→包装→预冷→贮藏→运输→催熟→销售。

（2）操作技术要点

①采收　采收前要认真做好田间各项管理工作。采前 1 个月尽量少施或不施氮肥，并适当控制水分供应；采前 1 个月对果实喷洒 0.1%硝酸钙溶液 1～2 次，可延缓采后果实的软化；采前半个月对果实喷洒杀菌剂，重点防治炭疽病，以减少采后腐烂损失。

采收成熟度的确定：番木瓜为呼吸跃变型果实，采后需经过后熟才能食用。采收过早，不仅果实的大小、产量会受到影响，果实不能正常后熟，而且含糖量低，色泽、风味较差，甚至失去食用价值；采收过晚，果实已经或者开始后熟衰老，不利于贮运、销售。因此，番木瓜采收成熟度要根据季节、运输距离、贮藏时间和贮运条件等的不同而异。番木瓜成熟度按果皮颜色可分为 5 个级别（表 2-1）。

表 2-1　番木瓜 5 个采收成熟度的果皮颜色特征

采收成熟度	果实果皮颜色特征
1 级	果实中部的两个心皮间出现一条黄绿色条纹，至果皮黄色部分小于 1/4（俗称"三画黄"）
2 级	果皮已出现两条或三条黄色条纹，果皮颜色有 1/4～1/2 转黄
3 级	果实已明显转黄，果皮颜色有 1/2～3/4 转黄
4 级	果皮颜色已有 3/4 以上转黄
5 级	果皮颜色已全部转为橘黄色至黄色

在气温较高的夏秋季节，远距离运输销售时，常温贮运条件，宜在 1 级成熟度时采收；低温贮运条件，可在 1～2 级成熟度时采收。在气温较低的春冬季节，远距离运输销售时，常温贮运条件，宜在 2 级成熟度时采收；低温贮运条件，可在 2～3 级成熟度时采收。短途运输或在本地销售，可在 3～4 级成熟度时采收。

采收时间：一年中番木瓜采收期较长，一般达 8 个月以上。果实采收要分期分批进行，结果部位最低的果实龄期最老，成熟度也最高。采收应选择在晴天或阴天上午进行，避免在夏天高温的中午采收。

采收方法：番木瓜采收过程中要小心操作，轻拿轻放，避免果皮破损。采收时，要求戴手套，手握果实向上掰或向同一个方向旋转，连果柄一起摘下，用利刀修齐果柄，切口平整，果柄长度不得超过 1 cm。用包装纸包好放入箱中。整个操作过程果柄一直朝下，使滴下的果汁不致污染果皮。

②挑选、分级　果实挑选分级是根据水果的大小、重量、果形、成熟度、新鲜度以及病虫害、机械伤等商品性状，按照国家规定的内外销分级标准，进行严格挑选、分级。分级能够使产品达到商品标准化，以便收购、贮藏、包装和销售，并按级定价，从而实现优质优价。番木瓜因品种、株性、季节和气候环境等因素而果形多样，有长圆形、椭圆形、近球形等多种，品质也有所不同，因此，采收后要进行分级。我国的果品分级标准有国家标准、行业标准、地方标准和企业标准 4 个级别。目前我国关于番木瓜还没有统一的分级标准。番木瓜果实分级主要是在果形、新鲜度、成熟度、品质、病虫害和机械损伤等方面符合要求的基础上，再按果实大小或重量进行分级。按感观质量分级标准，可以将番木瓜分为 3 个等级（表 2-2）；按重量分级标准，每个品种类型的番木瓜也可以分为 3 个规格（表 2-3）。

表 2-2   番木瓜感官质量指标分级标准

项目	一级	二级	三级
品质	果实品质优良，具有该品种特征	果实具有良好的品质，具有该品种特征	果实质量一般，不具有高等级品质
缺陷情况	果实无缺陷，但允许有不影响产品正常外观、品质、贮藏质量等轻微表面缺陷	果形和色泽有轻微缺陷，表皮有轻微缺陷（如擦伤、疤痕、碰伤、污染点和日灼斑），缺陷总面积不超过果皮总面积的3%	果形和色泽有缺陷，表皮缺陷（如擦伤、疤痕、碰伤、污染点和日灼斑），缺陷总面积不超过果皮总面积的10%
基本要求	果实发育完全，生长良好，自然成熟，果形端正，果实坚硬，完整完好，无影响其食用的腐烂或变质迹象，无可见外来异物和寄生物损害，无明显机械伤和低温造成的伤害，果实的状况能经受住运输和装卸，完好地到达目的地		

注：缺陷情况一栏中所允许存在的缺陷三个级别的果实都没有伤及果肉，不影响产品的正常外观、品质和贮藏质量。

表 2-3   番木瓜按重量分级标准

品种类型	规格	果实重量/g
小果型	A	200～400
	B	400～600
	C	>600
中果型	A	600～900
	B	900～1 100
	C	>1 100
大果型	A	1 200～1 600
	B	1 600～2 000
	C	>2 000

③清洗   清洗是果品商品化处理中的重要环节，一般是采用浸泡、冲洗、喷淋等方式水洗或用干（湿）毛巾等清除果品表面污物，使之清洁卫生，符合商品要求和卫生标准，提高商品价值。洗涤用水要符合卫生标准，同时，可加入适量的杀菌剂，如次氯酸钠等。水洗后要及时进行干燥处理，除去果皮水分。远离污染源、管理良好的果园，生产出的果实已清洁卫生，可免除洗果环节。

④保鲜处理   造成番木瓜果实在贮运期间腐烂损失的主要病害为炭疽病、蒂腐病和软腐病。在做好田间防治微生物潜伏侵染的基础上，采后经清洗后的果实要进行药剂处理，方法是用 0.1%特克多浸果 3 min，干燥晾干水分后进行包装。

⑤包装   采用耐压瓦楞纸箱包装，所用内外包装材料必须是新而洁净的，并

且不会对果实造成内、外损伤。根据市场的不同需求可采用不同的包装。一般采用单果包装，单层装箱。对于优等果，色泽和成熟度应该一致。包装方法：选大小、成熟度一致的果实，每一果实用保鲜纸或泡沫塑料网套袋，果蒂朝下，中间填以纸屑或木纤维作填充物。每箱果产地、品种、品质、数量和规格应相同。

⑥预冷 预冷是指将采收后的果实尽快冷却到适于贮运的低温措施。预冷能迅速排除果实的田间热，降低果实的生理活性和呼吸强度，延缓成熟过程，保持果实硬度和品质，提高果实的耐贮运性。在气温较高的夏秋季节，番木瓜进行长距离贮运时应当进行预冷。预冷的方式主要有自然预冷、水冷、风冷和真空预冷等几种。目前，生产中采用较多的是自然预冷和风冷，采下的番木瓜果实尽快送至阴凉通风处或冷库中迅速降温至 13～15℃。

⑦贮藏 温度是影响番木瓜贮藏寿命最主要的环境因素，贮藏环境的温度越高，果实呼吸强度越大，衰老、软化的速率就越快。番木瓜为热带水果，贮藏中既怕热，又怕冷。高温下很快后熟变软，而温度低又使果实受冷害而造成损失。试验研究表明，产自广西南宁市郊的番木瓜品种"日升"的贮藏适宜温度为 13～15℃。在低于 12℃的环境下贮藏会发生冷害，低于 6℃时番木瓜果实会受冻害，果实表面产生疤痕、色斑，果皮呈现褐色，果肉成熟不均匀、有硬块，果肉组织呈水渍状。湿度也是影响番木瓜贮藏寿命的重要环境因素，番木瓜贮藏环境的适宜相对湿度为 90%～95%。目前生产应用较多的是常温贮运和低温贮运。冬季气温较低，可采用常温贮运，若北运到气温低于 12℃的地区，则要求运输车厢具有防寒设施，以避免果实产生冷害。低温贮藏，可延长番木瓜果实贮藏时间。因此，这种贮藏方法特别适合于在高温的夏秋季采收、远途运输和远距离市场销售的需要。低温贮藏是把经处理后的番木瓜，立即转移到 13～15℃的贮藏库或运输车厢内，在这一温度下，番木瓜一般能够贮藏 2～3 周，以后移到室温下即能够正常后熟，保持果实品质。

⑧运输 运输工具应清洗晒干，使其清洁、卫生、无污染。装运时要做到轻装、轻卸。长途运输时应注意防日晒雨淋、通风散热和防寒保温。当番木瓜价位较高时还可以考虑采用空运。

⑨催熟 冬季贮运后即将上市的番木瓜果实若还达不到食用成熟度，需要进行催熟。番木瓜果实适宜的催熟温度为 27～30℃，相对湿度为 90%以上。催熟方法是用 45%乙烯利 1 200 倍液，将药液均匀喷洒或涂于果皮上，然后密封，经 24～48 h 后，果皮转为鲜黄色即可食用。

⑩销售 番木瓜的货架期长短和成熟度与温度密切相关，4 级成熟度以上的番木瓜在常温下的货架期 2～4 d，低温条件下可达 4～6 d。

（3）小结

番木瓜贮运保鲜是一项综合技术，包含从采前栽培管理到采后处理、贮运、销售期间的一系列技术，是一个系统工程，在这个系统中任何一个环节放松或失误，都会给贮运保鲜造成影响甚至失败。随着番木瓜种植面积的不断扩大，产量必然迅速增加，这就迫切要求生产、销售、运输和技术等方面的企业和人员要通力合作，确保每一项技术措施落实到位，从而促进番木瓜产业的可持续发展。

模块四　项目实施

一、任务

每组以一种果蔬为例，设计其完整的果蔬采后商品化处理措施，为生产基地及果蔬经销商提供合理有效的果蔬采后商品化处理技术。

二、项目指导

1. 项目设计的内容

项目设计内容应该包含果蔬特性分析；果蔬采后商品化处理的流程以及和流程各处理具体的操作要点、注意事项以及处理意义等。

2. 资料查阅途径

网络、图书、课件、资源库及企业生产线等。

3. 分组讨论

各组讨论确定其具体的果蔬产品—个人查阅资料设计方案—分组讨论。

三、知识提示

具体实例——食用菌采后的商品化处理技术

食用菌不仅味道鲜美，而且含有丰富蛋白质及人体必需的多种氨基酸，有利于人体健康，具有抗癌的功效，被誉为21世纪的卫生食品，也是世界粮农组织专家推荐的合理膳食"一荤菜一菌菜一素菜"的一个重要组成部分。由于食用菌含水量高且组织脆嫩，在采收和贮运过程中极易造成损伤，引起变色、变质或腐烂。食用菌若能进行商品化处理和贮藏保鲜，不仅能较长时间地保持食用菌的食用价值，而且还能提高其商品性外观。食用菌采后商品化处理主要包括合理采摘、挑选分级、贮藏保鲜、包装与运输等几个环节。

1. 合理采摘

（1）采前管理要求

食用菌生长期内喷洒 500 倍菇速素 1～2 次，增加食用菌抗逆性、耐贮性。采前一天停止喷施一切营养液和水分，保持菇体适宜含水量，以利鲜菇贮运。

（2）采收标准及要求

为保证采收后的食用菌具有良好的外观品质，采收过程中应注意以下几点：①遵循"先熟先采"的原则，采收太早子实体未充分发育，品质欠佳且影响产量；采收太迟子实体易老化变色，影响保鲜效果，同时抑制小菇生长。②一般每天采收一次，采摘时间为 10 点以前或 15 点以后。③采菇时要保持手和工具的清洁卫生，戴手套，轻握菇体，随采随擦净手套上的脏物，以免菇体沾上杂质或泥土。④采后要及时清除菇体上的杂物，用利刀将菇柄削平，去除病虫害侵染的菇体。⑤采收前应在盛食用菌的筐底衬垫塑料薄膜，每筐不要放得太满。⑥采收时要轻采、轻拿、轻装，尽可能减少机械损伤。

2. 挑选与分级

（1）挑选

尽量保持鲜菇自然生长的优美形态。剔除畸形、破损、斑点锈斑、菌柄空心菇和病虫菇，剪去过长的菌柄、蒂头。对一些长势、长相不好的鲜菇要进行切削、分割等整形，整理时可采用薄片不锈钢刀或竹片刀。预冷时，要尽可能短时间内将菇体温度降至规定预冷温度，再分级包装。

（2）分级

按鲜菇品种、菇形大小、质地、色泽、成熟度及损伤程度，分成不同等级进行包装。如"精选菇"为菌膜未开裂，肉质细嫩无损伤，品质优良，且朵形大的菌类；"标准菇"为菌膜没有破裂，品质好，朵形中等的菌类；"整菇"为品质优良，但朵形小的菌类；"等外菇"为有斑点、变色、畸形及菌伞破裂，朵形大小不等的菌类。

3. 贮藏保鲜

食用菌保鲜贮藏前应进行清洗，清洗可去除食用菌子实体表面汁液，减少微生物的数量，防止贮藏过程中微生物的生长及酶氧化褐变。清洗后应充分沥干水分，降低食用菌表面的水分活度，有条件的可借用离心脱水机等设备协助除去表面的水分。

（1）物理保鲜

自然贮藏和缸藏。鲜菇经整理后，立即放入篮内、筐中，上用多层纱布或塑料薄膜覆盖置阴凉处，空气相对湿度为 80% 左右，一般可贮藏 1～2 d。如果数量不多，可置于洗净后的大缸内贮藏，缸内盛少量凉水或井水，水上放置木架，将装入篮或筐内的鲜菇放于木架上，再用薄膜封闭缸口，薄膜上开 3～5 个孔洞，以利透气。4～5℃条件下，可贮藏 10～15 d；15～18℃条件下，可贮藏 5～7 d。该法是平菇、双孢菇、金针菇、香菇等进行短期保鲜的常用方法。

清水浸泡保鲜。用清水浸泡隔绝空气，使蘑菇变色慢，此法适于家庭短期贮藏，注意不可用铁质容器及含铁量高的水浸泡，否则蘑菇易变黑。

盐水浸泡保鲜。将鲜蘑菇放入 0.6%的盐水中，浸 10 min 捞出沥干，装入塑料袋可鲜贮 3～5 d；将鲜平菇、凤尾菇剪去菇柄基部，置于煮沸的 10%食盐水中焯 0.5～1 min，捞出后放入冷水中冷却，然后沥干，放入塑料袋内短期鲜贮；鲜菇剪去培养料 1 cm 处菇柄，洗净后浸入 16%～18%盐水中，可鲜贮 10 d，食用时捞出，用清水浸泡 20 min。

米汤膜保鲜。用做米饭时的稀米汤，加入 1%纯碱或 5%小苏打，冷却至室温，将采下的鲜蘑菇浸入米汤碱液中，5 min 后捞出置阴凉干燥处，此时在蘑菇表面形成一层米汤薄膜，可以隔绝空气保鲜 3 d 左右。

气调贮藏保鲜。气调保鲜是在低温保鲜基础上，改变贮藏环境中氧、二氧化碳的含量，使氧的含量降低至 2%～5%，二氧化碳含量提高到 3%以上，从而保持食用菌的新鲜度，减少损失，延长保鲜期，延缓食用菌的后熟，抑制老化，延迟或减轻败坏，无污染，达到抑制食用菌呼吸强度延缓衰老和变质过程的目的。采用气调保鲜技术一般可比普通冷藏方式延长保鲜时间 3 倍左右。该法适用于蘑菇等食用菌保鲜。

冷藏保鲜。主要是采用低温的方法，抑制食用菌的呼吸代谢减少呼吸热和酶化学反应，同时抑制微生物的生长。冷藏保鲜法的低温是利用自然低温或通过降低环境温度达到，根据冷藏介质不同可分为低温冷藏和冰藏，目前该法已在草菇的贮藏保鲜中得到广泛应用。

速冻保鲜。通过快速降温使食用菌体水分迅速结晶，使菌体温度急剧下降，从而延长保鲜贮藏期。速冻能最大限度地保持天然食品原有的新鲜程度、色泽和营养成分，已被公认为一种最佳的保鲜贮藏方法。将菇体清洗干净，置于蒸汽上熏蒸 5～8 min，用柠檬酸等药剂护色，再吸去菇体表面水分，包装后置于-35℃低温冰箱中急速冷冻 40 min 至 1 h，移至-18℃条件下冷冻贮藏。此方法适用于松茸、金耳、羊肚菌、牛肝菌等珍稀类食用菌类未开伞的菇体。

高压电场保鲜。食用菌受高压静电场的作用吸收了场能，改变了其内部的能量分布，导致细胞膜电势发生变化。另外，高压静电场的作用降低了食用菌中生物酶的活性，使其呼吸代谢活动受到抑制，从而有效地保存水分达到保鲜效果。

臭氧保鲜。臭氧对食用菌的保鲜作用主要是抑制呼吸和杀灭食用菌体表面的微生物，对菌体表面进行彻底消毒，可避免食用菌在贮存过程中因表面微生物所致的腐烂，从而延长保鲜时间，具有成本低、设备简单、不受条件限制、易推广等优点。在相同的温度、湿度条件下，经臭氧灭菌器产生的离子风处理的菇体，色泽品质不易发生变化，保鲜期可达 20～25 d。

（2）化学保鲜法

氯化钠保鲜。将新采的平菇、凤尾菇等整理后浸入 0.6%的食盐水中约 10 min，沥干后装入塑料袋贮藏，能保鲜 5～8 d。

氯化钠、氯化钙混合液保鲜。用 0.2%氯化钠加入 0.1%氯化钙制成混合浸泡液，将刚采收的鲜菇浸泡于混合液中，加压使菇浸入液面以下 30 min，在 15～25℃下可保鲜 10 d 以上。

抗坏血酸保鲜。金针菇、香菇、草菇等采收后，往鲜菇上喷洒 0.1%的抗血酸液，装入非铁质容器内，可保鲜 3～5 d，其鲜度、色泽基本不变。

抗坏血酸、柠檬酸混合液保鲜。将 0.05%抗坏血酸和 0.02%柠檬酸配制成混合保鲜液，把鲜菇浸泡在保鲜液中 10～20 min，捞出沥干后，用塑料袋包装密封，在 15～25℃条件下可保鲜 25 d。

脱氧剂保鲜。用脱氧剂填充的透气性材料制成小袋，并与食用菌一起密封于高密闭性材料制成的包装袋中达到无氧状态，实现食用菌保鲜，此法是利用铁系吸氧剂中氧化铁还原原理。

（3）生物保鲜

涂膜保鲜。在食用菌表面涂上一层无毒、无明显异味、与食品接触后不产生对人体有害的涂膜剂，干燥后在食用菌表面形成一层不易察觉、无色且透明的半透膜，通过抑制呼吸作用、减少水分蒸发以达到保鲜的目的。目前运用比较多的涂膜材料有多糖类（如壳聚糖、海藻酸钠）、蛋白类（玉米醇溶蛋白、乳清蛋白）、酯类涂膜保鲜剂（米糠蜡、乙酰单甘酯）等。

遗传基因技术。目前利用遗传基因技术已成功修改了植物体内产生乙烯气体的基因。研究表明，基因被修改后，果蔬只产生通常状态下 10%的乙烯气体，极大地延长了果蔬产品的保鲜期。

4. 包装及运输

（1）包装

合理包装能减少食用菌机械损伤、方便贮运，包装容器有竹筐、塑料食品袋（盒）、有孔小纸箱（盒）等。采用纸盒包装时菌盖要朝上，按顺序摆放 1～2 层，箱底垫放吸潮纸；采用塑料食品袋包装时，每袋 0.5～1 kg 为宜；竹筐包装时不可过分堆挤，每筐 3～5 kg 为宜。

（2）运输

装载时要排列整齐，防止互相碰撞，以免引起机械损伤；堆码不宜过高，以免压坏下面的包装，同时严禁在货物上坐人和堆放重物，以防压烂鲜菇产品；卸车时要逐层依次轻搬轻放，严防摔碰；根据运输中气候和温度情况，采用不同遮盖物，避免日晒雨淋和高温。

习 题

简答题

1．果蔬催熟和脱涩常用的方法有哪些？

2．果蔬用低温冷链流通有哪些好处？

3．果蔬包装的作用和果蔬对包装容器的要求有哪些？

项目三　果蔬贮藏期间品质监控

模块一　项目任务书

一、背景描述

1. 工作岗位

果蔬贮藏库管理人员、果蔬贮藏品质检测人员等。

2. 知识背景

果蔬品质是衡量产量优劣的尺度，其品质好坏往往涉及销售质量、食用质量、运输质量、营养价值等。消费者关注的是产品的外观质量和内在质量，高质量的果蔬产品价格与低质量的相差悬殊，因此在关注果蔬产量的同时，更应该关注果蔬产品的品质。目前我国果蔬产品的质量不高，大大影响了其在国际市场的竞争力和市场需求。因此在现代果蔬生产中，运用合理手段控制好果蔬的品质尤为重要。

3. 工作任务

在本项目中要求学生以大型果蔬贮藏库技术管理人员和果蔬品质检测人员的身份对果蔬的品质进行检测和调控，能对贮藏库内果蔬的品质和贮藏库的环境条件进行检测和调控并对控制技术提供指导。

二、任务说明

1. 任务要求

本项目需要小组和个人共同完成，每4名同学组成一个小组，每组设组长一名；本次任务的成果以报告的形式上交，报告以个人为单位，同时上交个人工作记录。

2. 任务的能力目标

能掌握果蔬贮藏期间的品质鉴定方法；了解果蔬的化学特性及其化学物质和品质的关系。

三、任务实施

1．在教师指导下查阅相关资料，深化基础理论学习，掌握相关知识。
2．小组讨论交流后模拟设计指导方案。
3．实施。

模块二　相关知识链接

一、果蔬的组织结构

果蔬产品组织是由各种不同的细胞组成的，细胞的形状、大小随产品种类和组织结构而不同。细胞是由细胞壁、细胞膜、液泡和原生质体组成，其性质在一定程度上决定了产品的贮藏保鲜和加工性能。

（一）组织的细胞组成

1．细胞壁和细胞膜

细胞壁由蛋白质、脂质、木质素、纤维素和果胶等物质组成。果胶质在细胞壁中含量较多，尤以原果胶为甚，填充于纤维素组成的网状结构中，对维持细胞壁的结构和机械强度关系很大。纤维素是细胞壁中最主要的成分，构成细胞壁的支架，因此，质地之坚硬与松软，粗糙与细嫩，与纤维素的含量尤其是纤维素的性质有很大的关系。例如，幼嫩的园艺产品，其细胞壁多为含水纤维素，老熟时，纤维素多角质化或木质化，故质地变得坚硬粗糙。细胞壁是细胞的外层，在细胞膜的外面，细胞壁之厚薄常因组织、功能不同而异。植物、真菌、藻类和原核生物［除了支原体与 L 形细菌（缺壁细菌）外］都具有细胞壁。细胞壁本身结构疏松，外界可通过细胞壁进入细胞中，细胞壁具有全透性，细胞膜为半透性。

2．液泡

液泡是由单层膜与其内的细胞液组成的，是植物细胞质中的泡状结构。其主要成分是水。不同种类细胞的液泡中含有不同的物质，如无机盐、糖类、脂类、蛋白质、酶、树胶、丹宁、生物碱等。

液泡的功能是多方面的，它对细胞内的环境起着调节作用，可以使细胞保持一定的渗透压，保持膨胀状态。另外还可贮藏各种物质，例如，甜菜中的蔗糖就是贮藏在液泡中。

3．原生质体

原生质体是细胞内有生命的物质的总称，包括细胞质、细胞核、质体、线粒体、高尔基体、核糖体、溶酶体等，它是细胞的主要部分，细胞的一切代谢活动都在这里进行。构成原生质体的物质基础是原生质，原生质是细胞结构和生命物质的基础，化学成分十分复杂，随着不断的新陈代谢活动，组成成分也在不断变化，它最主要的成分是以蛋白质与核酸为主的复合物，还有水、类脂、糖等。原生质体是果蔬产品的主要色素来源之一。

（二）组织种类

植物细胞形成后，不断进行成长和分化，形成行使共同技能的不同细胞群，即植物组织。按照功能不同，主要分为分生组织、保护组织、营养组织（薄壁组织）、机械组织、分泌组织和输导组织 6 种。这些组织对果蔬产品的贮藏保鲜和加工特性产生不同的影响。

1．分生组织

在成熟的植物体内，总保留着一部分不分化的细胞，它们终生保持分裂能力，这样的细胞群构成的组织叫作分生组织。主要分布在果蔬产品的根尖的分生区、茎尖的生长点和茎内的形成层。其特点是细胞小，细胞壁薄，细胞核大，细胞质浓，具有很强的分裂能力。主要功能是能够不断分裂、分化形成其他组织。

2．保护组织

由暴露在空气中的器官（如茎、叶、花、果实、种子）表面的表皮细胞构成的细胞群叫作保护组织。其主要分布在植物体的根、茎、叶的表皮。其特点一般都是由一层表皮细胞构成，且这层细胞排列紧密，没有间隙。主要功能是保护内部柔嫩部分。

3．营养组织（薄壁组织）

在植物体的根、茎、叶、花、果实、种子中都含有大量的营养组织，其特点是细胞壁薄，液泡较大。其具有储存营养物质的功能，含有叶绿体的营养组织还能进行光合作用。

4．机械组织

主要分布在果蔬产品的植物茎、叶脉周围和叶柄内等部位；其具有很强的抗压、抗张和抗曲挠性能；其特点是细胞局部或全部不同程度地加厚，有厚角和厚壁组织两种。

5．分泌组织

其大部分分布于果蔬产品的表面表皮层中，其细胞体积较大，分散于其他细胞间；可以分泌一些特殊物质。

6. 输导组织

植物体内运输水分和各种物质的组织。其特点是细胞呈长管形，细胞间以不同方式相互联系。其主要承担运输水分、无机盐等各种物质的功能。综合分为两类：一类是导管，承担运输水分以及溶解于水中的矿物质的功能；另一类是筛管，承担运输有机物的功能。

二、果蔬的化学特性

果蔬是由许多的化学物质构成的，形成了其特有的色、香、味、质地等品质特性。同时，果蔬中所含的各种维生素和某些碱性矿物质，是维持人体正常生理机能，保持人体健康不可缺少的物质，又形成了果蔬的营养功能品质（作用见表 3-1）。各种化学物质在果蔬贮藏过程中，都会发生量和质的变化，这些变化与果蔬的品质、贮藏寿命密切相关。

表 3-1　果蔬中的化学物质及其在形成果蔬品质中的作用

新鲜果蔬品质评价指标	果蔬化学成分与果蔬品质的关系	
	化学成分	形成品质
色	叶绿素	绿色
	类胡萝卜素	橙色、黄色
	花青素	红色、紫色、蓝色
	类黄酮素	白色、黄色
香	芳香物质	各种芳香气味
味	糖	甜味
	酸	酸味
	单宁	涩味
	杏苷	苦味
	氨基酸、核苷酸、肽	鲜味
	辣味物质	辣味
营养	糖类	一般
	脂类	次要品质
	蛋白质	次要品质
	矿物质	重要品质
	维生素	重要品质
质地	果胶物质	致密度、成熟度、硬度
	纤维素	粗糙、细嫩
	水	脆度
残毒	（亚）硝酸盐	有害
	重金属污染	有害
	农药残留	有害

（一）果蔬的化学物质组成

1. 水分

新鲜的水果、蔬菜中，水占绝大部分。它是维持果蔬正常生理活性和新鲜品质的必要条件，也是果蔬的重要品质特性之一。果蔬含水量因其种类品种的不同而不同。一般果蔬的含水量在80%～90%。西瓜、草莓含水量达90%以上，葡萄含水量在77%～85%，含水量低的山楂为65%左右。大白菜含水量为93%～96%，胡萝卜含水量为 86%～91%，黄瓜含水量为 94%～97%，大蒜含水量为70%左右。

果蔬采摘后，水分供应被切断，而呼吸作用仍在进行，带走了一部分水，造成水果、蔬菜的萎蔫，从而促使酶的活力增加，加快了一些物质的分解，造成营养物质的损耗，并且减弱了果蔬的耐贮性和抗病性，引起品质劣变。为防止失水，贮藏室内应进行地面洒水、喷雾，或用塑料薄膜覆盖，增大空气中的相对湿度，使果蔬的水分不易蒸发散失。

2. 碳水化合物

（1）糖

糖是水果、蔬菜味道的重要组成成分之一，果实中含糖的种类有所不同，主要是葡萄糖、果糖和蔗糖，其次是阿拉伯糖、甘露糖以及山梨醇、甘露醇等。果糖和葡萄糖是还原糖，蔗糖是双糖，水解产物称作转化糖。果蔬的含糖量反映了果蔬的品质，果蔬中含糖量不仅在不同品种之间有较大差别，就是同一品种果蔬由于成熟度、地理条件、栽培管理技术的不同，含糖量也有很大的差异。糖是水果、蔬菜贮藏期呼吸的主要基质，同时也是微生物繁殖的有利条件。随着贮藏时间的延长，糖逐渐消耗而减少。所以贮藏过程中糖分的消耗对水果、蔬菜的贮藏特性具有一定的影响。

水果、蔬菜汁液中的可溶性固形物中，糖的比例最大，所以通常用折光糖仪测定可溶性固形物的浓度，用来表示水果中含糖量的高低。一般情况下，含糖量高的果蔬耐贮藏、耐低温；相反，则不耐贮藏。

（2）淀粉

淀粉是植物体贮藏物质的一种形式，属多糖类。虽然果蔬不是人体所需淀粉的主要来源，但某些未熟的果实如苹果、香蕉以及地下根茎菜类含有大量的淀粉。水果、蔬菜在未成熟时含有较多的淀粉，但随着果实的成熟，淀粉水解成糖，其含量逐渐减少，使甜味增加，如香蕉在成熟过程中淀粉由 26%降至 1%，而糖由1%增至19.5%。贮藏过程中淀粉常转化为糖类，以供应采后生理活动能量的需要，随着淀粉水解速度的加快，水果、蔬菜的耐贮性也减弱。

温度对淀粉转化为糖的影响很大，如在常温下晚熟苹果品种中淀粉较快转化为糖，促进水果老化，味道变淡；而在低温冷藏条件下淀粉转化为糖的活动进行得较慢，从而推迟了苹果老化。因此采用低温贮藏，能抑制淀粉的水解。另外，凡是以淀粉形态作为贮存物质的种类，多数都能保持休眠状态而有利于贮藏。

（3）纤维素类

纤维素类主要指纤维素、半纤维素以及由它们与木质素、栓质、角质、果胶等结合成的复合纤维。纤维素是含绿色素植物细胞壁和输导组织的主要成分。纤维素和表皮的角质层，对果实起保护作用。纤维素是反映水果、蔬菜质地的物质之一。果品中纤维素含量为 0.2%～4.1%，半纤维素含量为 0.7%～2.7%；蔬菜中纤维素的含量为 0.3%～2.3%，半纤维素含量为 0.2%～3.1%。果蔬中含纤维素太多时，吃起来感到粗老、多渣。一般幼嫩果蔬含量低，成熟果蔬含量高。

半纤维素在植物体中有着双重作用，既有类似纤维素的支持功能，又有类似淀粉的贮存功能。果蔬中分布最广的半纤维素为多缩戊糖，其水解产物为己糖和戊糖。香蕉在初采时，含半纤维素 8%～10%（鲜重计）；但成熟果内仅存 1%左右，它是香蕉可利用的呼吸贮备基质。人体胃肠中没有分解纤维素的酶，因此纤维素不能被吸收消化，但它可促使肠胃蠕动和消化腺分泌，有助于消化。

（4）果胶

果胶属多糖类化合物，是构成细胞壁的重要成分，主要存在于果实、块茎、块根等植物器官中，果胶的含量和性质也不相同。水果中的果胶一般是高甲氧基果胶，蔬菜中的果胶为低甲氧基果胶。果胶通常在水果、蔬菜中以原果胶、果胶和果胶酸三种形式存在。未成熟的果蔬中果胶物质主要以原果胶形式存在。原果胶不溶于水，它与纤维素等把细胞与细胞壁紧紧地结合在一起，使组织坚实脆硬。随着水果、蔬菜成熟度的增加，原果胶受水果中原果胶酶的作用，逐渐转化为可溶性果胶，并与纤维素分离，引起细胞间结合力下降，硬度减小。成熟的果蔬向过熟期变化时，在果胶酶的作用下，果胶转变为果胶酸，失去黏结性，使果蔬呈软烂状态。

3．色素

果蔬的色泽是人们感官评价其质量的一个重要指标，在一定程度上反映了果蔬的新鲜程度、成熟度和品质的变化。因此，果蔬的色泽及其变化是评价果蔬品质和判断成熟度的重要外观指标。果蔬呈现各种色泽，是由于多种色素混合组成的。随着生长发育不同阶段环境条件的不同，果蔬的颜色也会发生变化。

（1）叶绿素

果蔬植物的绿色，是由于叶绿素的存在。叶绿素不溶于水，易溶于乙醇、乙醚等有机溶剂中，叶绿素不耐光、不耐热。其主要存在于绿色蔬菜中，在未成熟的果实中也含有较多的叶绿素，随着果实的成熟，叶绿素在酶的作用下水解生成叶绿醇等溶于水的物质，绿色逐渐消退而显现出黄色或橙色。

（2）类胡萝卜素

类胡萝卜素是一大类脂溶性的橙黄色素，表现为黄色、橙黄色、橘红色，主要由胡萝卜素、番茄红素及叶黄素等组成。类胡萝卜素对热、酸、碱等都具有稳定性，但光和氧却能引起类胡萝卜素的分解，使果蔬褪色。

在果蔬中，杏、黄桃、番茄、胡萝卜表现的橙黄色都是由于类胡萝卜素的存在。胡萝卜素在胡萝卜根中含量丰富，在动物体内转化为维生素A。

番茄红素是番茄表现红色的色素。它是胡萝卜素的同分异构体，呈现橘红色，存在于番茄、西瓜中。番茄红素的合成和分解受温度影响较大。16～21℃是番茄红素合成的最适温度，29.4℃以上就会抑制番茄红素的合成，番茄在炎热季节较难变红就是由于温度太高。番茄各个品种的颜色决定于各种色素的相对浓度和分布。

叶黄素在各种果蔬中均有存在，与胡萝卜素、叶绿素结合存在于果蔬的绿色部位，只有叶绿素分解后，才能表现出黄色，如黄色番茄显现的黄色，香蕉成熟时由青色变成黄色等。

椒黄素和椒红素微溶于水，存在于辣椒中，但在黄色洋葱品种中也会含有，表现为黄色到白色。

（3）花青素

花青素又称"花色素"，通常以花青苷的形式存在于果、花或其他器官的组织细胞液中，是果蔬形成红、蓝、紫等颜色的色素。苹果、葡萄、樱桃、草莓、杨梅、李子、桃以及某些品种的萝卜在成熟时呈现的红紫色，都是由花青素所致。花青素普遍存在于果蔬中，是维生素P的组成成分。花青素是一种感光色素，它的形成必须要有阳光。

不同的糖与不同的花青素结合则产生不同的颜色。常见的花青素如天竺葵定、芍药定和翠雀定等。一般结构中的糖为单糖或多糖等。花青素遇金属铁、铜、锡则变色，所以加工时不能用铁、铜、锡制的器具。

（4）类黄酮素

类黄酮素又称"花黄素"，是广泛分布于植物的花、果、茎、叶中的一类水溶性黄色或白色的色素。已知的花黄素类色素约有400余种，常见的有槲皮素、圣草素、橙皮素、栀子黄等。其基本结构是 α-苯基苯并吡喃酮，其受光和加热的作用会导致色变或褪色。

4．芳香物质

果蔬的香味来源于果蔬中各种不同的芳香物质，其是决定果蔬品质的重要因素之一。芳香物质是成分繁多而含量极微的油状挥发性混合物，其中包括醇、酯、酸、酮、烷、烯、萜等有机物质。各种果蔬的芳香物质成分组成不同，就表现出各自特有的芳香。

在同一种果蔬中，不同部分芳香物质含量会有所差异。核果类果实种子中含量较多，其他果实芳香物质主要存在果皮中，果肉中极少。在蔬菜中，分别存在于根（萝卜）、茎（大蒜）、叶（香菜）、种子（芥菜）中。

多数芳香物质具有抗菌、杀菌作用，能刺激食欲，在果蔬贮藏过程中，芳香物质具有催熟作用，应及时通风换气，把果蔬中释放的香气脱除，延缓果蔬衰老。

5．有机酸

水果、蔬菜中的酸味是由于汁液中存在游离的氢离子。果蔬中的有机酸含量（$0.05\% \sim 0.1\%$）是构成新鲜果蔬及其加工品风味的主要成分。果蔬中的有机酸通常叫果酸，主要有柠檬酸、苹果酸和酒石酸三种，另外还有其他酸如草酸、琥珀酸和挥发性酸等。在这些有机酸中，酒石酸的酸性最强，有一定的涩味，其次是苹果酸、柠檬酸。柑橘类、番茄类含柠檬酸较多，苹果、梨、桃、杏、樱桃、莴苣等含苹果酸较多，葡萄含酒石酸较多，草酸普遍存在蔬菜中，果品中含量很少。

果蔬酸味的强弱不仅同果蔬含酸量、缓冲效应及其他物质存在有关，更主要的是同其组织中的 pH，即氢离子的解离度有关，pH 越低，氢离子的浓度越大，酸味越浓。此外，氢离子解离度随温度升高而加大，同时高温促使果蔬中蛋白质变性，失去缓冲作用，使酸味增强，因此，酸味会随温度升高而增强。不同品种的果蔬其总的含酸量与含酸种类不相同，同类果实不同品种也有区别。有机酸也是果蔬贮藏期间的呼吸基质之一，贮藏过程中，有机酸随着呼吸作用的消耗而逐渐减少，使酸味变淡，甚至消失。其消耗的速率与贮藏条件有关。

果实中的有机酸，在果实风味方面起着很重要的作用。判断果实的成熟度，在实践中常应用测定固酸比的办法。此外，果蔬中的有机酸，还可以作为呼吸基质，它是合成能量 ATP 的主要来源，同时它也是细胞内很多生化过程所需中间代谢物的提供者。

6. 单宁物质

单宁也称鞣质，是一种有涩味的多酚类化合物。引起涩味的机制是味觉细胞的蛋白质遇到单宁后凝固而产生的一种收敛感。单宁有水溶性和不溶性两种形式。水溶性单宁是有涩味的，在未成熟的果蔬中含水溶性单宁较多，会降低甜味，并引起涩味，如番茄、柿子等。经自然成熟或人工催熟以后，水溶性单宁发生凝固为不溶性单宁，即可脱涩而适于食用。单宁与糖和酸以适当的比例配合，能表现良好的风味。大多数水果、蔬菜中都含有单宁。由于水果、蔬菜的种类不同，其含量差异很大。同一品种的果蔬未成熟时单宁物质含量比不成熟时要高。单宁物质的存在与果蔬的抗病性有关。

单宁物质氧化时生成暗红色根皮鞣红，马铃薯或者藕在去皮或切碎后，在空气中变黑就是这种现象，这是由于酶的活性增强所致，所以称为酶褐变。要防止这种变化，应从控制单宁含量、酶活性和氧的供给三个方面来考虑。据研究发现，葡萄采前喷钙，对采后多酚氧化酶活性有所抑制，可减少单宁氧化及褐变的发生。

7. 糖苷类

糖苷是糖基和非糖基（苷配基）相结合的化合物。在酶或酸的作用下水解生成糖基和苷配基。其糖基主要有葡萄糖、果糖、半乳糖等，苷配基主要有醇类、酚类、酮类、鞣酸、含氮物质、含硫物质等。

果蔬中存在各式各样的苷，大多具有苦味或特殊的香味。其中有些苷是果蔬独特风味的来源，也是食品工业中重要的香料和调味料之一。但是，其中部分苷类有毒，在应用时应注意。

糖苷类在植物体内普遍存在，现将常见、重要的几种苷类简要介绍如下：

（1）苦杏仁苷

苦杏仁苷是果实种子中普遍存在的一种苷。其中以核果类的杏核、苦扁桃核、李核等含量最多，仁果类的种子中含量较少或没有。

苦杏仁苷在酶的作用下，生成葡萄糖、苯甲醛和氢氰酸。氢氰酸有剧毒，因此在食用含有苦杏仁苷的种子时，需要加以处理。苯甲醛具有特殊香味，为重要的食品香料之一，工业上多用杏仁等为原料来提取。

（2）茄碱苷

茄碱苷又称龙葵苷，就主要存在于茄科植物中，其中以马铃薯块茎中含量较多。其存在部位多集中于薯皮、芽眼、受光发绿的部位。尤其是春季马铃薯开始发芽，当芽长 1～5 cm 时，茄碱苷含量急剧增加，含量从原来的 0.01%左右增加到 0.5%左右。

茄碱苷是具有苦味和毒性的物质，可强烈地破坏人体的红血球，并引发黏膜发炎、头痛、呕吐等症状，严重时可致死。为保证食用安全及保持果蔬的品质，贮藏期间必须注意避光和抑制发芽。食用时必须将芽眼及周围绿色的薯皮削去。番茄和茄子果实中也含有茄碱苷，尤其是未成熟果实中含量较高，因此应食用成熟的番茄和茄子。

（3）黑芥子苷

黑芥子苷普遍存在于十字花科蔬菜的根、茎、叶与种子中，具有特殊的苦辣味。如萝卜在食用时有苦辣味，即黑芥子苷水解后产生的芥子油的风味。此苷在芥菜、萝卜、油菜中含量较多。调味品芥末的刺鼻辛辣味即黑芥子苷水解为芥子油所致。

（4）柑橘类糖苷

柑橘类糖苷是柑橘类果实中普遍存在的一种苷类。通常以柑橘类白皮层、橘络、种子中含量最多，主要有橙皮苷、柚皮苷、圣草苷等，是一类具有 VP 活性的黄酮类物质，具有防止动脉血管硬化、心血管疾病的功能。

8．含氮化合物

果蔬的鲜味主要来自一些具有鲜味的氨基酸、酰胺和肽等含氮物质，其中，L-谷氨酸、L-天冬氨酸、L-谷氨酰胺和 L-天冬酰胺最为重要，广泛存在于果蔬中，在梨、桃、葡萄、柿子、番茄中含量较为丰富。果蔬中含氮物质虽少，但其对果蔬及其制品的风味有着重要的影响。其中影响最大的是氨基酸，虽然一般果实含氨基酸都不多，但对于人体的综合营养来说，却具有重要的价值。有些氨基酸是具有鲜味的物质，谷氨酸钠是味精的主要成分，竹笋中含有天冬氨酸，香菇中有5-鸟嘌呤核苷酸，豆芽菜中有谷酰胺、天冬酰胺，绿色蔬菜中的 9 种氨基酸中以谷氨酰胺最多。辣椒中的含氮物质有铵态氮和酰胺态氮，其中胎座中以这两种为最多，而种子中以蛋白质为多。叶菜类中有较多的含氮物质，如莴苣的含氮物质占干重的 20%～30%，其中主要是蛋白质。蔬菜中的辛辣成分如辣椒中的辣椒素、花椒中的山椒素，均为具有酰胺基的化合物。生物碱类的茄碱、糖苷类的黑芥子苷、色素物质中的叶绿素和甜菜色素等也都是含氮素的化合物。

果实在生长和成熟过程中，游离氨基酸的变化与生理代谢的变化密切相关。果实中游离氨基酸的存在，是蛋白质合成和降解过程中的代谢平衡的产物。果实成熟时氨基酸中的蛋氨酸是乙烯生物合成中的前体。不同种类的果实，不同种类的氨基酸，在果实成熟期间的变化并无同一个趋势。

9．维生素

维生素在果蔬中含量极为丰富，是人体维生素的重要来源之一，虽然人体对维生素需求量甚微，但缺乏时就会引起各种疾病。果蔬中维生素种类很多，一般可分为水溶性维生素和脂溶性维生素两大类。水溶性维生素主要包括维生素 B_1、维生素 B_2、维生素 C 等；脂溶性维生素包括维生素 A、维生素 E、维生素 K 等。这些维生素中最重要的是维生素 A 和维生素 C。据报道，人体所需维生素 C 的 98%、维生素 A 的 57%左右来自果蔬。

（1）水溶性维生素

此系维生素，易溶于水，所以在果蔬的加工过程中要特别注意保存，以防维生素流失。

1）维生素 B_1

维生素 B_1 又称为硫胺素，豆类中维生素 B_1 含量最多，果蔬原料中维生素 B_1 含量不高，在酸性环境中较为稳定，碱性介质、氧气、氧化剂、紫外线、γ 射线和金属离子会加速维生素 B_1 的分解。维生素 B_1 是维持人体神经系统正常活动的重要成分，也是糖代谢的辅酶之一。当人体中缺乏时，常引起脚气病、消化不良等症状。

2）维生素 B_2

维生素 B_2 又称为核黄素，甘蓝、番茄中含量较多。维生素 B_2 耐热，在加工过程中不易被破坏，但在碱性溶液中遇热不稳定。它是一种感光物质，存在于视网膜中，是维持眼睛健康的必要成分，在氧化作用中起到辅酶作用。

3）维生素 C

维生素 C 又称抗坏血酸，广泛存在于果蔬组织及果皮中，不仅具有抗坏血病的作用，而且能阻止致癌物质二甲基亚硝胺的形成，是人体不可缺少的维生素。由于其易氧化还原，因而能参与多种体内的新陈代谢。水果、蔬菜在贮藏、烧煮时，维生素 C 极易被破坏，在抗坏血酸酶的催化作用下与氧发生反应生成褐色物质。酸性介质中较为稳定，碱性介质中易被氧化分解，可作为酸性介质中的抗氧化剂，也可作为营养强化剂添加于食品中。由于维生素 C 极易发生分解或氧化，因此应当掌握好果蔬的贮藏条件，使维生素 C 的损失减少到最低。

果蔬的种类不同，维生素 C 含量有很大差异，如酸枣、沙棘、刺梨、枣、猕猴桃、山楂、柑橘、橙子、甜椒、花椰菜、苦瓜等果蔬中维生素 C 含量较高。其中甜椒的红果果皮中比绿果果皮中维生素 C 含量高，过熟时含量会降低。果蔬的不同组织部位其含量也有所不同，一般是果皮中维生素 C 高于果肉中的含量。

（2）脂溶性维生素

1）维生素 A

新鲜果蔬含有大量的胡萝卜素，在动物的肠壁和肝脏中能转化为具有生物活性的维生素 A。一分子 β 胡萝卜素在人体内可产生两分子维生素 A，而一分子 α

胡萝卜素和一分子γ胡萝卜素只能形成一分子维生素 A。因此，胡萝卜素又被称为维生素 A 源。它在人体内能维持黏膜的正常生理功能，保护眼睛和皮肤等，能提高对疾病的抵抗能力。含胡萝卜素较多的果蔬有胡萝卜、菠菜、空心菜、芫荽、韭菜、南瓜、芥菜、杏、黄肉桃、柑橘、杧果等。

维生素 A 不溶于水，碱性条件下稳定，在无氧条件下，于 120℃下经 12 h 加热无损失。贮存时应注意避光，减少与空气接触。维生素 A 在化学结构上与胡萝卜素有关，人们的视觉需要维生素 A，缺少会引起夜盲症与干眼病。

2）维生素 E 和维生素 K

这两种维生素存在于植物的绿色部分，性质稳定。莴苣富含维生素 E，菠菜、甘蓝、花椰菜、青番茄中富含维生素 K。维生素 K 是形成凝血酶原和维持正常肝功能所必需的物质，缺乏时会造成流血不止的危险。

10. 矿物质

矿物质是构成人体组织的重要材料，如骨骼中的 Ca、P 和 Mg 等，P 也是核酸的重要组分。人体中的矿物质盐类和离子具有维持体液一定的渗透压和 pH 的作用，许多矿物质离子还直接或间接地参与体内的生化反应。因此，缺乏某些矿物质元素人体会产生各种疾病，如缺乏 Mn、Zn、Mg、Mo、B、Fe 等所引起的缺素症已引起生理生化学科和医学界的普遍重视和研究。果蔬产品中的矿物质含量与水分和有机物质相比非常少。但由于它们在果蔬产品中分布极为广泛，故果蔬产品成为人类摄取矿物质的主要来源。果蔬产品的矿物质中 80%是 K、Na、Ca 等金属成分，P 和 S 等非金属成分只占 20%。果蔬产品虽含有机酸，味觉上具有酸味，但进入人体后，果蔬产品中的有机酸或参加生物氧化，或形成弱碱性的有机酸盐，而矿物质中的 K^+、Na^+ 则与 HCO_3^- 结合，增加了血浆的碱性，因而果蔬产品被称为碱性食品。相反，在谷物、肉类和鱼类食品小，矿物质中 P、S、Cl 的比例显著地高于前者，会增加体内的酸性物质，同时，这些食品中的橘类、脂肪、蛋白质等在体内氧化后，其最终产物 CO_x 进入血液经肺部重新释出，也会使体内的酸性物质增多，所以，这些食品被称为酸性食品。如果食用过多的酸性食品，易造成体内酸碱度失调甚至引起酸性中毒。由此可见，为了保持人体正常的血液 pH，在我们的食物构成中，不仅要有谷类、肉类和鱼类等酸性食品，也要有足量的碱性食品即果蔬产品，这在维持健康上是十分重要的。

果蔬产品中的矿物质有的成为细胞组织的组分，有的以离子的形式存在于果蔬产品细胞中，有的与果胶质结合在一起，大部分则与有机酸结合成有机酸盐。果蔬产品的矿物质含量和分布依不同的种类和品种以及栽培条件有很大的差别，以 K 的含量最高，柑橘、苹果和葡萄则含 P、Ca 较多。与人体营养关系最密切且需要量最多的矿物质为 Ca、P、Fe，在果蔬产品中含量特别丰富，Ca 含量最多的是萝卜（280 mg/100 g 食部）、P 含量最多的是黄瓜（530 mg/100 g 食部）和菠菜（375 mg/100 g 食部）、Fe 含量最多的是芹菜（8.5 mg/100 g 食部）。

11. 脂类

脂类是脂肪和类脂的总称，脂肪是脂肪酸与甘油生成的酯，类脂包括磷脂、糖脂、固醇和固醇脂等。脂类不仅在体内氧化时供给能量而且是构成生物膜的重要成分，可以促进脂溶性维生素的吸收利用。因此，脂类是食物中不可缺少的成分之一。

大多数果蔬产品的脂肪含量都很低，但油梨和核桃却极为丰富，如北京核桃的油脂含量为 65.5%，甘肃核桃为 58.0%，浙江大胡核桃为 63.7%。除此之外，沙果、葡萄、柚、苹果、草莓和香蕉，姜、菠菜、韭菜、金针菜和小白菜等园艺产品也含有一定的脂肪，一般在 0.5%～1.0%。粮油籽粒中以油料种籽含脂肪最多，油料和豆类种籽的脂肪大都分布在子叶中，而谷类粮食中的脂肪则主要分布在糊粉层中，故许多谷类粮食的加工副产品，也是重要的榨油原料。

果蔬产品中普遍存在的类脂物质是磷脂，即脑磷脂和卵磷脂。果实中以核桃含量最高，豆类和油料种籽中含量最丰富的是大豆、棉籽和菜籽，各类粮食中则以糙米的含量较高。

12. 酶类

果蔬细胞中含有各种各样的酶，结构也十分复杂，溶解在细胞汁液中。果蔬中所有的生物化学作用，都是在酶的参与下进行的。例如，苹果、香蕉、番茄、菠萝等在成熟中变软，这些都是由于果胶酯酶和多聚半乳糖醛酸酶活性增强的结果。对果蔬成熟及品质变化起重要作用的酶主要有：氧化还原酶（抗坏血酸氧化酶、过氧化氢酶和过氧化物酶、多酚氧化酶等）、果胶酶类、纤维素酶、淀粉酶及磷酸化酶等。

（二）果蔬的品质鉴定

随着人民生活水平的不断提高，人们在购买果蔬产品时，越来越看重其品质特性。有学者调查发现，凡品质优、质量高的果蔬不仅畅销，而且价格也高；相反，价格低廉的劣质果蔬则难以销售。果蔬产品不论是内销还是外销，都面临着挑战，其竞争的焦点就是品质。所以只有重视提高生产、贮运、流通各环节果蔬的品质，才能获得良好的经济效益。

果蔬产品品质的鉴定包括感官质量、营养质量和安全质量三个方面的鉴定（表 3-2）。其中感官质量鉴定主要包括：色、香、味、形及质地等；营养质量主要包括碳水化合物、脂肪、蛋白质、维生素、矿物质等营养成分的质和量；安全质量包括农药残留、重金属污染、有毒有害物质以及物生物等。

该部分难度最大的是化学残留和污染的检测，比如农药残留主要分析的物质包括有机磷、有机氯、合成除虫菊、除虫菊、氨基甲酸酯、杀真菌剂、除草剂以及熏蒸剂 8 大类。采用的方法主要是气相色谱法、液相色谱法等化学检验法，该方法检测难度大，而且成本高。对于现场检测的有农药速测卡法和农药残留快速测定仪法。

其他品质的鉴定主要采用破坏性的内部品质检测法。如果蔬质地中硬度可以直接采用硬度计，其他的糖、酸及其他芳香物质一般采用化学方法测定。

表 3-2　果蔬品质的鉴定

内容	鉴定项目		评价方法
感官质量	外观品质	大小	目测法；测径仪或排水法来测定
		重量	手掂估测法；直接称重
		形状	纵径、横径之比来确定果形指数
		颜色	常采用目测法、比色卡比色描述果蔬的色泽特征；也可采用光反射仪等设备来测定
		缺陷	对某些缺陷症状要有详细的描述或有照片做对比
	质地	软硬	品尝感受法；用硬度计来测定并具体量化其大小数值
		纤维化程度	品尝感受法；仪器测定其抗剪切力；化学分析法测定其纤维素、木质素的含量
		汁液含量	品尝感受法；用硬度计测定并具体量化其大小数值
		粗糙细嫩致密松软	感官测定法
	气味与滋味	芳香物质含量	嗅觉感受法；用气相色谱仪等设备来测定其种类和含量
		甜度（含糖量）	品尝感受法；用折光仪测定可溶性固形物；化学分析法测定总糖、还原糖
		酸度（含酸量）	品尝感受法；试纸测 pH；滴定法测定可滴定酸量
		苦味程度	品尝感受法；理化分析法检测生物碱、糖苷等苦味物质的含量、种类
		涩味程度	品尝感受法；理化分析法测定单宁等酚类物质含量
营养质量	碳水化合物、纤维素、含氮物质、维生素、矿物质等		理化分析法测定所含物质种类和含量
安全质量	农药残留、化工及重金属污染、天然有毒害物质、微生物毒素等		理化分析法或用气相色谱、液相色谱、薄层色谱等测定技术进行检测并由食品卫生等权威部门作出检测结论

模块三 单项技能训练

一、果蔬的感官品质鉴定

（一）训练目的

了解鲜食、贮藏果蔬优质标准；学会鲜食、贮藏果蔬感官品质的鉴定方法和鉴定内容；能够综合评定鲜食、贮藏果蔬品质；正确描述果蔬感官性状。

（二）材料和用具

记录本、笔、尺子、游标卡尺、温度计、硬度计、手持折光仪、台秤、餐刀、白磁盘、果实分级板等。

（三）训练步骤

（1）学习利用生物学检验器（手、眼、鼻、口等）对果蔬产品进行感触，并对其加以数值化表示和统计分析；

（2）准备感官品质鉴定所需要的材料和用具；

（3）查找各果蔬质量等级标准；

（4）按照方法进行感官品质鉴定；

（5）对鉴定结果进行把握和描述，出具报告。

（四）训练要求

要求学生掌握果蔬品质鉴定的意义，掌握不同种类和品种的果蔬鲜食、贮藏的优质标准和品质鉴定方法和品质鉴定内容描述的基础上，能随机抽样选取待鉴定的鲜食、贮藏果蔬产品，对果蔬的感官品质进行鉴定，并能对果蔬贮藏过程中出现的问题进行分析研究，在立足国家标准的基础上为果蔬经销商和果蔬生产基地提供果蔬的鉴定结果描述。

（五）知识提示

1. 具体实例——南瓜的感官品质鉴定

南瓜在我国广泛栽培，一般以食用成熟果实为主，是一类菜用与加工兼用的葫芦科蔬菜作物。品质是南瓜的一项重要经济指标，优异的品质是消费者、加工者及育种者共同追求的目标。但对于南瓜品质的鉴定与评价，我国目前还没有客观科学的评价方法和体系，在实际应用中，口感品尝仍是南瓜品质鉴定和评价的主要手段。

通过品尝，从 127 份南瓜材料中挑选出 10 份口感明显不同且在几项主要指标上差异较大的材料为研究对象，分别编号为 A1、A2、A3、A4、A5、A6、A7、A8、A9、A10。其中 A1～A5 为中国南瓜，A6～A10 为印度南瓜。每份材料选取 6 个果实，同一材料的果实在大小及成熟度上相对一致，用于感官鉴定。

（1）样品制备

将南瓜切成长 20 mm、宽 20 mm、高 15 mm 的样品，在常压条件下沸水中蒸 30 min，冷却，置于托盘中。

（2）感官评定

对每个处理果实进行随机编号。通过 10 位感官评价人员进行感官评定，每个样品名称由 3 个随机数字组成，并且在热的状态下进行评价（35～45℃）。评价时环境光使用红光以屏蔽样品之间颜色的差异。评价指标为硬度、面度、脆性、粉质、干湿情况、纤维度、甜度和综合评分。评价标准见表 3-3。评定每个样品后，均用清水漱口并间隔 10 min 再进行评定。

表 3-3　南瓜果实感官评价评分标准

感官指标	0～2 分	3～5 分	6～7 分
硬度	柔软	较硬	坚硬
面度	呈分散的粒状物	较黏着	呈胶黏的团块
脆性	破裂程度低	破裂程度一般	较易成为畸形
粉质	团粒性高	质地分布均匀	呈碎屑
干湿情况	口中感觉干燥	口感较为潮湿	口中感觉湿润潮湿
纤维度	光滑、无纤维感	纤维感适中	纤维感明显
甜度	无甜味	较甜	很甜
综合评分	综合品质差	综合品质一般	综合品质好

（3）统计分析

利用 SPSS（V.13.0）软件进行主成分分析（PCA），利用 DPS 软件进行逐步回归分析，利用 Excel 软件进行相关性分析。

（4）分析结果

由表 3-4 可知，硬度、面度、粉质、脆性、干湿情况、纤维度、甜度和综合评分之间差异显著（$P<0.05$）。

表 3-4 感官评定结果

指标	A1	A2	A3	A4	A5	A6	A7	A8	A9	A10
硬度	2.43^e	2.98 d	3.22 c^d	3.35^{bcd}	3.68^{abc}	3.71^{abc}	3.78^{ab}	3.90^a	4.10^a	4.17^a
面度	5.45^{ab}	4.77 c	3.46 d^e	4.35 c	3.58 d	2.89e	5.81a	3.35 d^e	4.99^{bc}	5.85^a
脆性	2.98 d^e	2.85 d^e	3.11 c^{de}	4.06^{ab}	3.92^{bc}	3.08 c^{de}	4.54^{ab}	4.90^a	3.69^{bcd}	2.75^e
粉质	3.07 c	3.31^{bc}	4.29^a	3.14 c	3.30^{bc}	3.15 c	4.06^{ab}	3.57^{abc}	3.75^{abc}	3.59^{abc}
干湿情况	3.13^{bc}	3.63^{abc}	4.44^a	3.51^{abc}	3.73^{abc}	2.57 c	3.98^{ab}	3.65^{abc}	4.13^{ab}	3.96^{ab}
纤维度	4.38^b	3.60^{bc}	2.82 c^d	4.50^b	3.49^{bc}	2.22 d	3.99^{bc}	3.62^{bc}	3.87^{bc}	5.95^a
甜度	4.31^{abc}	3.97^{abc}	2.51 d	3.80^{bc}	5.10^a	4.86^{ab}	3.44 c^d	3.77^{bc}	3.44 c^d	4.05^{abc}
综合评分	5.56^a	3.67 d	3.38^e	4.71^{abc}	4.44^{bcd}	4.98^{ab}	3.22^e	3.87 c^{de}	3.45^e	4.03^{bcde}

注：同行不同小写字母表示差异显著（$P<0.05$）。

对南瓜样品不同感官属性作相关性分析，由表 3-5 可知，干湿情况与综合评分呈极显著负相关（$r=-0.855$，$P<0.01$），粉质和综合评分呈极显著负相关（$r=-0.773$，$P<0.01$），甜度与综合评分呈极显著正相关（$r=0.794$，$P<0.01$）。口感越干燥，样品粉质越低，甜度越高，综合评分即综合品质越高。

表 3-5 不同感官属性相关性分析

指标	硬度	面度	脆性	粉质	干湿情况	纤维度	甜度
硬度	1						
面度	−0.043	1					
脆性	0.367	−0.161	1				
粉质	0.335	0.107	0.195	1			
干湿情况	0.286	0.283	0.158	0.813**	1		
纤维度	0.146	0.780**	−0.082	−0.088	0.264	1	
甜度	−0.005	−0.172	−0.111	−0.804**	−0.730*	−0.024	1
综合评分	−0.342	−0.316	−0.331	−0.773**	−0.855**	−0.406	0.794**

注：**表示在 0.01 水平上显著相关；*表示在 0.05 水平上显著相关。

干湿情况与粉质呈极显著正相关（$r=0.813$，$P<0.01$），与甜度呈显著负相关（$r=-0.730$，$P<0.05$），甜度与粉质呈极显著负相关（$r=-0.804$，$P<0.01$），说明干湿情况、粉质、甜度三者存在密切的交互关系。纤维度和面度间存在极显著正相关（$r=0.780$，$P<0.01$），但与综合评分间无明显相关性。因此，在品尝鉴定时，可以将干湿情况、粉质、甜度作为感官评价的简易评分指标。

2. 具体实例——大白菜感官品质鉴定

大白菜是我国种植面积和食用总量最大的蔬菜作物，每年年底，更要有良好的可口性即感官品质。而感官品质的基础是各种营养成分作用于不同的神经末梢，产生的不同感受综合作用的结果，即不同的营养成分及其含量对感官品质有不同的影响，据此可以对感官品质进行品尝评价和预测。前人对大白菜的营养品质与感官品质的关系进行初步分析，提出了感官品质的评价方法。本研究对大白菜生食和熟食品质的评价方法进行了改良，并对 28 个大白菜品种和自交系进行了品尝评价。

（1）试验材料

选取品质差异较大的 6 个大白菜品种和 22 个自交系为材料开展感官品质的评价和营养成分测定研究。6 个大白菜品种分别是北京新三号、北京小杂 61 号、京脆 55、北京大牛心、京春娃 2 号和 08-10；22 个大白菜高代自交系分别是 10-1084、09-972、09-1014、11-676、09-1070、11-609、07-1016、03-598、97-321、05-429、05-25、11-135、11-40、11-41、11-121、11-148、11-163、11-205、11-250、11-251、11-351 和 11-356。

（2）感官评价方法

样品去掉外部散叶，剥去叶球最外层叶片，对宜食部分纵切，取 1/4 或 1/8，顺中肋方向切成 0.5 cm×4 cm 小细条，混匀后取 400 g 加食盐 2 g、葵花籽油 4 mL，拌匀后供生食品尝鉴定；同上四分法或八分法取样，切成 2 cm×3 cm 小长块，混匀后取 500 g 加食盐 2.5 g、葵花籽油 5 mL，置于锅中电磁炉上高火翻炒 5 min，供熟食品尝鉴定。

生食评价项目：多汁度、甜度、脆度、鲜味和综合项；熟食评价项目：渣量、绵软度、鲜味和综合项，其中综合项是对该样品生食或熟食总体评价。评分人员为白菜遗传育种课题组和蔬菜加工研究室专家，评定人员为 10 人。赋分区间：渣量从高到低，其他各项从低到高，按个人品尝感受在 1～10 分打分。保证评分员在评分过程中互不影响。

（3）数据处理

使用 SAS 9.2 软件，进行数据统计、方差分析、多元回归分析等。

（4）结果与分析

感官品质方差分析结果见表 3-6。生食评价的多汁度、甜度、脆度、鲜味、综合，熟食评价的渣量、甜度、绵软度、鲜味、综合等项在品种间的差异均达到极显著水平，这反映了品种间感官品质的差异，而年份间差异也有几项指标达到显著（$P<0.05$）或极显著水平，如生食多汁度、甜度，熟食渣量、鲜味及绵软度，这反映了年份间气候、土壤肥水的不同导致营养成分含量的差异。

表 3-6　大白菜感官品质指标的方差分析

生食指标	项目	均方	F 值及显著性	熟食指标	项目	均方	F 值及显著性
多汁度	品种间	19.027 3	8.30**	渣量	品种间	28.516 9	8.55**
	年份间	7.520 8	6.02**		年份间	11.898 6	3.57*
	误差	2.433 2			误差	3.335 3	
甜度	品种间	19.017	5.91	甜度	品种间	24.230 8	8.35**
	年份间	27.546 5	3.95		年份间	3.771 4	1.30
	误差	3.217 4			误差	2.901 9	
脆度	品种间	14.943 2	5.68**	绵软度	品种间	19.126 3	6.03**
	年份间	2.213 2	0.84		年份间	10.633 1	3.35*
	误差	2.630 9			误差	3.171 9	
鲜味	品种间	14.967 5	5.64**	鲜味	品种间	17.402 2	6.12**
	年份间	0.890 9	0.34		年份间	13.844 0	4.87*
	误差	2.653 8			误差	2.843 5	
综合	品种间	15.569 6	6.99*	综合	品种间	18.972 7	7.73**
	年份间	1.954 0	0.88		年份间	9.278 4	1.99
	误差	2.227 4			误差	2.454 4	

注：*、**分别表示达到 0.05、0.01 的显著、极显著水平。

3. 具体实例——叶用莴苣的感官品质鉴定

叶用莴苣俗称生菜，为菊科莴苣属莴苣种叶用类型，按叶形可分为结球莴苣和散叶莴苣两种，按颜色可分为绿叶莴苣和紫叶莴苣两种。叶用莴苣食用方法多样，具有较高的营养价值，长期食用对血管有很好的扩张作用，还能够清热利尿，对高血压、心脏病、肾病等也有一定的辅助疗效；且叶用莴苣富含膳食纤维，长期生食可有效去除口腔异味。但是，由于叶用莴苣种类繁多，口感也各有差异，不良的口感会影响人们对叶用莴苣的喜爱，导致食用人群减少，消减了生产者对于叶用莴苣栽培与推广的积极性。因此，对叶用莴苣的感官品质进行综合评价，筛选出口感好的叶用莴苣品种尤为重要。

蔬菜的感官品质是指人们食用蔬菜时口腔味觉与触觉的综合反映，通常采用品尝方法进行鉴定。品尝鉴定一般涉及多种因素，因此很难进行客观准确的评价。本试验是北京农学院刘雪莹等采用系统评分法对不同颜色、不同叶形的 50 个叶用莴苣品种进行感官品质评价，旨在为叶用莴苣的栽培推广提供参考。

（1）材料与方法

a. 试验材料

以北京农学院科技示范基地 13 号温室中栽培的 50 个叶用莴苣品种为试验材料，其中紫叶莴苣品种 9 个，绿叶莴苣品种 41 个；结球莴苣品种 14 个，散叶莴苣品种 36 个。具体品种名称、来源及分类见表 3-7。对照品种为市场常见的国产大速生，购自北京市昌平区回龙观镇物美超市。

表 3-7　供试叶用莴苣品种来源及分类

编号	品种名称	来源	按叶形分类	按颜色分类
1	美国结球生菜	河北省青县大地育苗中心	结球莴苣	绿叶莴苣
2	自育品种 1	北京农学院	结球莴苣	紫叶莴苣
3	黛玉奶油生菜	北京中蔬园艺良种研究开发中心	结球莴苣	绿叶莴苣
4	嫩绿奶油生菜	北京中蔬园艺良种研究开发中心	结球莴苣	绿叶莴苣
5	生菜	黑龙江省农业科学院园艺分院	结球莴苣	绿叶莴苣
6	奶生 1 号	北京京研益农种苗技术中心	结球莴苣	绿叶莴苣
7	福星	北京东方正大种子有限公司	结球莴苣	绿叶莴苣
8	日本卡其结球生菜	北京科力达神禾蔬菜研究所	结球莴苣	绿叶莴苣
9	Astral	中国农业科学院蔬菜花卉研究所	结球莴苣	绿叶莴苣
10	皇帝	北京阿特拉斯种业有限公司	结球莴苣	绿叶莴苣
11	百胜	北京市农业技术推广站	结球莴苣	绿叶莴苣
12	丽岛	北京阿特拉斯种业有限公司	结球莴苣	绿叶莴苣
13	维纳斯	北京市裕农优质农产品种植公司	结球莴苣	绿叶莴苣
14	射手 101	北京市裕农优质农产品种植公司	结球莴苣	绿叶莴苣
15	鸡冠生菜	吉林省蔬菜花卉科学研究所	散叶莴苣	绿叶莴苣
16	散叶生菜	内蒙古自治区农业科学院蔬菜研究所	散叶莴苣	绿叶莴苣
17	玻璃生菜	广东省农业科学院蔬菜研究所	散叶莴苣	绿叶莴苣
18	东山生菜	广东省农业科学院经济作物研究所	散叶莴苣	绿叶莴苣
19	矮脚生菜	广西农业科学院园艺研究所	散叶莴苣	绿叶莴苣
20	香港玻璃生菜	北京科力达神禾蔬菜研究所	散叶莴苣	绿叶莴苣
21	罗生 3 号	北京京研农科技发展中心	散叶莴苣	绿叶莴苣
22	大橡生 2 号	北京京研益农科技发展中心	散叶莴苣	绿叶莴苣
23	大橡叶绿生菜	北京京研益农科技发展中心	散叶莴苣	绿叶莴苣
24	橡生 3 号	北京京研益农科技发展中心	散叶莴苣	绿叶莴苣
25	Grand Rapinds Lechuga Grand Rapids	Lawn & Garden Retailer	散叶莴苣	绿叶莴苣
26	Green Salad Bowl Lechuga Ensaladera Verde	Lawn & Garden Retailer	散叶莴苣	绿叶莴苣

编号	品种名称	来源	按叶形分类	按颜色分类
27	香生菜	成都市第一农业科学研究所	散叶莴苣	绿叶莴苣
28	YN-A	北京市裕农优质农产品种植公司	散叶莴苣	绿叶莴苣
29	加州大速生	北京市裕农优质农产品种植公司	散叶莴苣	绿叶莴苣
30	N-I	北京市裕农优质农产品种植公司	散叶莴苣	绿叶莴苣
31	辛普森大速生	北京绿金蓝种苗有限责任公司	散叶莴苣	绿叶莴苣
32	泰国玻璃生菜	河北省青县神华种子有限责任公司	散叶莴苣	绿叶莴苣
33	罗莎绿	北京京研盛丰种苗研究所	散叶莴苣	绿叶莴苣
34	瑞比特（美国大速生）	北京绿金蓝种苗有限责任公司	散叶莴苣	绿叶莴苣
35	Batavia Doree	北京开心格林农业科技有限公司	散叶莴苣	绿叶莴苣
36	自育品种 2	北京农学院	散叶莴苣	绿叶莴苣
37	自育品种 3	北京农学院	散叶莴苣	绿叶莴苣
38	自育品种 4	北京农学院	散叶莴苣	绿叶莴苣
39	自育品种 5	北京农学院	散叶莴苣	绿叶莴苣
40	自育品种 6	北京农学院	散叶莴苣	绿叶莴苣
41	YN-H	北京市裕农优质农产品种植公司	散叶莴苣	绿叶莴苣
42	美国大速生	国家蔬菜工程技术研究中心	散叶莴苣	绿叶莴苣
43	红皱罗沙	北京绿金蓝种苗有限责任公司	散叶莴苣	紫叶莴苣
44	紫叶生菜	辽宁省农业科学院园艺研究所	散叶莴苣	紫叶莴苣
45	美国紫叶生菜	河北省青县青丰种业有限公司	散叶莴苣	紫叶莴苣
46	意大利紫叶生菜	河北省青县大地育苗中心	散叶莴苣	紫叶莴苣
47	南韩紫秀生菜	河北省青县常丰种业有限公司	散叶莴苣	紫叶莴苣
48	大橡生 1 号	国家蔬菜工程技术研究中心	散叶莴苣	紫叶莴苣
49	Red Salad Bowl	Organic Wines in Canada	散叶莴苣	紫叶莴苣
50	Merlot	West Coast Seeds	散叶莴苣	紫叶莴苣

b. 评分方法

采用系统评分法对叶用莴苣感官品质进行评价，该评分法源于大白菜的口感鉴定研究。即由评分小组在对不同品种的叶用莴苣进行品尝后，对影响其品质的不同因素进行量化打分，然后对量化表征的各个因素进行进一步的统计分析，该方法能够客观的评价品种间差异。

大白菜等蔬菜感官品质鉴定一般采用 5 个指标：综合、脆度、纤维感、硬度和汁液感。与大白菜等蔬菜不同，叶用莴苣含有一种苦味的芳香烃羟化酯，即莴苣苦素，其在很大程度上会影响叶用莴苣的感官品质评价，所以本试验新增了苦涩感这一指标。

评分小组由 10 名资深品尝员组成，其中包括老年人 3 名、中年人 3 名、青年人4名。老年品尝员来自北京农学院植物科学技术学院园艺系已退休蔬菜专业高级职称教师，2女1男；中年品尝员来自北京农学院植物科学技术学院园艺系蔬菜专业教师，2名男讲师和1名女实验师；青年品尝员来自北京农学院植物科学技术学院蔬菜学专业研究生，2男2女。

采用5分制进行评分，最高5分，最低1分。对照国产大速生的每个指标均定为3分，品尝员在品尝不同品种叶用莴苣后，各指标参考大速生进行评分，当苦涩感、脆度、纤维感、硬度和汁液感比大速生高时，评分就高，反之则低。综合评分是指品尝员在对各项指标打完分后，对该品种的综合评价。

c. 试验方法

试验于2015年10月9日在北京农学院植物生产类国家级实验教学示范中心实验室内进行。各品种均于成熟期取样，散叶莴苣取从外数的第5片叶；结球莴苣取叶球的第1片叶。将取样叶片用清水洗净后用自封袋包装，按不同品种编号。由评分小组品尝之后对各项指标进行评分。

（2）结果与分析

a. 不同品种叶用莴苣感官品质评价结果

表3-8　不同品种叶用莴苣感官品质评分结果

品种名称	综合评分	脆度评分	苦涩感评分	纤维感评分	硬度评分	汁液感评分	品种名称	综合评分	脆度评分	苦涩感评分	纤维感评分	硬度评分	汁液感评分
美国结球生菜	3.50	3.30	3.70	3.50	3.20	3.20	Green Salad Bowl Lechuga Ensaladera Verde	3.35	3.00	3.30	3.30	2.90	3.00
自育品种1	2.80	2.80	2.60	3.50	2.90	2.80	香生菜	3.75	3.90	3.30	3.60	3.40	3.50
黛玉奶油生菜	3.80	4.20	3.50	3.10	3.60	3.90	YN-A	3.80	3.50	2.80	3.60	3.40	3.40
嫩绿奶油生菜	3.95	4.40	3.50	3.30	3.50	3.80	加州大速生	3.90	4.10	3.60	3.50	3.30	3.20
生菜	4.40	4.40	4.20	3.80	4.00	4.30	N-I	3.80	3.70	3.30	3.80	3.30	3.70
奶生1号	3.70	3.70	3.70	3.50	3.20	3.10	辛普森大速生	2.90	2.90	2.40	3.40	3.20	2.70
福星	3.95	4.10	4.00	4.10	3.50	4.10	泰国玻璃生菜	3.95	3.40	3.50	3.80	3.40	3.70

品种名称	综合评分	脆度评分	苦涩感评分	纤维感评分	硬度评分	汁液感评分	品种名称	综合评分	脆度评分	苦涩感评分	纤维感评分	硬度评分	汁液感评分
日本卡其结球生菜	3.85	3.80	4.00	3.80	3.50	3.60	罗莎绿	3.55	3.80	3.50	3.90	3.30	3.30
Astral	3.95	4.30	3.90	3.50	3.70	3.60	瑞比特（美国大速生）	3.55	3.90	2.90	3.70	3.50	3.50
皇帝	3.80	4.10	3.10	3.40	3.20	3.30	Batavia Doree	3.70	3.50	3.30	3.60	3.50	3.60
百胜	3.75	4.00	3.90	3.30	2.60	3.60	自育品种 2	3.70	3.10	3.40	3.60	3.20	2.90
丽岛	3.95	4.30	3.80	3.40	3.40	4.10	自育品种 3	3.00	2.70	2.50	3.10	2.90	2.60
维纳斯	2.70	3.90	3.10	3.50	3.40	3.70	自育品种 4	2.60	2.10	2.30	3.40	2.60	2.30
射手 101	4.40	4.40	3.90	3.70	3.90	4.40	自育品种 5	2.60	3.20	3.80	3.10	2.90	
鸡冠生菜	3.40	3.80	2.90	3.30	3.20	3.20	自育品种 6	3.40	2.50	2.80	3.20	2.50	2.70
散叶生菜	3.20	3.40	2.30	3.30	3.00	2.60	YN-H	3.70	3.60	3.70	3.50	3.40	3.90
玻璃生菜	3.40	3.10	3.40	3.20	2.80	3.20	美国大速生	4.20	3.10	3.30	3.80	3.40	3.00
东山生菜	2.85	2.70	2.80	3.10	2.70	2.80	红皱罗沙	2.90	2.90	2.80	3.00	3.30	2.60
矮脚生菜	3.00	3.30	3.00	3.00	3.00	3.00	紫叶生菜	2.95	2.80	1.80	3.20	3.10	2.90
香港玻璃生菜	3.65	3.10	2.50	3.80	3.20	3.10	美国紫叶生菜	3.10	2.90	2.90	3.50	3.00	3.00
罗生 3 号	3.05	3.00	3.40	3.00	2.80	2.70	意大利紫叶生菜	3.60	3.70	3.8/5	3.70	3.40	3.50
大橡生 2 号	3.35	3.30	3.50	3.40	3.00	3.40	南韩紫秀生菜	3.90	4.20	3.70	3.60	3.60	3.80
大橡叶绿生菜	3.65	3.80	3.80	3.50	3.40	3.70	大橡生 1 号	3.35	3.40	2.80	3.20	3.20	2.90
橡生 3 号	3.65	4.10	3.20	3.60	3.60	3.60	Red Salad Bowl	3.15	3.00	2.20	3.00	2.80	3.10
Grand Rapinds Lechuga Grand Rapids	3.00	3.20	3.20	3.20	3.40	2.70	Merlot	2.95	3.30	3.00	3.30	3.30	3.00

注：表中数据为 10 人打分的平均值。

　　从表3-8可以看出，综合评分≥4分的品种共有3个，分别为生菜、射手101和美国大速生；脆度评分≥4分的品种共有12个，分别为嫩绿奶油生菜、生菜、射手101、Astral、丽岛、黛玉奶油生菜、南韩紫秀生菜、福星、皇帝、橡生3号、加州大速生和百胜，脆度较高的品种多为结球莴苣；苦涩感评分≥4分的品种共有3个，分别为生菜、福星和日本卡其结球生菜；纤维感评分≥4分的品种只有福星，其他品种均在3分左右；硬度评分只有生菜为4分，其他品种均低于4分；汁液感评分≥4分的品种共有4个，分别为射手101、生菜、丽岛和福星。

　　b. 不同颜色叶用莴苣感官品质评价结果

表 3-9　不同颜色叶用莴苣感官品质评分结果

类型	综合评分	脆度评分	苦涩感评分	纤维感评分	硬度评分	汁液感评分
紫叶莴苣	3.19±0.72a	3.22±1.06a	2.85±1.01a	3.37±0.77a	3.18±0.95a	3.07±0.96a
绿叶莴苣	3.53±0.78b	3.53±1.00b	3.30±1.09b	3.47±0.98a	3.24±0.91a	3.32±0.96b

　　进一步对9个紫叶莴苣品种、41个绿叶莴苣品种的各项感官品质指标进行分析。结果显示（表3-9），不同颜色叶用莴苣的综合评分存在显著性差异，绿叶莴苣的口感优于紫叶莴苣。5个感官品质指标中有3个存在显著性差异，分别为脆度、汁液感、苦涩感，绿叶莴苣相对于紫叶莴苣而言更脆、更多汁、更苦涩；纤维感和硬度方面，两种颜色的叶用莴苣间无显著差异。

　　c. 不同叶形叶用莴苣感官品质评价结果

表 3-10　不同叶形叶用莴苣感官品质评分结果

类型	综合评分	脆度评分	苦涩感评分	纤维感评分	硬度评分	汁液感评分
结球莴苣	3.69±0.82a	3.90±0.93a	3.57±1.16a	3.53±0.92a	3.37±0.92a	3.62±0.97a
散叶莴苣	3.37±0.70b	3.31±0.99b	3.07±1.03b	3.42±0.84a	3.17±0.91b	3.13±0.93b

　　对不同叶形叶用莴苣的各项感官品质指标进行分析（表3-10），结球莴苣的综合评分显著高于散叶莴苣，说明结球莴苣在口感上优于散叶莴苣；结球莴苣的脆度、苦涩感、硬度、汁液感的评分均显著高于散叶莴苣，表明结球莴苣较散叶莴苣而言更脆、更苦涩、更硬实和更多汁；两种叶形叶用莴苣间纤维感评分无显著差异。

　　（3）结论与讨论

　　本试验结果表明，不同颜色叶用莴苣之间、不同叶形叶用莴苣之间的多个感官品质指标存在显著差异。在综合评分方面，绿叶莴苣显著高于紫叶莴苣，结球莴苣显著高于散叶莴苣；脆度、苦涩感和汁液感的评分结果与综合评分一致，即绿叶莴苣显著高于紫叶莴苣，结球莴苣显著高于散叶莴苣；不同叶形的叶用莴苣间硬度存在显著差异，结球莴苣比散叶莴苣更硬，而不同颜色的叶用莴苣间则无显著差异；纤维感方面，各种类型的叶用莴苣间均无显著差异。

紫叶莴苣叶色丰富，既可食用又可观赏，但从本试验所测的 5 个感官品质指标结果来看，其口感明显差于绿叶莴苣。因此，在饮食上建议多选择适宜大众口味的绿叶莴苣品种，而在观赏时则可培育颜色丰富的紫叶莴苣品种，搭配绿植，增加观赏性。

食用品质评价是蔬菜营养评价的一部分，但是由于个人口感差异，一直很难有标准的评价方法。叶用莴苣具有食用价值和观赏价值，深受人们喜爱，但是对于不同叶形、不同颜色的叶用莴苣一直以来都没有一套公认的系统评分标准。本试验综合参考前人关于蔬菜风味品质评价的相关研究，最终采用系统评分法，将感官品质指标评价量化，得出的结果更具客观性，让人们对叶用莴苣有更加充分的了解。此外，叶用莴苣含有丰富的营养物质，但营养品质与感官品质间是否有内在的联系还需进一步进行研究，以期培育出口感上佳、营养物质含量高的叶用莴苣新品种。

二、腐烂指数测定

1. 训练目的

通过训练，使学生掌握果蔬腐烂指数的测定方法，更好地了解果蔬的贮藏保鲜效果，及时对果蔬的贮藏效果进行评价和调整贮藏措施。

2. 训练材料

待评价的果蔬产品，要求数量达到一定规模。

3. 训练步骤

（1）随机选择大型果蔬贮藏 3～4 种果蔬样品各 20 kg，分成 4 份，每组 1 份；

（2）制定分级标准，即将样品按照食用或商品价值标准分 3～5 级，最佳品质的级别为最高级，损耗的级值为最低级 0，品质居中的依次划入中间值，级值越高代表品质越好，要求级间差别应当相等并且指标明确；

（3）将果蔬按照分级标准对每级果蔬个数进行统计；

（4）腐烂指数=∑（各级级值×数量）/最大级值×总数量。

4. 训练要求

要求学生能根据鉴定的数据和记录出具报告，评价腐烂指数，并提出贮藏改进措施。

三、呼吸强度测定

（一）技术目标

1. 掌握果蔬呼吸强度测定的目的、原理及呼吸强度表示方法。
2. 掌握果蔬呼吸强度的测定方法，重点掌握气流测定法。

（二）目的及原理

呼吸作用是果蔬采收后进行的重要生理活动，是影响贮运效果的重要因素。测定呼吸强度可衡量呼吸作用的强弱，了解果蔬采后生理状态，为低温和气调贮运以及呼吸热计算提供必要的数据。因此，在研究或处理果蔬贮藏问题时，测定呼吸强度是经常采用的手段。

呼吸强度的测定通常是采用定量碱液吸收果蔬在一定时间内呼吸所释放出来的 CO_2，再用酸滴定剩余的碱，即可计算出呼吸所释放出 CO_2 的量，求出其呼吸强度。其单位为每公斤每小时释放出 CO_2 的毫克数。

反应如下：

$$2NaOH + CO_2 \longrightarrow Na_2CO_3 + H_2O$$
$$Na_2CO_3 + BaCl_2 \longrightarrow BaCO_3\downarrow + 2NaCl$$
$$2NaOH + H_2C_2O_4 \longrightarrow Na_2C_2O_4 + 2H_2O$$

（三）气流法

1. 材料用具
（1）材料：苹果、梨、柑橘、番茄、黄瓜、青菜等。
（2）试剂：钠石灰、20%氢氧化钠、0.4 mol//L 氢氧化钠、0.2 mol//L 草酸、饱和氯化钡溶液、酚酞指示剂。
（3）仪器设备：真空干燥器、大气采样器、天平等。
2. 方法特点
果蔬处在气流畅通的环境中进行呼吸，比较接近自然状态，因此，可以在恒定的条件下进行较长时间的多次连续测定。测定时使不含 CO_2 的气流通过果蔬呼吸室，将果蔬呼吸时释放的 CO_2 带入吸收管，被管中定量的碱液所吸收，经一定时间的吸收后，取出碱液，用酸滴定，由碱量差值计算出 CO_2 的量。
3. 分析步骤
（1）按图 3-1 连接好大气采样器（暂不连接吸收管），同时检查是否有漏气现象，开动大气采样器中的气泵，如果在装有 20%NaOH 溶液的净化瓶中有连续不断的气泡产生，说明整个系统气密性良好，否则应检查各接口是否有漏气现象。

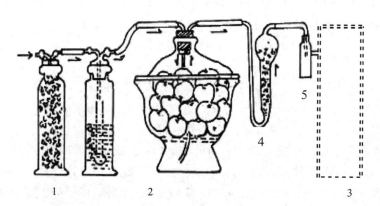

1. 钠石灰；2. 20%氢氧化钠溶液；3. 呼吸室；4. 吸收瓶；5. 缓冲瓶

图 3-1　气流法实验装置

（2）用天平称取果蔬材料 1 kg，放入呼吸室，先将呼吸室与缓冲瓶连接，调节开关，将空气流量调节在 0.4 L/min；定时 30 min，先使呼吸室抽空平衡约 0.5 h，然后连接吸收管开始正式测定。

（3）空白滴定用移液管吸取 0.4 mol/L 的 NaOH 溶液 10 mL 于一支吸收管中；加一滴正丁醇，稍加摇动后再将碱液移到三角瓶中，用煮沸过的蒸馏水冲洗 5 次，直至显示中性为止。加少量饱和的 $BaCl_2$ 溶液和 2 滴酚酞指示剂，然后用 0.2 mol/L 草酸溶液滴定至粉红色消失即为终点。记下滴定量，重复测定取平均值，即为空白滴定量（V_1）。同时取另一支吸收管装好同量碱液和一滴正丁醇。放在大气采样器的管架上备用。

（4）当呼吸室抽空 0.5 h 后，立即接上吸收管定时 30 min，调整流量保持 0.4 L/min。30 min 后，取下吸收管将碱液移入三角瓶中，加 5 mL 饱和 $BaCl_2$ 溶液和 2 滴酚酞指示剂，用草酸滴定，记下滴定量（V_2）。

4. 结果计算

果蔬的呼吸强度按下式计算：

$$呼吸强度[CO_2\ mg/（kg·h）] = \frac{c \times (V_1 - V_2) \times 44}{m \times h} \tag{3-1}$$

式中：c —— 草酸的浓度，mol/L；

　　　m —— 试样的质量，kg；

h —— 测定时间，h；

V_2 —— 样品滴定时所用草酸的体积，mL；

V_1 —— 空白滴定时所用草酸的体积，mL；

44 —— 二氧化碳相对分子质量。

（四）静置法

静置法比较简便，不需要特殊设备。测定时将样品置于干燥器中，干燥器底部放入定量碱液，果蔬呼吸释放出的 CO_2 自然下沉而被碱液吸收，静置一定时间后取出碱液，用酸滴定，求出样品的呼吸强度。

用移液管吸取 0.4 mol/L 的 NaOH 溶液 20 mL 放入培养皿中，将培养皿放进呼吸室，放置隔板，然后放入 1 kg 果蔬，封盖，测定 1 h 后取出培养皿把碱液移入烧杯中（冲洗 4～5 次），加饱和 $BaCl_2$ 溶液 5 mL 和酚酞指示剂 2 滴，用 0.2 mol/L 草酸滴定，用同样方法作空白滴定。计算同气流法。

（五）知识提示

具体实例——影响果蔬呼吸强度的五大因素

果蔬采收以后，仍然是一个有生命的有机体，继续进行一系列生理生化变化，使果蔬特有的风味进一步充分地显现出来，在色香味上更适合人们的需要，我们称为果蔬的呼吸作用。这个过程再继续进行，果蔬软化、解体，这就是衰老阶段。我们了解和认识果蔬的这些变化规律和外界环境对它们的影响，以便有效地调节、控制环境条件，达到保鲜保质，延长供应期的目的，才能获得最好的经济效益。果蔬采收以后有哪些因素会对果蔬的呼吸产生影响呢？

影响果蔬呼吸作用的因素有环境气体、温度、湿度、机械损伤及植物激素。

1. 环境气体

大气一般含氧气 21%、氮气 78%、二氧化碳 0.03% 以及其他一些微量气体。在环境气体成分中，二氧化碳和由果实释放出的乙烯对果蔬的呼吸作用有重大的影响。

适当降低贮藏环境中的氧浓度和适当提高二氧化碳浓度，可以抑制果蔬的呼吸作用，从而延缓果蔬的后熟、衰老过程。另外，较低温度和低氧、高二氧化碳也会抑制果蔬乙烯的合成并抑制已有乙烯对果蔬的影响。

2. 温度

呼吸作用和温度的关系十分密切。一般来说，在一定的温度范围内，每升高 10℃呼吸强度就增加 1 倍；如果降低温度，呼吸强度就大大减弱。果蔬呼吸强度越小，物质消耗也就越慢，贮藏寿命便延长。因此，贮藏果蔬的普遍措施，就是尽可能维持较低的温度，将果蔬的呼吸作用抑制到最低限度。

降低果蔬贮藏温度可以减弱呼吸作用，延长贮藏时间。但是，不是温度越低越好，是有一定限度的。一般来说，在热带、亚热带生长的果蔬或原产这些地区的果蔬其最低温度要求高一些，在北方生长的果蔬其最低温度要求就低一些。

温度过高或过低都会影响果蔬的正常生命活动，甚至会阻碍正常的后熟过程，造成生理损伤，以致死亡。因此，在贮藏中一定要选择最适宜的贮藏温度。

贮藏温度要恒定，因为温度的起伏变化会促使呼吸作用进行，增加物质消耗。如果使用薄膜包装，则会增加袋内结水，不利于果蔬的贮藏保鲜。

3. 湿度

一般来说，轻微的干燥较湿润更可抑制呼吸作用。果蔬种类不同，反应也不一样。例如，柑橘果实在相对湿度过高的情况下呼吸作用加强，从而使果皮组织的生命活动旺盛，造成水肿病（浮皮果）。所以对这类果实在贮藏前必须稍微进行风干。香蕉则不同，在相对湿度 80% 以下时，便不能进行正常的后熟作用。

4. 机械损伤

果蔬在采收、分级、包装、运输和贮藏过程中会遇到挤压、碰撞、刺扎等损伤。在这种情况下，果蔬的呼吸强度增强，因而会大大缩短贮藏寿命，加速果蔬的后熟和衰老。受机械损伤的果蔬，还容易受病菌侵染而引起腐烂。因此，在采收、分级、包装、运输和贮藏过程中要避免果蔬受到机械损伤。这是长期贮藏果蔬的重要前提。

5. 化学调节物质

主要是指植物激素类物质，包括乙烯、2,4-D、萘乙酸、脱落酸、青鲜素、矮壮素、B9 等。植物激素、生长素和激动素对果蔬总的作用是抑制呼吸、延缓后熟。乙烯和脱落酸总的作用是促进呼吸、加速后熟。当然，由于浓度的不同和种类不同，各种植物激素的反应也是多种多样的。

四、理化指标测定

果蔬产品品质的评价除上述介绍的感官指标外，还包括理化指标。理化指标包括硬度、冰点、可溶性固形物、乙醇、含酸量、维生素 C 含量等。通过测定这些指标，可以确定其贮藏的效果。

（一）硬度的测定

1. 原理

硬度直接与果蔬细胞壁及其周围结构的成分有关。通过测定果品组织对外来力的阻力程度来衡量果蔬硬度大小。果蔬的硬度是鉴定果蔬成熟度、质地品质和耐贮性的重要指标。

2. 仪器和材料

硬度计、苹果、桃、梨。

3. 操作要点

（1）去皮

在果实对应两侧削去厚约 2 mm，直径约 1 cm 的圆形果皮。

（2）测定

一只手握住果实，另一只手握住硬度计，对准已削好的果面，借助臂力，使测头顶端部分垂直压入果肉中即可。在标尺上读出游标所指的硬度值，仪器归零后，对每个果实不同部位反复测 3～4 次，取平均值。

4. 测定结果及评价

表 3-11　结果与数据统计

材料	测定读数/（kg/cm^2）			平均结果/（kg/cm^2）
	第一次	第二次	第三次	

（二）冰点的测定

冰点是果蔬重要的物理性状之一。对于许多果蔬品种而言，测定冰点有助于确定其适宜的贮运温度和冻结温度。

1. 原理

液体在低温条件下，温度随时间下降，当降至该液体的冰点时，由于液体结冰放热的物理效应，温度不随时间下降，过了该液体的冰点，温度又随时间出现下降。据此，测定液体温度与时间的关系曲线，其中温度不随时间下降的一段所对应的温度，即为该液体的冰点。

测定时会有过冷现象，即液体温度降至冰点时仍不结冰。可用搅拌待测样品的方法防止过冷妨碍冰点的测定。

2．仪器与材料

标准温度计（规格-10～10℃，精确度±1.0℃）、研钵（或碎器）、烧杯、玻棒、纱布、秒表、盐水（-6℃以下）。

3．操作步骤

取一定量的果蔬样品研碎，用双层纱布过滤。滤液盛在烧杯中，溶液量要足够浸没温度计的水银球部。

把小烧杯置于冰盐水中，插入温度计，温度计的水银球必须浸在样品汁液中，并且不断搅拌汁液。当汁液温度降至2℃时，开始记录温度，每30s记一次。

温度随时间下降，降至冰点以下，这时由于液体结冰放热的物理效应，汁液仍不结冰，随后温度突然上升至某一点，并出现相对稳定（汁液已结冰）。这时的温度就是样品汁液的冰点。

画出温度—时间曲线，曲线平缓处相对应的温度即为汁液的冰点温度。

（三）可溶性固形物的测定

可溶性固形物是食品行业一个常用的技术指标。指液体或流体食品中所有溶解于水的化合物的总称，包括糖、酸、维生素、矿物质，等等。可溶性固形物主要是指可溶性糖类，包括单糖、双糖、多糖（淀粉、纤维素、几丁质、半纤维素不溶于水），我们喝的果汁一般糖都在100 g/L以上（以葡萄糖计），主要是蔗糖、葡萄糖和果糖，可溶性固形物含量可以达到9%左右。可溶性固形物可以衡量水果成熟情况，以便确定采摘时间。

检测方法主要有GB/T 10786—2006《罐头食品的检验方法》之可溶性固形物测定、NY/T 1841—2010《苹果中可溶性固形物、可滴定酸无损伤快速测定　近红外光谱法》、NY/T 2637—2014《水果和蔬菜可溶性固形物含量的测定　折射仪法》。根据不同产品类型选择相应的标准测定。果蔬样品中可溶性物质（主要是可溶性糖）的含量高低，直接反映了果蔬的品质和成熟度，是判断适时采收和耐贮性的一个重要指标，生产上常用手持式折光仪来测定。

1．原理

在20℃用手持式折光仪测定待测果蔬液的折光率，并用折光率与可溶性固形物含量的换算表查得（参见GB/T 10786—2006）或从折光仪上直接读出可溶性固形物的含量。用折光仪测定可溶性固形物含量，在规定的制备条件和温度下，水溶液中蔗糖的浓度和所分析样品有相同的折光率，此浓度用质量分数表示。

2．材料与器具

果蔬汁、蒸馏水、烧杯、滴管、卷纸、手持式折光仪（仪器的主要构造如图 3-2）。

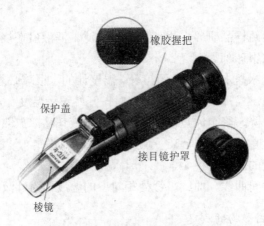

图 3-2　手持式折光仪的主要构造

3．操作步骤

（1）打开手持式折光仪盖板，用干净的纱布或卷纸小心擦干棱镜玻璃面。

（2）对仪器进行校正。在棱镜玻璃面上加 2 滴蒸馏水，盖上盖板，于水平状态，由目镜观察，检查视野中明暗交界线是否处在刻度的零线上。若与零线不重合，则旋动刻度调节螺旋，使分界线面刚好落在零线上。

（3）打开盖板，用纱布或卷纸将水擦干，然后如上法在棱镜玻璃面上加 2～3 滴果蔬汁，要求液体均匀无气泡并充满视野，对准光源进行观测，读取视野中明暗交界线上的读数。

（4）若折光仪标尺刻度为百分数，则读数即为可溶性固形物的百分率，再对其进行校正，即可换算为 20℃时标准的可溶性固形物百分率；若折光仪标尺刻度为折光率，读取折光率。则先按折光率与可溶性固形物换算表查得样液的可溶性固形物的百分率，再校正换算即可。

（5）测定时尽量控制在 20℃左右观测，尽可能缩小校正范围，同一样液重复测定三次。

1. 打开保护盖

2. 在棱镜上滴 1～2 滴样品液

3. 盖上保护盖，水平对着光源，透过接目镜，读数

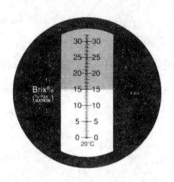

图 3-3　手持式折光仪主要操作步骤及读数示意图

4. 结果与计算

表 3-12　结果与数据统计

果蔬汁种类	总可溶性固形物含量/%			平均/%
	第一次	第二次	第三次	

（四）含酸量的测定

1. 目的与原理

果蔬中含有多种有机酸，主要有苹果酸、柠檬酸、酒石酸、草酸等。果蔬品种种类和成熟度不同，有机酸的种类和数量也不同。果蔬中有机酸参与合成酚类、

氨基酸、酯类和芳香物质，参与光呼吸，对果蔬的自身代谢起着重要作用。其含量不但影响其品质和风味口感，也是评价果蔬成熟度和质量优劣的重要指标之一。测定果蔬中的酸含量是其品质分析和采收后贮藏、运输过程生理生化性质检测的重要内容。

果蔬含酸量测定是根据酸碱中和原理，即用已知浓度的氢氧化钠溶液滴定，故测出来的酸量又称为总酸。

2．仪器与材料

打浆机、天平、1%酚酞溶液、0.1 mol/L 氢氧化钠及 1～2 种常见果蔬。

3．操作步骤

（1）准确称取均匀样品 25 g，打浆机打浆，用纱布初滤，再用蒸馏水洗涤滤渣，后用滤纸过滤，定容至 100 mL。

（2）吸取滤液 20 mL 放入 100 mL 烧杯中，加 1%酚酞溶液 2 滴，用 0.1 mol/L NaOH 滴定，直至成淡红色为止（15 s 不褪色，为终点）。记下 NaOH 溶液用量。重复滴定 3 次，取其平均值。

4．计算

$$果蔬含酸量 = \frac{V \times c \times R}{W} \times \frac{B}{A} \times 100\%$$

式中：V——消耗 NaOH 溶液体积，mL；

C——NaOH 溶液的浓度，mol/L；

A——样品重量，g；

B——样品液总体积，mL；

W——滴定时用的样品液体积，mL；

R——折算系数，以果蔬主要含酸种类计算，如苹果酸 0.067、柠檬酸 0.064、草酸 0.045、酒石酸 0.075。

（五）维生素 C 含量的测定

新鲜的果蔬及其制品是为人们提供维生素 C 的主要食用原料。维生素 C 含量的高低直接决定着这类食物营养价值的高低、贮藏保鲜效果的好坏及其加工方式是否合理的一个重要、有效的指标。

1．原理

染料 2,6-二氯靛酚钠在碱性溶液中呈深蓝色，在酸性溶液中呈浅红色，这个变化可以用来鉴别滴定终点。

2．仪器及材料

高速组织捣碎机、分析天平、2%偏磷酸溶液、2%草酸溶液、抗坏血酸标准溶液、2,6-二氯靛酚（2,6-二氯靛酚钠盐）溶液。

2,6-二氯靛酚溶液的标定：称取碳酸氢钠 52 mg 溶解在 200 mL 热蒸馏水中。然后称取 2,6-二氯靛酚 50 mg 溶解在上述碳酸氢钠溶液中，冷却定容至 250 mL，过滤至棕色瓶内，保存在冰箱中。每次使用前，用已知维生素 C 标定，即吸取 1 mL 维生素 C 标准溶液于 50 mL 锥形瓶中，加入 10 mL 浸提剂，摇匀，用 2,6-二氯靛酚溶液滴定至溶液呈粉红色 15 s 不褪色为止。同时，另取 10 mL 浸提剂做空白试验。

3．操作步骤

（1）样液制备

称取具有代表性样品的可食部分 100 g，放入组织捣碎机中，加 100 mL 浸提剂，迅速捣成匀浆，称量 10～40 g 浆状样品，用浸提剂将样品移入 100 mL 容量瓶，并稀释至刻度，摇匀过滤。若滤液有色，可按每克样品加 0.4 g 白陶土脱色后再过滤，备用。

（2）滴定

吸取 10 mL 滤液放入 50 mL 锥形瓶中，用已经标定过的 2,6-二氯靛酚溶液滴定，直至溶液呈粉红色 15 s 不褪色为止，记下染料用量，同时做空白试验。

4．结果计算

$$维生素 C（mg/100 g）= \frac{(V-V_0)\times A}{W}\times 100\%$$

式中：V—— 滴定样液时消耗染料溶液的体积，mL；

V_0—— 滴定空白时消耗染料溶液的体积，mL；

A—— 1 mL 染料相当的维生素 C 重量，mg；

W—— 样品重量，g。

五、果蔬贮藏病害识别

1．训练目的

学会识别当地主要果蔬贮藏中常见病害的典型症状和致病原因；学会识别主要侵染病害的症状和病原菌；识别病原菌的一般形态，为病原菌鉴定打下基础；掌握徒手切片的制作方法及细菌革兰氏染色法、鞭毛染色法，并可以绘制病原菌草图。

2．训练材料

显微镜、手持扩大镜、水果刀、载玻片、挑针、镊子等。

3．训练内容

（1）在教师指导下学生查阅资料，掌握贮藏期间的病害类别；

（2）准备病害识别时所需的材料、仪器；

（3）进行果蔬贮藏期间生理病害的识别；

（4）进行果蔬贮藏期间侵染性病害的识别；

（5）制片观察；

（6）总结果蔬贮藏期间各种病害的类别和防治措施。

4．训练要求

要求学生掌握果蔬贮藏病害的识别意义，掌握生理性病害的症状和致病描述；掌握侵染性病害的症状与致病描述；掌握病原菌的鉴定方法。对贮藏期间的病害进行归纳，并能对果蔬贮藏期间的病害做出预防和治理措施。

5．知识提示

具体实例——西红柿侵染性病害的识别与防治措施

西红柿俗称番茄，是重要的蔬菜种类之一。但侵染性病害常对其造成危害，造成其食用品质降低，产量受到影响。现对西红柿常见侵染性病害的发生特点进行阐述，并提出相应的防治措施，以提高西红柿生产水平。

（1）西红柿猝倒病

a. 危害症状

早春育苗床或育苗盘上常发生该病害，一般在幼苗出土后真叶尚未展开前受害。症状表现为幼茎基部产生水渍状病斑，后绕茎扩展萎缩至细线状，因失去支撑能力导致幼苗倒伏。当田间湿度大时，常在病苗或附近床面上密生白色棉絮状菌丝。

b. 发生条件

当苗床处于低温高湿条件时易发生西红柿猝倒病，尤其在苗期若遇连续阴雨天气，光照不足发病较重，育苗期如遇寒流侵袭，不注意放风，则会加剧猝倒病的发生。当幼苗皮层木栓化后，真叶长出，则逐步进入抗病阶段。

c. 防治措施

一是做好苗床消毒工作，可用代森锰锌、多菌灵、苗菌敌等配成药土，1/3下铺，2/3上盖，也可配成药液喷洒床面。二是当发现少量病苗时，应拔除病株，撒施少量干土或草木灰去湿，适当通风排湿，并局部撒施药土，控制病害发展。

（2）西红柿早疫病

a. 危害症状

西红柿早疫病又称轮纹病，一般苗期、成株期均可染病，可危害叶、茎、花、果实等。叶片被害，产生褐色圆形或不规则形病斑，具有同心轮纹，病健交界处有黄色或黄绿色晕环。叶柄受害可产生椭圆形深褐色或黑褐色轮纹斑。茎部染病多在分支处产生褐色至淡褐色病斑，具同心轮纹，植株易从病部折断。果实发病多在蒂部周围产生近圆形黑褐色斑，病斑凹陷，稍硬。病果易开裂，提早变红或脱落。潮湿条件下病部生出黑色霉层。

b. 发生条件

当西红柿进入果实迅速膨大期，基部叶片开始衰老时，遇有持续 5 d 均温 21℃ 左右、连续 2 d 相对湿度大于 70%，该病即开始发生和流行。此外，田间管理不当或大田改种番茄后，常因基肥不足而发病重。

c. 防治措施

一是采用热水烫种，与非茄科作物实行 3 年以上的轮作。二是加强肥水管理，提高植株抗病能力。三是发病期喷施 50% 多菌灵可湿性粉剂 500 倍液，或灭克 600 倍液，每隔 7 d 喷施 1 次，连喷 2～3 次。

（3）西红柿晚疫病

a. 危害症状

晚疫病是西红柿的重要病害之一，幼苗及成株期均可发病，但以成株期发病较重。幼苗受害后，有暗绿色水渍状病斑着生于叶片上，后逐渐向茎部及叶柄扩展，最终导致全株枯萎或倒伏，当田间湿度较大时，有稀疏霉层着生于病斑边缘。成株期受害，常从植株下部叶片的叶缘及叶尖开始发病，呈现褐色病斑，当田间湿度较大时，叶背病健交界处有白霉。晚疫病最终导致果实呈暗褐色至棕褐色，一般不变软，迅速腐烂，失去商品价值。

b. 发生条件

低温高湿有利于发病，降雨的早晚和雨量的大小及持续时间影响其发生程度。栽植密度过大、通风不良，或浇水过多、地势低洼，或氮肥过多、植株徒长等条件下，发病严重。

c. 防治措施

一是选用地势高燥、疏松肥沃、排水良好的地块栽植西红柿。二是采用地膜覆盖栽培技术，可有效延迟晚疫病的发生。三是与非茄科作物实行 3 年以上的轮作。四是发病初期用 75% 百菌清可湿性粉剂 500 倍液、40% 疫霉灵 200 倍液、灰疫霜绝 600 倍液进行叶面喷洒，连续或交替用药 4～5 次。

（4）西红柿白粉病

a. 危害症状

西红柿白粉病主要危害叶片，发病初期仅在叶面上着生很少的白色细丝状物，后扩展成大小不一的白粉状病斑，严重时病斑融合，全叶布满白色粉状物，叶片逐渐变黄干枯。有的病斑发生于叶背，病部正面出现黄绿色边缘不明显的斑块，后整叶变褐枯死。

b. 发生条件

一般白粉病在高湿条件下发病重。

c. 防治措施

一是前茬作物收获后，及时清除病残体，减少菌源。二是发病期可用 2%抗霉菌素 200 倍液，或 25%三唑酮 2 000 倍液，或 75%百菌清 600 倍液喷雾，每隔 7～10 d 喷洒 1 次，连喷 3～4 次。

（5）西红柿病毒病

a. 危害症状

西红柿病毒病是西红柿栽培中的重要病害之一。常见的病毒病有花叶型、蕨叶型、条斑型和卷叶型 4 种，因栽培季节不同，发生的种类或危害的程度也不同。其中，条斑型病毒病对产量影响最大，其次为蕨叶型病毒病。①花叶型。从苗期至成株期均可发病。叶片出现黄绿相间或深浅相间的病斑，叶脉透明，叶片皱缩。病株矮小，心叶生长缓慢，有时果实呈花脸状。②蕨叶型。植株矮化，上部叶片变成条状或线状，中下部叶片特别是基部叶片向上卷曲呈筒状。花冠加厚增大，形成"朝天花"。开花后很少结果。病果畸形，果心呈褐色。③条斑型。可发生在茎、叶和果实上，病斑形状因发病部位不同而有差异：叶片上为茶褐色斑点；茎上为黑褐色条斑；果实上多为不规则褐色油渍状斑块。随果实发育，病斑逐渐凹陷或畸形。④卷叶型。叶脉间黄化，叶片向上卷曲，小叶呈球形，或扭曲呈螺旋状畸形。植株明显矮化或丛生，大部分不能开花结果。

b. 发生条件

西红柿病毒病的发生与环境条件关系密切，一般高温干旱天气利于病毒病的发生。此外，过量施用氮肥，植株生长柔嫩或土壤瘠薄、板结、黏重以及排水不良，发病重。

c. 防治措施

一是选用抗病品种。二是进行种子消毒。用 10%磷酸三钠浸种 20 min，可杀灭种子携带的病菌。三是清除病苗。出苗后，定期清理苗床，对叶色不正、生长不良、叶片扭曲的幼苗及时拔除。四是从苗期开始及时防治蚜虫。五是发病初期用 1.5%植病灵 1 000 倍液，或 20%病毒 A 可湿性粉剂 500 倍液喷施。

（6）西红柿炭疽病

a. 危害症状

西红柿炭疽病主要危害成熟果实。刚开始发病时产生水浸状透明小斑点，扩大后呈黑色，稍凹陷，有同心轮纹，病斑上密生黑色小点，湿度大时，分泌出淡红色黏质物，引起果实腐烂或脱落。

b. 发生条件

一般在高温、高湿条件下发病重，成熟果实受害多。

c. 防治措施

一是及时清除病残果。二是绿果期开始喷洒咪鲜胺、炭疽福美、炭特灵等药剂，每隔 7～10 d 喷施 1 次，连喷 2～3 次。

具体实例——蔬菜生理性病害的识别与防治

蔬菜生理性病害是由于植物自身的生理缺陷或遗传性疾病，或由于在生长环境中有不适宜的物理、化学等因素直接或间接引起的一类病害。它和侵染性病害的区别在于没有病原生物的侵染，在植物不同的个体间不能互相传染，所以又称为非传染性病害。生理性病害一般在田间成片分布，发病区与地形、土质或其他特殊环境条件有关，症状大体可分为叶片变色、植株枯死、落花落果、畸形等，与病毒病相似。蔬菜生理性病害的发生已严重影响了蔬菜生产，挫伤菜农的种植积极性。通过大面积调查，结合生产实践，将蔬菜生理病害常见类型及其防治技术介绍如下。

（1）蔬菜生理病害的类型

a. 营养失调

营养失调包括植物缺乏某种元素或各种营养元素间的比例失调或营养过量，这些因素可诱使植物表现出各种病状，过去一般称为缺素症或多素症，常见的有缺氮、缺磷、缺钾、缺铁、缺镁、缺硼、缺锌、缺钙、缺锰、缺硫等。营养失调的症状在植株下部老叶出现：缺 N（黄化）、P（紫色）、K（叶枯）、Mg（明脉）、Zn（小叶）；症状在植株上部新叶出现：缺乏 B（畸形果）、Ca（芽枯）、Fe（白叶）、S（黄化）、Mn（失绿斑）、Mo（叶畸形）、Cu（幼叶萎蔫）。多素症指某些元素过量导致植物中毒，主要是微量元素过量所致，如肥害、药害、盐碱地。

造成植物营养元素缺乏的原因有多种。①土壤中缺乏营养元素；②土壤中营养元素的比例不当，元素间的拮抗作用影响植物吸收；③土壤的物理性质不适，如温度过低、水分过少、pH 过高或过低等都影响植物吸收营养元素。在大量施用化肥、农药的地块，在连作频繁的保护地栽培等情况下，土壤中大量元素与微量元素的不平衡现象日益突出，在这种土壤环境中生长的作物往往会表现出营养失调症状。土壤中某些营养元素含量过高对植物生长发育也是不利的，甚至造成严重伤害。

b. 水分失调

植物在长期水分供应不足的情况下，营养生长受到抑制，各种器官的体积和质量减少，导致植株矮小、细弱。缺水严重时，可引起植株干旱萎蔫、叶缘枯焦等症状，造成落叶、落花和落果，甚至整株凋萎枯死。土壤水分过多会影响土壤温度的升高和土壤的通气性，使植物根系活力减弱，甚至受到毒害，引起水淹（沤根）、烂根，植株生长缓慢，下部叶片变黄、下垂，落花落果，严重时导致植株枯死。水分供应不均或变化剧烈时，可引起根菜类、甘蓝及番茄果实开裂，或使黄瓜形成畸形瓜，番茄发生脐腐病等。

c. 光、温不适

①高温可使光合作用迅速减弱，呼吸作用增强，糖类积累减少，生长减慢，有时使植物矮化和提早成熟。温度过高常使植物的茎、叶、果等组织产生灼伤。保护地栽培通风散热不及时，也常造成高温伤害。高温干旱常使辣椒大量落叶、落花和落果。②低温对植物危害也很大。0℃以上低温所致病害称为冷害。一些喜温植物以及热带、亚热带和保护地栽培的植物较易受冷害，当气温低于10℃时就会出现变色、坏死和表面斑点等常见冷害症状，木本植物上则出现芽枯、顶枯。植物开花期如遇较长时间低温，也会影响结实。0℃以下低温所致病害称为冻害；冻害症状主要是幼茎或幼叶出现水浸状暗褐色的病斑，之后组织逐渐死亡，严重时整株变黑、枯干、死亡。土温过低往往导致幼苗根系生长不良，引起瓜类等作物幼苗沤根，容易遭受根际病原物侵染。剧烈变温对植物的影响往往比单纯的高、低温更大。如昼夜温差过大，可使木本植物枝干发生灼伤或冻裂，这种症状常见于树干的向阳面。③光照过强引起露地植物日灼病，光照不足引起保护地植物徒长。

d. 有害物质

①农药、激素使用不当

各种化学农药、化学肥料、除草剂和植物生长调节剂若选用种类不当或施用方法不合理或使用时期不适宜或施用浓度过高等，均可对植物造成急性药害、慢性药害或残留药害。高温环境下容易发生药害。

②环境污染物

环境污染主要是指空气污染、水源污染、土壤污染和酸雨（SO_2+H_2O）污染等，这些污染物对不同植物的危害程度不同，引起的症状各异。大气污染对植物的危害有：臭氧、二氧化硫、氢氟酸、过氧硝酸盐、氮氧化物、氯化物、乙烯等。

（2）生理性病害防治

a. 科学合理施肥

全面、科学、合理施用肥料。全面施肥就是既要有底肥，又要有追肥；既要以农家有机肥为主，又要以无机化肥为辅，还要实行 N、P、K 三要素合理配比。追肥可用尿素、二铵、钾肥和微量元素肥料，N 肥一定不要施得过多，在苗期和生长前期以 N 肥为主，结果期应以 P、K 肥为主。避免施 N 过多，引起植株徒长，导致发生坐果不齐、畸形果等生理病害。

b. 适宜的温湿度

温湿度不适宜是设施蔬菜生理性病害发生的主要因素。维持较高的土壤温度，创造适宜根系生长发育的疏松透气的土壤环境条件，提高作物的耐低温性能和抗冻性能，促进根系发育，提高根系活性，是防治各种生理性病害最为重要的技术措施。湿度控制主要依靠科学的放风管理，即使阴天也要坚持每天放风 0.5 h 以上，及时排出棚内湿气，保持适宜湿度。

c. 适度土壤水分

土壤水分要适宜，既不能过干，又不能过涝，还不能时好时坏，防止蔬菜生理性病害发生，如黄瓜弯曲瓜、细条瓜、大肚子瓜、苦味瓜和番茄生理性卷叶等苗期不旱不浇水，苗床土变干或叶片萎蔫时可用喷壶洒温水，严防蹲苗、徒长和沤根还可采取滴灌或渗灌方式补水，减少高温病害发生。土壤缺水还会抑制植株吸收钙，造成缺钙。

d. 科学使用激素及生长调节剂

化学调控已成为蔬菜栽培的一项重要技术，但在使用过程中一定要注意选择生长调节剂的种类、浓度方法和次数。设施蔬菜应科学使用激素，浓度既不能过大，也不能过小，否则不但会产生药害，而且易导致畸形果发生。

具体实例——草莓常见虫害的识别与防治

近年来草莓栽培面积不断扩大，草莓虫害也越来越严重，给草莓生产造成很大的损失。为有效防治草莓虫害，现将草莓生产中常见的害虫发生规律和防治方法进行总结，以供生产者参考。

（1）金龟子

a. 虫害情况

危害草莓的金龟子种类很多，常见的有苹毛丽金龟子、小青花金龟子、黑绒金龟子等。金龟子成虫食性很杂，具有强烈的趋光性，多在傍晚活动，主要在春季危害草莓的嫩叶和花器，也取食花蕾和果实。金龟子幼虫为蛴螬，在地下取食草莓根系，咬断根茎，造成秧苗长势衰弱或死苗。金龟子在我国北方一般1年发生1代，以幼虫在土壤中越冬。5月之后陆续羽化。成虫昼伏夜出，黄昏时为害最重。

b. 防治方法

草莓建园时避开马铃薯、甘薯、花生、韭菜等蛴螬危害严重的前茬地块。使用有机肥特别是鸡粪时一定要经过高温腐熟。结合翻地捡拾翻出的蛴螬。利用茶色食虫虻、金龟子黑土蜂、白僵菌等进行生物防治。设置黑光灯诱杀成虫，在一定范围内减少金龟子种群数量。在草莓种植前，每 667 m^2 用 3%马拉克百威（颗粒剂）2.5 kg 拌土 30 kg 以上均匀撒施后耕翻，可有效毒杀幼虫。如果在草莓种植后发现草莓被蛴螬危害，可及时拔出死苗并挖开根际土壤找出蛴螬并杀死。发现蛴螬较多时可顺草莓垄用 50%辛硫磷 1 000 倍液灌根，同时兼治其他地下害虫。注意在果实采收前 30 d 停止用药。

（2）螨类

a. 虫害情况

危害草莓的螨类主要有二斑叶螨、朱砂叶螨和侧多食跗线螨（茶黄螨）等。螨类为刺吸式口器，多在成龄叶片背面或未展开的幼叶上吸食汁液。危害初期受害叶片正面有大量失绿小点，后期叶片失绿、卷缩，严重时叶片似火烧状干枯脱落（俗称"火龙"）。受害花蕾发育成畸形花或不开花；受害果停止生长，果面龟裂，果肉硬、苦。螨类可以以各种虫态在杂草丛、树皮缝或土壤中越冬，在保护地中条件适宜时可周年繁殖。螨类主要靠风雨、田间劳作和种苗运输等途径传播扩散，部分螨类在叶背面吐丝结网，可吐丝下垂借风力近距离传播。

b. 防治方法

保护、利用捕食螨、草蛉等天敌昆虫，有条件的可田间释放天敌控制害螨数量。注意减少田间使用农药的数量，选择使用对天敌杀伤力小的农药。在春季害螨初发生时可使用 20%哒螨灵可湿性粉剂 1 500 倍液、5%噻螨酮乳油 1 500 倍液或者 20%螨死净可湿性粉剂 2 000 倍液等持效期长且卵、螨兼治的杀螨剂喷雾防治。在夏季害螨大量发生时，可使用 1.8%阿维菌素乳油 7 000 倍液、15%哒螨灵乳油 3 000 倍液或 73%克螨特乳油 2 500 倍液等喷雾。注意不同药剂要交替使用，在采收前 15 d 停止用药。在保护地栽培中可用 30%虫螨净烟熏剂熏蒸防治。

（3）蝽类

a. 虫害情况

危害草莓的蝽类主要有茶翅蝽、麻皮蝽、苜蓿盲蝽等，以茶翅蝽为害最重。

螨类多以针状口器刺吸草莓的叶片、叶柄、花器及果实的汁液，被害叶片破裂穿孔，被害花蕾生长变形，严重时枯死。被害果实发育成畸形果或腐烂。茶翅螨在辽宁省 1 年发生 1 代，在河北省南部 1 年发生 1～2 代，以成虫在树皮缝、墙缝、草堆等处越冬。根据天气情况一般 4 月开始出蛰活动，7～8 月为危害盛期，9 月以后成虫陆续开始越冬。在保护地栽培中可持续危害。

b. 防治方法

冬季清除枯枝落叶和杂草，集中烧毁或深埋。结合田间管理，人工捕捉成虫，摘除卵块和捕杀初孵群集若虫，同时注意防治附近寄主上的螨类。引进椿象黑卵蜂进行生物防治。在越冬成虫出蛰结束和低龄若虫期，喷施 80%敌百虫可溶性粉剂 1 000 倍液或 50%辛硫磷乳油 1 000 倍液等杀虫剂，可以达到很好的防治效果。

（4）蚜虫

a. 虫害情况

危害草莓的蚜虫主要有棉蚜、桃蚜和草莓根蚜。蚜虫为刺吸式口器，吸食植物组织液减少了植物体内的水分和营养物质，使被吸食的嫩芽和花器萎缩，被吸食的嫩叶扭曲变形不能正常舒展，导致植株衰弱，危害严重时可致植株死亡。蚜虫分泌蜜乳，导致煤污病。蚜虫是一些病毒病的传播者，蚜虫在染毒植株和健康植株间交叉吸食，病毒可随其口器的吸食而扩散蔓延。蚜虫主要以有翅雌蚜迁飞方式扩散传播，以胎生方式繁殖个体并扩大群体。蚜虫以卵在越冬寄主上越冬，在温室大棚等适宜条件下可全年为害。

b. 防治方法

清除田间杂草，摘除蚜虫聚集为害的叶片，深埋或用薄膜封闭堆沤。尽可能避免使用广谱性杀虫剂，适当减少用药次数，保护和利用七星瓢虫、食蚜蝇、草蛉等天敌控制蚜虫数量。利用蚜虫成虫对黄色的趋性，在草莓秧苗上方 20 cm处悬挂黄色粘虫板，一般每 667 m^2 悬挂宽 24 cm、长 30 cm 的黄色粘虫板 20 块即可有效控制蚜虫扩展危害，在保护地栽培中使用效果更好。在蚜虫发生初期，可使用 50%抗蚜威 2 000 倍液、10%吡虫啉 1 500 倍液或 48%乐斯本 3 000 倍液等杀虫剂喷洒，注意不同药剂交替使用，在采收前 15 d 停止用药。

（5）大造桥虫

a. 虫害情况

大造桥虫主要为害叶片，也可以为害花蕾、花和幼果。为害叶片时，初孵幼虫啃食正面叶肉，2 龄以后将叶片咬食成缺刻或孔洞，大龄幼虫可将叶片大部分吃掉，只剩下主叶脉。为害花蕾、花和幼果时，可将花蕾咬食成孔洞，啃食部分或全部花瓣，将幼果咬成缺刻。

b. 防治方法

保护悬茧姬蜂、蜘蛛、寄生蝇、鸟类等大造桥虫的天敌，控制大造桥虫的危害。冬耕晾晒，减少越冬虫源。在成虫期利用黑光灯诱杀成虫。在幼虫发生初期，用50%杀螟松乳油1 000倍液或4.5%高效录氰聚酯乳油1 500倍液等杀虫剂喷雾，注意不同药剂交替使用，在采收前15 d停止用药。

（6）蝼蛄

a. 虫害情况

在我国主要有非洲蝼蛄和华北蝼蛄。蝼蛄的食性很杂，以若虫和成虫咬断草莓幼根和嫩茎，导致草莓秧苗死亡，咬断处呈乱麻状。蝼蛄活动时在表层土钻窜隧道，将秧苗根系顶起不能与土壤密接，致使秧苗缺水枯死造成草莓园缺苗断垄。保护地栽培中蝼蛄危害更加严重。

b. 防治方法

草莓园要施用充分腐熟的有机肥，减少随有机肥施入草莓园中蝼蛄卵的数量。蝼蛄发生期在草莓园用黑光灯诱杀成虫，可减少园内虫口密度。在蝼蛄危害严重时，每667 m²用3%马拉克百威（颗粒剂）2.5 kg均匀拌入炒香的麦麸40 kg顺垄撒施，或每667 m²用50%辛硫硫磷乳油0.1 kg加少量水稀释后拌沙土20 kg在地面均匀撒施，都可以有效控制蝼蛄危害。

（7）小家蚁

a. 虫害情况

小家蚁主要取食成熟草莓的浆果，成熟度越高危害越严重。小家蚁开始为害时，先咬成一个小孔洞，随着草莓成熟加快，取食的孔洞也越来越大。危害严重时小家蚁可以将整个的成熟草莓果实全部吃光。小家蚁取食后的草莓成熟加快，伤口容易感染病害，失去商品价值。

b. 防治方法

小家蚁对未完全成熟的草莓浆果危害较轻或者不造成危害，因此可以根据市场需求在草莓浆果七八成熟时采收，避免和减轻小家蚁的危害。根据当地栽培制度与水稻轮作，土壤灌水可以抑制小家蚁的种群繁衍数量。在生产中，发现小家蚁危害浆果初期，在草莓园小家蚁经常经过的地方定期投放灭蚁清等药粉，可以有效控制小家蚁的危害。

（8）蛞蝓

a. 虫害情况

蛞蝓主要有野蛞蝓、黄蛞蝓和网纹蛞蝓，为陆生软体动物。蛞蝓常在阴暗潮湿且多腐殖质的地方生活。草莓保护地栽培时温湿度正好适合蛞蝓生存，因此蛞蝓可大量繁殖。

蛞蝓一般白天潜伏，晚上出来咬食草莓的幼嫩部位和果实。蛞蝓咬食草莓果实后留有孔洞，容易被病原菌入侵而导致腐烂。蛞蝓爬过之处留有黏液，爬过的果实即受到污染，失去商品价值。

b. 防治方法

清除草莓园旁边的杂草和石块等杂物，降低土壤湿度减少阴暗潮湿的环境条件，破坏蛞蝓适宜生存的环境。除草松土使部分蛞蝓的卵块因暴露而遭日光暴晒死亡或被天敌啄食。阴雨过后或浇水后在清晨和傍晚蛞蝓爬出取食时人工捕杀。傍晚将菜叶放于草莓园中做诱饵，清晨揭开菜叶捕杀诱集到的蛞蝓。蛞蝓危害严重时，傍晚在草莓园周围或行间撒施生石灰粉，蛞蝓爬过后身体会因沾到生石灰粉而脱水死亡。用40%蛞蝓敌浓水剂100倍液或灭蛭灵1 000倍液喷洒草莓垄面，也可有效防治蛞蝓。

模块四　项目实施

一、任务

每组以一种典型果蔬为例，对其贮藏期间的综合品质进行整体监控，能熟练把握果蔬贮藏期间控制品质的各项技术并能对出现的问题进行分析，提出解决方案。

二、项目指导

以苹果贮藏条件下品质的变化及主要病害的防治为例。

（一）不同贮藏条件下苹果的品质变化

苹果贮藏性能好，是周年供应市场的主要果品，特别是红富士，已成为最主要的晚熟和出口品种。苹果属于呼吸跃变性果实，采后果实受乙烯影响，在贮藏期间衰老加速，导致口味变劣，甚至促进病害发生。为此研究主栽品种"红富士"在不同贮藏方式下的贮藏性，对于苹果采后运输、货架期和常温贮存期的判断以及制定相关技术有一定的理论指导意义。

1. 材料与方法

（1）材料及处理

供试品种为红富士，当日采收并当日运回，采收数量为480个，即16箱（每箱30个）。采摘的原则是，每株树按东、南、西、北、中方位各摘两个，要求挑选果形端正、大小均匀、果皮颜色一致、无病虫害及机械损伤的果实为试验材料，并于 0℃下预冷 24 h 后备用。

本试验设 1 个对照和 3 个处理。对照（常温 MA 贮藏）：采用 0.04 mm PVC 袋挽口包装贮藏；处理 1（机械冷藏）：库体是用 0.5%～0.7%的过氧乙酸溶液进行喷洒消毒，并采用地膜在纸箱内垫衬折口贮藏，果实入库前 2 天开启制冷机，将库温降至-2℃；处理 2（CA 贮藏）：采用气体成分是 2% CO_2＋5% O_2；处理 3（1-MCP 处理+CA 贮藏）：1-MCP 用量为 45 mg/m^3。每个贮藏方式下各存放 4 箱试验材料，其中 2 箱为测定果实内在品质样，另 2 箱为测定失重率和腐烂率样。

入库前测定不同方式下的苹果各 5 个，取得果实硬度平均值为 8.96 kg/cm^2、可溶性固形物平均值为 10.9%作为初始值，之后每月测定一次，共测定 8 次。

（2）测定项目与方法

a. 硬度（kg/cm^2）

用 GY-1 型果实硬度计测定苹果硬度。测定时每个苹果选取 2 个位置点（阴面和阳面），各测定 5 个数值，两面共取 10 个数值，求其平均值，每个不同贮藏方式测定的样本容量为 5 个样本。

b. 可溶性固形物（SSC：%）

用 WYT 手持式数显折糖仪进行测定苹果 SSC 值。利用测过硬度的位置用小刀削下一小块，用纱布裹住，再用镊子挤出汁液滴在折糖仪的表面上，读出数值，每个苹果测得 2 个数值，求其均值。

c. 腐烂率（%）

观察 2 箱 60 个苹果，每测定一次就观察一次果实腐烂程度，腐烂率及腐烂指数按下列计算公式进行计算：

$$腐烂率（\%）=\frac{腐烂烂果}{调查总果数}\times100\%$$

注：0 级完整果；1 级腐烂面积 10%以内；2 级腐烂面积 20%以内；3 级腐烂面积 50%以内；4 级腐烂面积 50%以上。

d. 果实失重率（%）

观察完 2 箱 60 个苹果的腐烂情况后，分别测定每个苹果的果实重量，再按下列计算公式进行计算果实失重率：

$$果实失重率（\%）=\frac{原初重-称重}{原初重}\times100\%$$

（3）数据统计与分析

本试验所有数据为鲜重状态下测得，数据处理采用 Excel 进行，根据数据做出变化曲线。

2. 结果与分析

（1）不同贮藏方式对苹果贮藏期内硬度的影响

红富士苹果贮藏期间，果实硬度随贮藏时间的延长而下降。对照常温 MA 贮藏条件下的果实，因贮存温度高、湿度低，所以硬度在 12 月底就开始快速下降，到翌年 3 月下旬果实开始出现脱水、皱皮现象，风味变差，商品性变差，即常温条件下的果实只能存放到 3 月中旬。处理机械冷藏方式下，果实硬度在翌年 1 月底开始加速下降，到 4 月下旬果实开始脱水，商品性状下降，所以冷藏条件下的富士最长存放到 4 中旬；处理 CA 贮藏与处理 CA+1-MCP 贮藏的苹果，果实硬度变化幅度小，到翌年 5 月底果实硬度虽有下降，但果实外观品质和内在品质变化不大，可继续贮藏。

（2）不同贮藏方式对苹果贮藏期内可溶性固形物含量的影响

苹果贮藏期间，可溶性固形物随贮藏时间的延长，先增大后降低。糖度可表示苹果在贮藏过程中的衰老的程度，在贮藏的过程中由于多糖类的降解会使糖度上升。对照常温 MA 贮藏下，酚类物质产生量比处理机械冷藏、处理 CA 贮藏和处理 CA+1-MCP 贮藏的产生量大，香气就浓，并且变化幅度也最大。在翌年 2 月底可溶性固形物含量达到最大值，再延长贮藏时间就会下降。机械冷藏条件下，苹果的可溶性固形物含量在 3 月底开始下降，风味变化大，果实内在品质下降；CA 贮藏下，由于气体成分控制在适宜范围内，曲线平稳上升，在 4 月底果实内在品质指标正常；CA+1-MCP 贮藏过程中糖度变化不大，因保鲜剂可有效抑制贮藏过程中淀粉等多糖类降解的生理活动。不同贮藏方式后期，苹果代谢消耗糖分，使糖分含量降低。

（3）不同贮藏方式对苹果贮藏期内腐烂率的影响

红富士苹果在不同贮藏方式下贮藏 6 个月（次年 3 月底）后，没有发生腐烂率的是处理 2CA 贮藏）和处理 3（CA+1-MCP 贮藏），而处理 1（机械贮藏）腐烂率是 5%，对照（常温 MA 贮藏）腐烂率是 11.67%。对照贮藏次年 1 月和 2 月底，果实腐烂率不变，都为 8.33%，因此常温 MA 贮藏不能长时间贮存，只能存放到第二年的 2 月底。

（4）不同贮藏方式对苹果贮藏期内失重率的影响

红富士苹果在不同贮藏方式下，失重率发生较重的是对照常温 MA 贮藏，失重率为 6.11%；其余三种处理贮藏方式下，失重率都较轻，且失重率分别为 1.81%、1.54% 和 1.09%，因此气调库中使用保鲜剂有利于阻止果实水分的损失。

3．讨论与结论

（1）红富士苹果的果实硬度随贮藏时间的延长而下降。

（2）红富士苹果的可溶液性固形物含量随贮藏时间的延长先增大后减小。

（3）气调贮藏条件下使用保鲜剂，能有效抑制苹果的后熟和衰老。

（4）常温 MA 贮藏的时间只有 4 个月；机械贮藏的时间只有 6 个月；气调贮藏的时间只有 7 个月；气调加保鲜剂贮藏的时间只有 8 个月。

（5）腐烂率、失重率的严重程度是：MA 贮藏＞机械冷藏＞CA 贮藏＞（1-MCP 处理+CA 贮藏）。

影响苹果贮藏效果的因素还有其他方面的原因，如适期采收，品种、砧木的组合，农业因素和生态条件等。总之，苹果的贮藏效果受到多种因素的影响，应该全面考虑各因素，积极做好贮藏工作。

（二）苹果贮藏期主要病害的发生与防治

贮藏期苹果主要病害有 5 种，分别是苹果斑点病、苹果青霉病、苹果虎皮病、苹果苦痘病、气体对苹果的伤害，下面将其 5 种病害的为害症状、发病原因、防治方法逐一介绍，以供广大果农参考。

1．苹果斑点病

（1）为害症状

主要为害苹果果实，受害果实病斑呈圆形，暗褐色，凹陷状，苹果斑点病只为害苹果表皮，不为害苹果果肉。

（2）发病原因

根据多年来的调查发现，高温、高湿是形成苹果斑点病的主要因素。如天气干旱，特别是干旱丘陵果园，在缺水浇条件下，7—8 月如果突然降雨，在果实皮孔处就会形成小裂口，经过 3 d 便会形成小红点，称为红点病；果园喷施农药过高，施用化肥过量，也会使果皮产生斑点；苹果斑点病的发生还与树体缺钙有关系。

（3）防治方法

一是果园要做到"三适时"，即适时浇水、适时喷施钙肥、适时采收；二是苹果采收后，要及时进行预冷入贮，预先创造二氧化碳浓度为 2.5%～5%、氧浓度为 3%、温度为 0～2℃的贮藏条件，可减少苹果斑点病的发生。

2．苹果青霉病

（1）为害症状

主要为害苹果果实，受害苹果表面呈圆形，黄白色，有凹陷病斑，腐烂从果皮到果肉逐渐向下，呈漏斗状，腐烂的果肉有特殊的霉味。果实发病后，10 d 左右果实会变质、腐烂。如在潮湿环境下，病斑表面会出现青绿色粉状霉层。

（2）发病原因

高温、高湿是发病的主要原因。另外，果园管理粗放，树势衰弱，营养状况差，果园郁闭，通透性差、有机肥施得少，偏施氮肥，用药不合理，喷药质量差，喷药不均匀、不全面，农药类型单一，防治时间不及时或抓不住病虫害防治关键时期，苹果采收期过早或过晚，果园清除病虫害不彻底等，都有利于病菌的繁殖蔓延。

（3）防治方法

一是选栽抗病品种，提高抗病能力。例如，少栽一些红富士苹果，多栽一些华冠、华帅等较抗病的品种。二是科学施肥，合理修剪。适当增施有机肥，合理配方施肥，及时浇水与排水，采用多次摘心、拉枝、扭梢，疏除果园不合理的过密枝，使果园通风透光，合理负载，避免出现大小年。这些技术措施都可以减轻病害发生。三是彻底清园，以减少病菌来源。结合冬春修剪，刮除苹果树上的粗皮和病斑，彻底清除、烧毁果园中的落叶、枯枝、病果，以减少苹果园内第二年初侵染病菌来源。在落叶后和发芽前可喷腐必清 50 倍液，以铲除越冬病菌，减少贮藏期病害的发生。四是入库前，要避免果实表面机械创伤，贮藏场所需保持 1～2℃的低温环境。

3. 苹果虎皮病

（1）为害症状

苹果虎皮病是苹果在贮藏后期发生的一种生理病害，发病初期，病部果皮表现浅黄褐色，似烫伤，不规则，凹陷状，病果肉质发绵，略带酒味。

（2）发病原因

苹果虎皮病的发生与栽培品种、果园管理技术、采收期、苹果贮藏环境条件有极大关系，国光品种为感病品种，在果园管理过程中，如偏施氮肥、不注意修剪、不进行疏花疏果、园内不通风透光、采收过早等都会引起苹果虎皮病的发生。

（3）防治方法

一是易感病的品种，应避免过早采摘，苹果入库前要选择着色好的果实贮藏。在贮藏时，也可采用矿物油纸单独包裹。二是利用气调贮藏，加强库内通风换气，保持贮藏器皿内 2%～3%的二氧化碳浓度，控制库温在 0℃左右。

4. 苹果苦痘病

（1）为害症状

苹果苦痘病又称为苦陷病，此病主要为害苹果果实，属一种生理病害，常发生在苹果的成熟期与贮藏期，病斑多发生在近果顶处，呈褐色圆形，病部果肉发生腐烂，在不同品种上，病斑颜色各异，有暗紫红色斑，深绿色斑和灰褐色斑。病果表皮坏死，凹陷深度达 2～3 mm，果肉干缩，有苦味。为害轻的果面有 3～5 个病斑，为害严重者多达 60～80 个。

（2）发病原因

据资料查证，苹果苦痘病发生有 5 个原因：一是因为树体生理性缺钙引起的，苹果内钙离子浓度低于 110 mg/L，果实易发病。二是偏施氮肥、低洼下湿地、树势衰弱的发病重。三是砧木、接穗不同，发病轻重不同。如接穗用国光发病轻；苹果品种不同，发病也不同，如国光、祝光、青香蕉、金冠（幼树）等较感病，红宝石发病轻。四是采收过晚，果实衰老，发病重。五是贮藏期温度偏高，发病重。

（3）防治方法

①选用抗病品种。②清洁果园。苹果发芽前，要进行一次彻底清园，将病叶、枯枝、枯叶烧毁、深埋。③加强果园栽培管理。合理修剪，合理负载，保持果园通风透光。平衡施肥，增施有机肥和沼气肥，以增加土壤有机质含量，改善果园土壤环境。④合理负载，及时喷钙。盛果期树果园产量，每 0.067 hm^2 应控制在 2 000～2 500 kg 为宜。为防治苹果苦痘病发生，在苹果谢花后，应及时喷施质量分数 0.5%氯化钙或 0.8%硝酸钙溶液，每 2 周一次，效果较好。⑤贮藏期管理需加强。入库前，一般应先将选好的苹果，用质量分数 8%氯化钙、或 1%～6%的硝酸钙溶液浸渍果实。同时，贮藏期温度，应控制在 0～2℃，让果窖保持良好的通透性。条件优越的果农，应提倡使用小型气调库，入库前，先将苹果进行预冷，放入 1℃的环境中进行贮藏，这样会大大延长苹果的寿命，减少病害的侵袭，增加收入。

5．气体对苹果的伤害

（1）为害症状

气体伤害主要是指在苹果贮藏中受二氧化碳中毒和缺氧伤害。二氧化碳中毒是指高浓度二氧化碳可以造成苹果果皮出现黄褐色凹陷斑点，果肉呈褐色或干褐色空腔，果实吃起来有酒糟发酵味，并伴有苦味。另外还有缺氧伤害，表现为：果皮木栓化、果实腐烂，食之有发酵味。

（2）防治方法

为防治二氧化碳中毒和缺氧伤害，在苹果贮藏过程中，一定要经常检查二氧化碳和氧气浓度变化情况，如发现异常，应及时进行调控，以防止果实腐烂，造成大的损失。

三、资料查阅途径

网络资源、图书馆、生产一线等。

四、任务实施

查阅资料—编写方案—小组讨论—组间汇报—小组方案。

五、评价与反馈

1．自我评价

通过实训，你的收获是什么？用文字或口述项目流程。

2．小组评价

3．综合评价

教师对学生的学习过程进行总体评价。学生通过对本项目的学习进行自我总结和评价。

习 题

一、名词解释

1．呼吸作用

2．冰点

3．侵染性病害

4．品质鉴定

5．腐烂指数

二、简答题

1．果蔬的主要感官质量包括哪些方面？

2．果蔬的主要化学成分有哪些？在贮藏中有哪些变化？

3．根据当地资源条件设计两种果蔬的感官评定指标和安全指标。

4．查阅资料，简述徒手制片的方法，病原细菌革兰氏染色的观察方法，病原细菌鞭毛染色方法。

项目四　果蔬贮藏设计

模块一　项目任务书

一、背景描述

1. 工作岗位

大型果蔬贮藏库技术管理人员。

2. 知识背景

果蔬的贮藏质量受很多因素的影响，根据不同果蔬的采后生理特性和贮藏场所以及其他具体情况，可以选择不同的贮藏方法和设施，以创造适宜的外部环境条件，最大限度地对果蔬进行保鲜，延长果蔬的贮藏生命，防止腐烂和病害造成的损失，最大限度地保障果蔬的品质。要做到"旺季不烂，淡季不淡"，应用贮藏保鲜技术抑制微生物的活动和繁殖、调节果蔬本身的生理活动，从而减少腐烂，延缓成熟，保持果蔬的鲜度和品质。随着技术的进步，贮藏新方法不断被发现、应用，选择合理的贮藏方式，把握贮藏的技术措施，对保证果蔬质量至关重要。

我国目前水果和蔬菜的贮藏方式多种多样，有不少行之有效的贮藏方式，贮藏方式和设施有的比较简单，有的则相对复杂。果蔬可以根据具体条件和要求灵活选择采用贮藏方式。

3. 工作任务

在本项目中要求学生以大型果蔬贮藏基地技术管理人员的身份对基地内的果蔬贮藏进行实际指导，为果蔬产品的贮藏提供技术指导。

二、任务说明

1. 任务要求

本项目需要小组和个人共同完成，每4名同学组成一个小组，每组设组长一名；本次任务的成果以报告的形式上交，报告以个人为单位，同时上交个人工作记录。

2. 任务的能力目标

了解果蔬贮藏方式的原理及操作方法，重点掌握常见果蔬贮藏过程中的管理关键技术要点，学会根据不同的产品特性选择合适的贮藏方式。

三、任务实施

1. 在教师指导下查阅相关资料，深化基础理论学习，掌握相关知识。
2. 小组讨论交流后模拟设计果蔬贮藏方案。
3. 实施。

模块二　相关知识链接

为了保持新采收果蔬产品的质量，减少损失，克服消费者长期均衡需要与季节性生产之间的矛盾，必须进行贮藏。

采收后果蔬产品的贮藏方式有很多，常见的有常温贮藏、机械贮藏、气调贮藏、减压贮藏、物理贮藏、生物保鲜等。

一、常温贮藏

常温贮藏通常指在构造相对简单的贮藏场所，利用环境条件中的温度随季节和昼夜不同时间变化的特点，通过人为措施使贮藏场所的贮藏条件达到接近果蔬产品贮藏要求的一种方式。

1. 常温贮藏的方法

（1）沟坑式

在选择好符合要求的地点，根据果蔬贮藏量的多少挖沟或坑，将产品堆放于沟坑中，然后覆盖上土、秸秆或塑料薄膜等，随季节改变（如外界温度的升高、降低）减少或增加覆盖物厚度。适合这类贮藏方法的代表果蔬有苹果、梨、萝卜等的沟藏，板栗的坑藏和埋藏等。

（2）窖窖式

在山坡或地势较高的地方挖地窖或土窑洞，也可采用人防设施，将新鲜果蔬产品散堆或包装后堆放在窖窖内。产品堆放时应注意留有通风道，有利于通风换气和排除热量。同时根据需要增设换气扇，人为地进行空气交换。同时注意做好防鼠、虫、病害等工作。这类贮藏方法的代表果蔬有四川南充用于甜橙贮藏的地窖，西北黄土高原地区用于苹果、梨等贮藏的土窑洞以及江苏、安徽北部及山东、山西等苹果、梨种植区兴建适于贮藏该果蔬的井窖等。

（3）通风库贮藏

通风库贮藏是指在有较完善隔热结构和较灵敏通风设施的建筑中，利用库房内外温度的差异和昼夜温度的变化，以通风换气的方式来维持库内稳定和适宜贮藏温度的一种贮藏方法。

通风库贮藏在气温过高或过低的地区和季节，如果不采用其他辅助设施，难以达到和维持理想的温度条件，且湿度也不易精确控制，因而贮藏效果不如机械冷藏好。

通风库有地下式、半地下式和地上式 3 种形式，其中地下式与西北地区的土窖洞极为相似。半地下式在北方地区应用较普遍，地上式以南方通风库为代表。

1）隔热材料的种类与性能

材料的隔热性能一般用热阻率（R）或导热系数（λ）来表示，$\lambda=1/R$。导热系数是以隔热材料厚度 1 m，库内外温差 1℃，在 1 h 内通过 1 m^2 表面积所传导的热量（kJ）来表示。导热系数越小，隔热性能越好，建筑中通常以导热系数小于 0.84 kJ/（m^3·h·℃）的材料称为隔热材料。表 4-1 所列为常用材料的热阻率。

表 4-1　各种材料的隔热性能

材料名称	导热系数/ [W/（m·k）]	热阻率/ [（m·k）/W]	材料名称	导热系数/ [W/（m·k）]	热阻率/ [（m·k）/W]
聚氨脂泡沫塑料	0.023	43.48	锯末	0.105	9.52
聚苯乙烯泡沫塑料	0.041	24.39	炉渣	0.209	4.78
聚氯乙烯泡沫塑料	0.043	23.26	木料	0.209	4.78
膨胀珍珠岩	0.035～0.047	28.57～21.28	砖	0.790	1.27
加气混凝土	0.093～0.140	10.75～7.14	玻璃	0.790	1.27
泡沫混凝土	0.163～0.186	6.13～5.38	干土	0.291	3.44
软木板	0.058	17.24	干沙	0.872	1.15
油毛毡	0.058	17.24	水	0.582	1.72
芦苇	0.058	17.24	冰	2.326	0.43
刨花	0.058	17.24	雪	0.465	2.15
铝瓦楞板	0.067	14.93	秸草秆	0.070	14.29

从表 4-1 可知，许多常用的天然物料，建筑材料都有一定的隔热性能，而聚氨酯泡沫塑料等合成材料的隔热性能更好。在通风贮藏库的设计中，隔热材料的选择需考虑材料的热阻率、来源、耐用性和费用等多个方面。实践中，常将几种材料配合使用。

根据经验测算，通风贮藏库墙体的隔热能力相当于 7.6 cm 厚软木板的隔热能力。7.6 cm 厚软木板的热阻值为 1.31 m^2·k/W，即墙体各层材料的总热阻值达到 1.31 m^2·k/W 就符合库房的隔热要求。例如，某通风贮藏库的墙体为两层砖墙中间填充 13 cm 厚炉渣层，外墙厚 37 cm，内墙厚 24 cm，则：

外墙热阻 $R_1 = \dfrac{37}{100} \times 1.27 = 0.47$（$m^2 \cdot k/W$）

内墙热阻 $R_2 = \dfrac{24}{100} \times 1.27 = 0.30$（$m^2 \cdot k/W$）

炉渣层热阻 $R_3 = \dfrac{13}{100} \times 4.78 = 0.62$（$m^2 \cdot k/W$）

库墙总热阻 $R = R_1 + R_2 + R_3 = 0.47 + 0.30 + 0.62 = 1.39$（$m^2 \cdot k/W$）

因为 $R > 1.31$，所以此库的墙隔热能力达到要求。

库顶因日照时间长，照射面积大，故库房顶的隔热能力应比库墙提高25%，要求达到 $1.64\ m^2 \cdot k/W$ 以上。

2）库墙的建造

库墙的常见形式是夹层墙，即内外为砖墙中间夹层填入干燥的稻壳、炉渣等，夹层应分层填紧密，以防下沉。夹层内的墙面上，还应涂沥青、挂油毡等，防止外部水气进入夹层，填充材料受潮会导致隔热能力下降。另外还可在库墙内侧铺贴软木板，聚酰胺泡沫塑料板等高性能隔热材料，并对其做防潮处理。

3）库顶的建造

"脊"字形库顶：在"脊"字形屋顶架内，下部设天花板，天花板上铺放质轻高效的保温材料，如蛭石、锯末、谷壳等。地上式和半地下式通风贮藏库多用"脊"字形库顶。

平顶：大型通风贮藏库多采用平顶，平顶夹层中填充隔热材料。

拱形顶：用砖或混凝土砌成拱形顶，顶上覆土，多为地下式通风贮藏库采用。

4）库门

一般在二层木板中间填充锯末、谷壳、软木板、泡沫塑料等，库门两表面用金属薄板隔汽。库门须与门框紧密闭合，防止漏冷。

5）通风系统设置

通风系统一般由进排气窗或进排气筒组成。通过进排气系统向库内引入冷空气，促使冷、热气流发生对流，热气流上升由排气装置排出，从而使库内降温。

进排气口的设置对通风降温效果影响极大，一般应按下述原则进行：

①进排气口的气压差越大，气流交换速度越快，降温效果越好。进气口一般开设于库的下部或基部，排气口则开设于库的上部或顶部。为了进一步改善气流循环，应设法增大进排气口的垂直距离，尽量提高气压差。因此生产上常在库顶安置高于库顶的排气筒，而在库底以下开设地下风道，虽增加了修建费用，但却有效地加快了库内气流运动的速度，降温效果更好。

②气窗数量。对某库房，在总的通风面积不变时，气窗面积较小，数量较多；反之面积较大则数量越少，前者的通风效能较好。气窗的面积适宜在 25 cm×25 cm～40 cm×40 cm。气窗应合理地分散设置，以使全库通风均匀。真正要对某库房的通风量和通风面积进行计算，涉及的因素很多，但经验表明，500 t 以下的贮藏库，每 50 t 产品的通风面积应不小于 0.5 m²。在自然通风条件下，每 1 000 m³ 的库容进排气窗的总面积可按 6 m² 计算。

③在温暖地区，要充分利用冬季自然低温对库内降温，故进气窗和地下通风道的喇叭口应正对冬季主导风向，且要保证气流在来路上无障碍，气流在地下风道中畅通无阻。

一般在进行通风降温时，当库内外温度基本均衡时，即可停止通风。也可根据库内容积按下式计算：

$$T = \frac{V}{A \cdot C}$$

式中，T —— 通风持续的时间，min；

V —— 通风贮藏库的容积，m³；

A —— 进气窗面积，m²；

C —— 通风时的气流速度，m/min。

经时间 T 后，基本上将库内空气更换了一次。

（4）其他贮藏方式

其他贮藏方式主要包括缸藏、冰藏、冻藏、假植贮藏、挂藏等。

常温贮藏方式在我国果蔬产品上应用历史悠久，经济适用，不需要专门的贮藏设备和机械，可根据各地的自然条件因地制宜灵活运用，操作简单，且常温贮藏所需的投资少、管理费用低，所以常温贮藏可成功地应用于许多地方的多种新鲜果蔬产品的贮藏。常温贮藏方式受地区和气候等自然条件的限制，使用有地域性，也不能周年使用。如在冬季短、气温高的南方地区，常温贮藏方式在春、夏、秋季使用的效果不佳，特别在高温的夏季。常温贮藏虽方法多样，但一种具体方法往往仅适用一种或几种产品，而不能满足大多数新鲜果蔬产品贮藏的要求。所以，常温贮藏无论从地域、季节还是适用对象均缺乏应用的广泛性。常温贮藏方式主要用于新鲜果蔬产品的短期和临时性贮藏。

2. 常温贮藏管理

常温贮藏是利用环境温度的变化来调节贮藏场所的温度，且相对湿度会随温度的改变而变化，选择具体的简易贮藏方法时，应充分考虑当地的地形地貌、气候条件和贮藏对象的生物学特性；同时，在贮藏前或贮藏中采用防腐剂、被膜剂或植物生长调节物质等处理方式以提高贮藏效果，减少产品的腐烂损失。常温贮藏以温度管理最为重要。温度管理大致分为降温和保温两个阶段，即在贮藏环境温度高于贮藏要求时，采取一切行之有效的措施尽快降温；温度达到贮藏要求后，尽可能地保持温度的稳定。降温阶段，沟坑式贮藏新鲜果蔬产品在产品入贮后白天用秸秆、草帘等覆盖，防止太阳光的直射；晚上掀开覆盖物让冷空气进入沟坑中，降低贮藏环境温度和产品的品温。当温度降至接近贮藏要求时再在覆盖物上增加泥土、塑料薄膜等。覆盖时应在沟坑的适当位置按需要插秸秆束或草把等以利于产品与外界环境的通气。窑窖式或通风库贮藏果蔬产品时，当产品入贮后在 1 d 中温度低于贮藏环境时，应在温度最低的一段时间内进行通风换气。通风时间的长短和通风量以贮藏环境温度降至最低且最大限度地排除湿热空气为原则。通风可由建造过程中设置的通风系统自然进行，也可强制进行。

在贮藏环境的温度达到规定要求后的维持、稳定阶段，根据外界温度下降的速度和程度及时增加沟坑覆盖物厚度、缩短通风时间或减少通风量来维持通风库和窑窖内温度的稳定，防止因温度太低对产品造成伤害。贮藏环境会因相对湿度太低而造成产品失重，贮藏期间需采取一定方式进行增湿，如在沟坑覆盖物上喷水、通风库地坪洒水、空气喷雾等。

常温贮藏期间还应做好病虫害和鼠害的预防工作，以免造成损失。此外，也要重视常温贮藏过程中的产品检查。

二、机械冷藏

机械冷藏是利用致冷剂相变特性，通过制冷机械循环运动的作用产生冷量并将其导入有良好隔热效能的库房中，根据贮藏商品的不同要求，控制库房内的温、湿度条件在合理的水平，并加以通风换气的一种贮藏方式。

机械冷藏要求有坚固耐用的贮藏库，且库房设置有隔热层和防潮层以满足人工控制温度和湿度的要求，适用产品对象和使用地域范围广，库房可以全年使用，贮藏效果好。但机械冷藏的贮藏库和制冷机械设备需要高投入，运作成本较高，且贮藏库房运行要求有良好的管理。

机械冷藏库根据制冷要求不同分为高温库（0℃左右）和低温库（低于-18℃）两类，用于贮藏新鲜果蔬产品的冷藏库属于前者。根据贮藏容量大小划分大致可分为 4 类：大型 10 000 t 以上，大中型 5 000～10 000 t，中小型 1 000～5 000 t，小型 1 000 t 以下。

1. 冷库构造

常见的冷库都是由围护结构、制冷系统、控制系统和辅助性建筑四大部分组成。有些大型冷库还从控制系统中分出电源动力和仪表系统，这样就成了五大部分。有些冷库把制冷系统和控制系统合并，就成了三大部分。小型冷库和一些现代化的新型冷库（如挂机自动冷库）就无辅助性建筑，只包括围护结构、制冷系统和控制系统三大部分。

保鲜冷库的围护结构主要由墙体、屋盖和地坪、保温门等组成。围护结构是冷库的主体结构，作用是给果蔬产品保鲜贮藏提供一个结构牢固、温度稳定的空间，其围护结构要求比普通住宅有更好的隔热保温性能，但不需要采光窗口。果蔬产品的保鲜库也不需要防冻地坪。

目前，围护结构主要有 3 种基本形式，即土建式、装配式及土建装配复合式。土建式冷库的围护结构是夹层保温形式（早期的冷库多是这种形式）。装配式冷库的围护结构是由各种复合保温板现场装配而成，可拆卸，可重装，又称活动式。土建装配复合式的冷库，承重和支撑结构是土建形式，保温结构是各种保温材料内装配形式。

制冷系统是保鲜冷库的心脏，该系统是实现人工制冷及按需提供冷量的多种机械和电子设备的组合。主要有制冷压缩机、冷凝设备、冷分配设备、辅助性设备、冷却设备、动力和电子设备等。早期的制冷设备体积庞大，并各自独立。现在一些大型冷库，如氨制冷冷库仍是这种形式。现代化冷库的制冷系统，将各种制冷设备进行了一定程度的精制和集合，如挂机自动冷库所用的制冷系统，是把制冷压缩机、冷凝器和辅助性设备等集合在一个小型机箱内，可方便地挂装在墙壁上。这是制冷设备各部分高度集合和浓缩的典型代表。

2. 机械冷藏库的制冷系统

机械冷藏库达到并维持适宜低温依赖于制冷系统的工作，通过制冷系统持续不断运行排除贮藏库房内各种来源的热能（包括新鲜果蔬产品进库时带入的田间热，新鲜果蔬产品在贮藏期间产生的呼吸热，通过冷藏库的围护结构而传入的热量，产品贮藏期间库房内外通风换气而带入的热量及各种照明、电机、人工和操作设备而产生的热量等）。制冷系统的制冷量要能满足以上热源的耗冷量（冷负荷）的要求，选择与冷负荷相匹配的制冷系统是机械冷藏库设计和建造时必须认真研究和解决的主要问题之一。

机械冷藏库的制冷系统是由致冷剂和制冷机械组成的一个密闭循环系统。制冷机械是由实现制冷循环所需的各种设备和辅助装置组成，致冷剂在这一密闭系统中重复进行着被压缩、冷凝和蒸发。根据贮藏对象的要求人为地调节致冷剂的供应量和循环的次数，使产生的冷量与需排除的热量相匹配，以满足降温需要，保证冷藏库房内的温度条件在适宜水平。

　　制冷系统是一个密闭的循环回路。压缩机工作时，向一侧加压而形成高压区，对另一侧有抽吸作用而成为低压区，节流阀是高压区和低压区的一个交界点。从蒸发器进入压缩机的工质为气态，经加压后压力增至 P_k，同时升温至 T_f，工质仍为气态。这种高压高温的气体，在冷凝器中与冷却介质（通常为水或空气）进行热交换，温度下降至 T_c 而液化，压力仍保持 P_k。液态工质通过节流阀，因受压缩机的抽吸作用，压力下降至 P_o，在蒸发器中气化吸热，温度降为 T_o，并与蒸发器周围介质热交换而使后者冷却，最终两者温度平衡为 T_r，完成一个循环（图 4-1）。

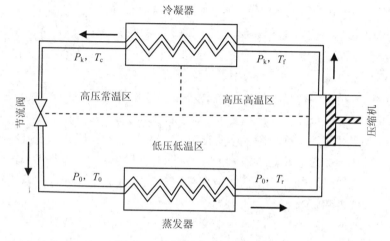

图 4-1　单级制冷系统示意图

　　根据热力学第二定律，热能可以自发地从高温物体传向低温物体，但不可能有自发的反向过程。要想使这种反向过程得以进行，须给予一个补偿过程。工质经过压缩机后，循环制冷作用就开始工作，表明压缩机正起着提供补偿过程的作用。气态工质经压缩机加压至 P_k 时，温度升至 T_f，高于冷却介质，因此在冷凝器中可顺利地进行热交换而冷却液化。可见提供的补偿过程，就是压缩消耗的机械能。在整个制冷系统中，压缩机起着心脏的作用，提供补偿过程；冷凝器和蒸发器是两个热交换器；膨胀阀是控制液态工质流量的关卡和压力变化的转折点；制冷工质循环往复，是热能的载运工具。

　　（1）致冷剂

　　致冷剂是在制冷机械中不断循环运动，起着热传导介质作用的物质。理想的致冷剂应符合以下条件：汽化热大，沸点温度低，冷凝压力小，蒸发比容小，不易燃烧，化学性质稳定，安全无毒，价格低廉等。自机械冷藏应用以来，研究和使用过的致冷剂有多种，目前生产实践中常用的有氨（NH_3）和氟里昂（freon）

等。氨的最大优点是汽化热达 125.6 kJ/kg，比其他致冷剂大，因而氨是制冷压缩机的首选致冷剂。氨还具有冷凝压力低、沸点温度低、价格低廉等优点。但氨自身有一定的危险性，泄漏后有刺激性味道，对人体皮肤和鼻黏膜等造成伤害，在含氨的环境中新鲜果蔬产品也有发生氨中毒的可能。空气中氨含量超过 16%时有燃烧和爆炸的危险，所以利用氨制冷时对制冷系统的密闭性要求很严。此外，氨的蒸发比容积较大，这就要求制冷设备的体积较大。氟里昂的学名即是卤代烃，最常用的是氟里昂 12（R1）、氟里昂 22（R2）和氟里昂 11（R11）。氟里昂安全无毒，不会引起燃烧和爆炸，不会腐蚀制冷设备等。但氟里昂汽化热小，制冷能力低，仅适用于中小型制冷机组。另外，氟里昂价格较贵，泄漏不易被发现。研究证明氟里昂能破坏大气层中的臭氧（O_3），国际上正在逐步禁止使用。

（2）制冷机械

制冷机械是由实现循环往复的各种设备和辅助装置组成，其中起决定作用并缺一不可的部件有压缩机、冷凝器、节流阀（膨胀阀、调节阀）和蒸发器，它们有制冷机械四大部件之称。除此之外的其他部件是为了保证和改善制冷机械的工作状况，提高制冷效果及其工作时的经济性和可行性而配备的，它们在制冷系统中处于辅助地位。这些部件包括贮液器、电磁阀、油分离器、过滤器、空气分离器、阀门、仪表和管道等。

（3）冷藏库房的冷却方式

冷藏库房的冷却方式有直接冷却和间接冷却两种方式。间接冷却是指制冷系统的蒸发器安装在冷藏库房外的盐水槽中，先冷却盐水，再将已降温的盐水泵入库房吸取热量以降低库温，吸热后的盐水流回盐水槽再被冷却，继续输至盘管进行下一循环过程。随盐水浓度的提高其冻结温度逐渐降低，因而可根据冷藏库房实际需要低温的程度配制不同浓度的盐水。间接冷却方式的盘管，多安置在冷藏库房的天花下方或四周墙壁上。这有利于形成库内空气缓慢的自然对流。采用这种冷却方式降温需时长，冷却效益低，且库房内温度不易均匀，故在新鲜果蔬产品冷藏专用库中较少采用。

直接冷却方式是指将制冷系统的蒸发器安装在冷藏库房内直接冷却库房中的空气而达到降温目的。这一冷却方式有两种情况，即直接蒸发和鼓风冷却。前者有与间接冷却相似蛇形管盘绕库内，致冷剂在蛇形盘管中直接蒸发。它的优点是冷却迅速，降温速度快；缺点是蒸发器易结霜影响致冷效果，需不断除霜，另外温度波动大、分布不均匀且不易控制。这种冷却方式不适合在大中型果蔬产品冷藏库房中应用。

鼓风冷却是现代新鲜果蔬产品贮藏库普遍采用的方式。这一方式是将蒸发器安装在空气冷却器内，借助鼓风机的吸力将库内的热空气抽吸进入空气冷却器而达到降温，冷却的空气由鼓风机直接或通过送风管道（沿冷库长边设置于天花下）输送至冷库的各方位，形成空气的对流循环。这一方式冷却速度快，库内各方位的温度较为均匀，并且可通过在冷却器内增设加湿装置而自由调节空气湿度。这种冷动方式由于空气流速较快，若不注意湿度的调节，会加重新鲜果蔬产品的水分损失，导致产品新鲜程度和质量的下降。

3. 冷藏库房的围护结构

机械冷藏库房投资费用大、使用年限长，且需要达到控温、控湿的高要求，因而其围护结构至关重要。在建造冷藏库房时不仅要保证坚固，还需具备良好的隔热性能，以最大限度地隔绝库体内外热量的传递和交换，维持库房内稳定、适宜的贮藏温湿度条件。一般建筑材料阻止热量传递的能力较弱，通常是采用在建筑结构内敷设一层隔热材料而达到要求。隔热层设置是冷藏库房建筑中十分重要的一项工作，不仅冷库的外墙、屋面和地面应设置隔热层，而且有温差存在的相邻库房的隔墙、楼面也要做隔热处理。

4. 冷库建筑

对冷库建筑的设计和施工应满足如下三项基本要求。

保冷，不得跑冷和漏冷；严防库内、外空气因热、湿交换而产生各种破坏作用；严防地下土壤冻结引起地基与地坪冻膨现象。为了实现上述要求，通常采取如下措施：保冷，冷库的墙壁、地板和库顶都需敷设一定厚度的保温隔热层，同时采取减少太阳热辐射的措施。防止空气的热、湿交换和建筑材料的冻融循环，采用隔汽防潮材料，设置空气幕、穿堂和走道，避免出现"冷桥"等现象。防冻，地坪架空，通风加热，油管加热，通电加热耗电量大，把多层冷库的地下室用作高温库房或生活用房等。

冷库可分为生产型、分配型、预冷型和零售型4种，其中以生产型和分配型为主。

生产型冷库：肉类联合加工厂、鱼类联合加工厂等冷库，是食品加工生产中必不可少的，属于生产性质，应建在货源集中、交通便利的地方。生产型冷库的主要任务是食品的冷却和冻结，并做短期性贮存，因此，要求冷却和冻结能力较大。冷藏能力则由其冷却和冻结能力、运输条件等决定。货源情况和食品调配计划确定了冷库的建筑规模。鱼类生产型冷库则应具有较大的制冰能力和贮冰能力。

分配型冷库：这种冷库用来接受并贮存已经冷冻加工好的产品，为保证国内外市场的需要，库容量较大，一般建在大、中城市，水陆交通枢纽和工矿区。分配型冷库的生产特点是整进零出或整进整出，具有一定的再冻能力，可满足产品做必要复冻的需要。

而预冷型冷库冷却能力大，贮藏容量小。零售用冷库的库容量相对较小，贮存期短，库温随产品性质的不同而变化。

5. 机械冷藏库的管理

机械冷藏库贮藏新鲜果蔬产品效果的好坏受诸多因素的影响，在管理上特别要注意以下方面。

（1）温度

温度是决定新鲜果蔬产品贮藏成败的关键。第一，各种不同果蔬产品贮藏的适宜温度是有差别的，即使同一种类，品种不同也存在差异，甚至成熟度不同也会产生影响。如苹果和梨，前者贮藏温度稍低；苹果中晚熟品种如国光、红富士、秦冠等应采用0℃，而早熟品种则应采用3～4℃。选择和设定的温度太高，贮藏效果不理想；太低则易引起冷害，甚至冻害。第二，为了达到理想的贮藏效果和避免田间热的不利影响，绝大多数新鲜果蔬产品贮藏初期降温速度越快越好，但对于部分果蔬产品却不适用，如国产鸭梨应采取逐步降温，避免贮藏中冷害的发生。第三，在选择和设定的贮藏温度时贮藏环境中水分过饱和会导致结露现象，这一方面会增加湿度管理的难度；另一方面液态水的出现利于微生物的生长繁殖，致使病害发生，腐烂增加。因此，贮藏过程中温度的波动应尽可能小，最好控制在±0.5℃以内，尤其是相对湿度较高时。第四，库房内的温度要均匀一致，这对于长期贮藏的新鲜果蔬产品来说尤为重要。因为微小的温度差异，长期积累可达到令人难以置信的程度。第五，当冷藏库内温度与外界气温有较大（通常超过5℃）的温差时，冷藏的新鲜果蔬产品在出库前需经过升温过程，以防止"出汗"现象的发生。升温最好在专用升温间或在冷藏库房穿堂中进行。升温的速度不宜太快，维持气温比品温高3～4℃，直至品温比正常气温低4～5℃为止。出库前需催熟的产品可结合催熟技术进行升温处理。

综上所述，冷藏库温度管理的要点是适宜、稳定、均匀及合理的贮藏初期降温和商品出库升温速度。

（2）相对湿度

对于绝大多数新鲜果蔬产品来说，相对湿度应控制在80%～95%，这对于控制新鲜果蔬产品的水分散失十分重要。水分损失除直接减轻重量以外，还会使果蔬产品新鲜程度和外观质量下降，食用价值降低，促进成熟衰老和病害的发生。与温度控制相似的是相对湿度也要保持稳定。要保持相对湿度的稳定，关键是维持温度的恒定。库房建造时，增设湿度调节装置是维持湿度符合要求的有效手段。人为调节库房相对湿度的主要措施有：当相对湿度过高时，可用生石灰、草木灰等吸潮，也可以通过加强通风换气来达到降湿目的。当相对湿度低时需对库房增湿，如地坪洒水、空气喷雾等；对产品进行包装，创造高湿的小环境，如用塑料薄膜单果套袋或以塑料袋作内衬等是常用的手段。库房中空气循环及库内外的空气交换，可造成相对湿度的改变；蒸发器除霜时也会引起湿度的变化，管理时在这些方面应引起足够的重视。

（3）通风换气

通风换气是机械冷藏库管理中的另一个重要环节。新鲜果蔬产品由于是有生命的活体，贮藏过程中仍在进行各种活动，需要不断消耗氧气，产生二氧化碳等气体。其中部分气体对新鲜果蔬产品的贮藏是有害的，如果蔬产品正常生命过程形成的乙烯、无氧呼吸产生的乙醇等，因此需将这些气体从贮藏环境中除去，其中简单易行的方法就是通风换气。通风换气的频率视果蔬产品种类和入贮时间的长短而有差异。对于新陈代谢旺盛的产品，通风换气的次数可多些。产品入贮时，可适当缩短通风间隔的时间，如 $10\sim15$ d 换气一次。一般达到稳定的贮藏条件后，通风换气可一月一次。通风换气时要求做到充分彻底。通风换气时间的选择要充分考虑外界环境的温度，理想的状态是在外界温度和贮温一致时进行，防止库房内外温度不同带入热量或过冷对产品带来不利影响。生产上常选择温度相对最低的晚上到凌晨这段时间进行。

（4）库房及用具的清洁卫生和防虫防鼠

贮藏环境中的病、虫、鼠害是引起果蔬产品贮藏损失的主要原因之一。果蔬产品贮藏前库房及用具均应进行认真彻底的清洁消毒，做好防虫、防鼠工作。用具（包括垫仓板、贮藏架、周转箱等）用漂白粉水进行清洗，晾干后入库。用具和库房在使用前也需进行消毒处理，常用的方法有硫黄薰蒸、福尔马林薰蒸、过氧乙酸薰蒸、0.3%～0.4%有效氯漂白粉或 0.5%高锰酸钾溶液或 0.2%过氧乙酸溶液喷洒等。以上处理对虫害有较好的抑制作用，对鼠类也有驱避作用。

（5）产品的入贮及堆放

新鲜果蔬产品入库贮藏时，如已经预冷，可一次性入库后再建立适宜贮藏条件；若未经预冷处理则应分次、分批进行。除第一批外，以后每次的入贮量不应太多，以免引起库温的剧烈波动而影响降温速度。在第一次入贮前可对库房预先制冷并贮存一定的冷量，以利于产品入库后使其温度迅速降低。入贮量第一次以不超过该库总量的1/5，以后每次以 $1/10\sim1/8$ 为佳。

商品入贮时堆放的科学性对贮藏也有明显影响。堆放的总要求是"三离一隙"。"三离"指的是离墙、离地、离天花。一般产品堆放距墙 $20\sim30$ cm，离天花 $0.5\sim0.8$ m，或者低于冷风管道送风口 $30\sim40$ cm。离地指的是产品不能直接堆放在地面上，用垫仓板架空可以使空气能在垛下形成循环，保持库房各方位温度均匀一致。"一隙"是指垛与垛之间及垛内要留有一定的空隙，以保证冷空气进入垛间和垛内，排除热量。留空隙的多少与垛的大小、堆码的方式有密切相关。"三离一隙"的目的是使库房内的空气循环畅通，避免死角的产生，及时排除田间热和呼吸热，保证库房温度的稳定均匀。商品堆放时要防止倒塌情况的发生，可搭架或堆码到一定高度时（如 1.5 m）用垫仓板衬一层再堆放的方式解决。新鲜果蔬产品堆放时，要做到分等、分级、分批次存放，尽可能避免混贮情况的发生。混贮对产品不利，尤其对于需长期贮藏，或相互间有明显影响的，如串味、对乙烯敏感性强的产品等。

（6）冷库检查

新鲜果蔬产品在贮藏过程中，不仅要注意对贮藏条件（温度、相对湿度）进行检查、核对和控制，并根据实际需要记录、绘图和调整等，还要组织对贮藏库房中的商品进行定期的检查，了解果蔬产品的质量状况和变化。

6．果蔬湿冷保藏

（1）湿冷保藏系统的原理

该系统是专门针对果蔬的保鲜要求而研发的。其基本原理是：通过机械制冰蓄积冷量，获得 0℃冰水，使冰水与库内空气在换热器中传热传质，得到接近冰点温度的高湿空气（含湿量 90%～96%），低温高湿空气在库内流动，直接吹拂产品使其快速降温并保持所需的低温。配合以 O_3 灭菌控制微生物的生长繁殖，为果蔬保鲜创造良好环境。

（2）湿冷保藏系统的特点

①满足大多数果蔬产品对温度的要求，降温均匀快速。湿冷保鲜库中温度≥0℃，适合于原产于热带、亚热带及温带的多种果蔬。冷却介质是接近 0℃的高湿空气，根据具体产品的特征和对温湿度的要求，控制风速、风量就可使产品在规定时间内达到贮存适温，而不会发生低温伤害。

②减小压缩机配套动力和制冷剂用量，同时解决果蔬采后热负荷高峰期降温缓慢的问题。果蔬常规冷库为了排除入库初期产品大量的田间热和呼吸热，必须加大动力配套，由此增大了固定资产投入。湿冷系统通过在用电低谷期大量制冰而蓄冷，无须增大动力配套，蓄积冷量充分可以满足热负荷高峰期的需要。

③湿冷系统无结霜现象，库房内部保持高湿环境。湿冷库房内部没有冷却管，因此不存在结霜问题。高湿空气按设定流速在库内流动，降温快速、均衡，所以湿冷系统内湿度高，温度均匀，从根本上克服常规冷库湿度管理难的问题。

④湿冷系统在通风时结合臭氧充入有效地控制病害发生。臭氧是一种高效杀

菌剂，其氧化还原电位高，反应快，氧化过程时间短，不会在环境中蓄积，杀菌力是氯剂的 1.5 倍，可迅速杀灭微生物和病毒，自身半衰期短，分解产物为 O_2。

⑤不积累 C_2H_4 等果蔬代谢产物。C_2H_4、C_2H_5OH、CH_3CHO 等挥发性成分具有刺激呼吸、诱导成熟及其他的不利影响，臭氧可将其彻底氧化分解生成 CO_2。

（3）湿冷保藏系统的应用前景

从 20 世纪 90 年代起，我国开始湿冷保鲜技术的研究。中国农业大学和解放军总后勤部军需装备研究所对湿冷系统及其应用做了较深入的研究，成果显著。湿冷系统用于龙眼、杨桃、荔枝等的保鲜，效果十分理想，它的优势在于采后预冷和短期高鲜度保存方面。其不仅适合那些表面积大、含水丰富、组织柔嫩、对低温敏感、收获于炎热夏季的各种植物产品，而且在鲜肉、鲜水产品上也可开发应用。

7. 食品的冰温保藏

冰温保藏萌生于人类采掘自然冰贮存食物。在冰温技术界定的 0℃组织冰点这一狭窄区域，食品因其水分不结冰而保持鲜活特征，因此不存在解冻问题。由于这一技术要求的最低品温就是组织的冰点，故应用冰温技术时，升降温过程都很快。

生物细胞中溶解了糖、有机酸、盐类、氨基酸、肽类、可溶性蛋白质等许多成分，因而细胞液不同于纯水，冰点一般在 $-0.5 \sim -2.5℃$，这是冰温保藏生理机制的重要方面，也是冰温保藏的基础。同时可溶性蛋白质等具有良好的持水性，不利于水的结晶，生物细胞含有多种结构复杂的天然高分子物质及其它们的复合物，这些物质的存在使水分子的移动和接近受到一定阻碍。一些果蔬在低温下自由基清除系统仍具有较高的活力，能有效地防止膜脂过氧化和 MDA 积累，保护膜结构不受损伤。以上方面的综合应用使生物细胞表现出一定的抗冻效应，使其在冰温区保藏成为可能。

冰温域是生物组织不冻结并保持活体特征的最低温度区域，利用冰温进行食品保藏最早在日本兴起，至今已在多种果蔬和虾、蟹等水产品上实现了商业应用，标志着冰温贮藏技术的成功。国内从 20 世纪 90 年代起陆续开展了葡萄、水蜜桃、草莓、毛豆、冬枣、新鲜猪肉等食品的冰温保鲜研究，均取得显著效果。同时冰温下，低温对化学反应的抑制作用更强，食品品质的保持优于冷藏，显示了冰温的魅力。但应注意这与一般果蔬贮藏不同，冰温贮藏适合于耐寒性较强、成熟度高、可溶性固形物含量高的产品。冰温贮藏还可改善果蔬品质，使风味变佳，且冰温抑制微生物效果突出，这些优势也亟待利用。同时由于冰温区十分狭窄，需严格控制，温度过高过低则失去冰温意义，虽然冰温域与 $0 \sim 1℃$ 区间差别很小，但它却是组织结冰与否的临界区间，温度稍微失控，组织就开始结冰，因此冰温保藏在技术上要求非常严格，配套设施的研发非常必要。

三、气调贮藏（CA）

气调贮藏技术的研究，源于 19 世纪的法国。到 1916 年，英国人在前人成果的基础上，系统地研究了环境空气成分中氧气和二氧化碳浓度对果蔬新陈代谢的影响，为商用气调技术奠定了基础。1928 年开始应用于商业，20 世纪 50 年代初得到迅速发展，70 年代得到普及应用。

我国的气调贮藏开始于 20 世纪 70 年代，经过 20 多年的研究探索，气调贮藏技术得到迅速发展，现已具备了自行设计、建设各种规格气调库的能力，且近年来全国各地兴建了一大批规模不等的气调库，气调贮藏新鲜果蔬产品的量不断增加，取得了较好效果。

1. 气调贮藏的概念和原理

气调贮藏是通过调节气体成分进行贮藏的简称，即改变新鲜果蔬产品贮藏环境中的气体成分（通常是增加 CO_2 浓度和降低 O_2 浓度或者根据需求调节其气体成分浓度）来贮藏产品的一种方法。

正常空气中 O_2 和 CO_2 的浓度分别为 20.9% 和 0.03%。在 O_2 浓度降低和/或 CO_2 浓度增加，改变了环境中气体的组成，新鲜果蔬产品的呼吸作用受到抑制，减弱了呼吸强度，推迟了呼吸峰出现的时间，降低了新陈代谢速度，延缓了成熟衰老，减少营养成分和其他物质的损失，从而有利于果蔬产品质量的保持。同时，较低的 O_2 浓度和较高的 CO_2 浓度能抑制乙烯的生物合成，削弱了乙烯的生理作用，有利于新鲜果蔬产品贮藏寿命的延长。适宜的低 O_2 和高 CO_2 浓度具有抑制某些生理性病害和病理性病害发生的作用，减少产品贮藏过程中的腐烂损失。因此，气调贮藏应用于新鲜果蔬产品贮藏时通过延缓产品的成熟衰老、抑制乙烯生成和作用及防止病害的发生，更好地保持产品原有的色、香、味、质地特性和营养价值，有效地延长果蔬产品的贮藏和货架寿命。

2. 气调贮藏的特点

与常规的贮藏和冷藏相比，气调贮藏具有以下特点。

（1）鲜藏效果好

果蔬产品贮藏保鲜效果好坏的主要表征是能否保持新鲜果蔬产品的原有品质，即原有的形态、质地、色泽、风味、营养等是否得以很好地保存或改善。气调贮藏由于抑制了果蔬产品采后的衰老进程而使上述指标得以较好的保存。以陕西苹果为例，气调贮藏之后的果肉硬度明显高于冷藏，充分显示了气调贮藏的优点。在其他果蔬产品上，如新疆库尔勒香梨、河南猕猴桃、山东苹果、河北白菜等皆表现出了同样的效果。

（2）贮藏时间长

由于低温气调环境抑制了果蔬产品采后的新陈代谢，使贮藏时间得以延长。据陕西苹果气调研究中心观察，一般认为气调贮藏 5 个月的苹果质量，相当于冷藏 3 个月左右的苹果质量。用目前的 CA 技术处理优质苹果，已完全可以达到全年供应鲜果的目的。

（3）减少贮藏损失

气调贮藏有效地抑制了果蔬产品的呼吸作用、蒸腾作用和微生物的危害，明显地降低了贮藏期间的损耗。据河南生物研究所对猕猴桃的观察证实，在贮藏时间相同的条件下，普通冷藏的损耗高达 15%～20%，而气调贮藏的总损耗不超 4%。

（4）延长货架期

对于经营者来说，货架期是一个重要的指标；对于商家而言，没有足够货架期的商品是一种危险的商品，也是一种经营难度极大的商品。众所周知，气调贮藏由于长期受到低氧和高二氧化碳的作用，当解除 CA 状态后，果蔬产品仍有一段很长时间的"滞后效应"，这就为延长货架期提供了理论依据。根据陕西苹果试验表明，在保持相同质量的前提下，气调贮藏的货架期是冷藏的 2～3 倍。

（5）便于开发无污染的绿色食品

果蔬产品气调贮藏过程中，不用任何化学药物处理，所采用的措施全是物理因素，果蔬产品接触到的氧气、氮气、二氧化碳、水分和低温等因子都是人们日常生活中所不可缺少的物理因子，因而也就不会造成任何形式的污染，完全符合绿色食品标准要求。

（6）利于长途运输和外销

以 CA 技术处理后的新鲜果蔬产品，由于贮后质量得到明显改善而为外销和远销创造了条件。气调运输技术的出现又使远距离、大吨位、易腐商品的运价比空运降低 4～8 倍，无论对商家还是对消费者都极具吸引力。

（7）社会效益和经济效益好

气调贮藏由于具有贮藏时间长和贮藏效果好等优点，因而可使多种果蔬产品达到季产年销和全年供应，很大程度上解决了我国新鲜果蔬产品"旺季烂、淡季断"的矛盾，既满足了广大消费者的需求，长期为人们提供高质量的营养源，又改善了水果的生产经营，给生产者和经营者以巨大的经济回报。据了解，近年来我国北方优质苹果产区，由于采用先进的气调技术贮藏，在鲜销中"优质优价"更为明显，一般每千克可净增利润 1.4～2.0 元，在劣质苹果大量积压和滞销的情况下，甚至出现了气调果供不应求的局面。自我国加入世贸组织后，面对的竞争对手是大量国外"洋果"，气调贮藏和采后处理技术更具优越性。

气调贮藏的主要类型有两种，即人工气调（CA）和自发气调（MA）。人工气调是人工调节贮藏环境气体成分浓度的一种贮藏方式，而自发气调则是利用果蔬产品呼吸自然消耗 O_2 和自然积累 CO_2 的一种贮藏方式。

应当特别指出的是，气调贮藏并非简单地改变贮藏环境的气体成分，而是包括温控、增湿、气密、通风、脱除有害气体在内的多项技术的有机统一体，它们互相配合、互相补充、缺一不可。这样才能达到各种参数的最佳控制指标和最佳贮藏效果。气调贮藏并非万能，它只能创造一个人为的环境，尽量保持果蔬产品的原有品质，而不能将劣果变优。由于 CA 技术的科技含量高、贮藏效果好，因而它的贮藏成本也比普通冷藏高，所以用气调贮藏的果蔬产品，对其产品质量的要求也就更加严格，劣质品或部分不适宜气调贮藏的品种，即使经过 CA 技术处理，也不能达到优质的目的。CA 技术是一种高投入、高产出、高回报的高新技术，同时它对果蔬产品的采前管理和产品质量也提出了更高的要求。

3. 气调库及其主要设备

（1）气调库的建设

长期贮藏的商业性果蔬产品气调库，一般应建在优质果蔬产品的主产区，同时还应有较强的技术力量、便利的交通和可靠的水电供排能力，库址必须远离污染源，以避免环境对贮藏的负效应。

①建筑组成。气调库：一般应是一个小型建筑群体，主要包括气调库、包装挑选间、化验室、冷冻机房、气调机房、泵房、循环水池、备用发电机房及卫生间、月台、停车场等。根据需要，一般应由若干个贮藏库组成，每个库内应装有冷却、加湿、通风、监测、压力平衡、管道等设施，同时还应有气密门、取样孔等，以利于人货之出入和观测。

包装挑选间：是果蔬产品出入库时进行挑选、分级、分装、称重的场所，也可临时用来堆果和散热。挑选间应采光通风良好、地面便于清洗的房间，它内连贮藏库，外接月台和停车场，是一个重要的缓冲场和操作间。

冷冻机房：内装若干台制冷机组，所有贮藏库的制冷、冲霜、通风等皆由该机房控制。

气调机房：是整个气调库的控制中心，所有库房的电气、管道、监测等皆设于此室内，主要设备有配电柜、制氮机、CO_2 脱除器、乙烯脱除器、O_2 及 CO_2 监测仪、加湿控制器、温湿度巡检仪、果温测定器等。

其他建筑：如办公室、泵房、循环水池、月台、卫生间等皆为气调库的配套附属建筑。

②建筑结构。建筑要求：气调库作为一组特殊的建筑物，其结构既不同于一般民用和工业用建筑，也不同于一般果品冷藏库，应有严格的气密性、安全性和防腐隔热性。其结构应能承受住雨、雪以及本身的设备、管道、包装、机械、建筑物自重等产生的静力，同时还应能克服由于内外温差和冬夏温差所造成的温度应力和由此而产生的构件，保证整体结构在当地各种气候条件下都能够安全正常运转。气调库的基础设施应具备良好的抗挤压、抗弯曲、抗倾覆、抗移动的能力，保证库体在遇到水、大风等自然灾害时的稳定性和耐久性。除此之外，还必须处理好其他隐蔽设施，如墙内加固、地坪的防渗处理等。

围护结构：气调库的围护结构主要由墙壁、地坪、天花板组成。要求具有良好的气密温变、抗压和防震功能。其中墙壁应具有良好的保温隔湿和气密性。地坪除具有保温隔湿和气密功能外，还应具有较大的承载能力，它由气密层、防水层、隔热层、钢层等组成。天花板的结构与地坪相似。

特殊设施：气调库的特殊设施主要由气密门、取样孔、压力平衡器、缓冲囊等部分组成。气密门是具有弹性密封材料的推拉门，可以自由开闭，气密良好。在门的中下部开孔，又称观察窗，窗门之间由手轮式扣紧件连接，弹性材料密封，中间为中空玻璃，可供观察或取样用，也可供操作人员进出或小批量出货。压力平衡器是一个安全装置，内外接大气，中间用水封隔开，当库内压力升高时，气体可通过此装置自动泄压，以平衡内外压力，确保库体安全。缓冲囊是气调库的另一个安全装置，由一个塑料贮气袋通过管道与库体相连，通过气囊的膨胀和收缩来平衡库内气体的压力，又名人工肺。

隔热：气调库能够迅速降温并使库内温度保持相对稳定，气调库的围护结构必须具有良好阻热性。为使墙体保持良好的整体性和克服温变效应，在施工时应采用特殊的新墙体与地坪和天花板之间连成一体，以避免"冷桥"现象的产生。

气密层：气密层是气调库特有建筑结构层，也是气调库建设中的一大难题，先后选用铝合金、增强塑料、塑胶薄膜等多种材料作为气密介质，但多因成本、结构、温变、未能很好解决而不尽如人意。经试验，选用专用密封材料（如密封胶）进行现场施工，达到良好的密封效果。

（2）气调系统

①氧分压的控制。根据果蔬产品的生理特点，一般库内 O_2 分压要求控制在 1%～4%，误差不超过±0.3%。为达此要求，可选用快速降 O_2 方式，即通过制 N_2 机快速降 O_2，开机 2～4 d 即可将库内 O_2 降至预定指标，然后在耗 O_2 和补 O_2 间，建立起一个相对稳定的平衡系统，达到控制库内 O_2 含量的目的。

制氮机（也叫降氧机，保鲜机）的发展大体上经历了一个催化燃烧—碳分子筛吸附—纤维膜分离的发展过程。20 世纪 70 年代以前国内外气调设施的制氮机多选用催化燃烧式机型。我国最早由中国科学院山西煤炭化学研究所研制成功，以后在浙江建德和山西榆次等地均有生产。由于所获得的 N_2 须经冰水降温后方可送入气调库，需要消耗大量水和燃料，操作也不方便，目前已很少使用。

20 世纪 70 年代末由长春石油化工研究所首先开发成功焦炭分子筛制氮机。由吉林农业大学和中国农业大学等单位先后成功地进行了果蔬产品气调保鲜试验，以后很快推广到全国各地。通过引进、吸收、消化、改进，使该机械更加完善，在保鲜界得到广泛应用和认可。研究结果证明，碳分子筛制氮机确实比燃烧式制氮机优越，它无须燃烧和降温处理，操作也相对简单。但其机体庞大，还需要更换碳分子筛等则成为其不足。

20 世纪 80 年代，随着科学技术的发展和工业加工水平的提高，又出现了新一代制氮设备，即膜分离制氮机，其是由美国两家公司联合研制的。其原理是将洁净的压缩空气通过膜纤维组件将 O_2 和 N_2 分开。这种制氮机所产 N_2 比催化燃烧式更纯，其机械结构比碳分子筛制氮机更简单，且易于自动控制和操作，但在价格上仍稍高于碳分子筛制氮机。这是迄今为止制氮设备中最先进的一种机型。我国陕西苹果气调贮藏研究中心和河南省科学院生物研究所猕猴桃气调库所用制氮机皆为此种机型，经运转数年表明，性能相当可靠。

②二氧化碳的调控。根据贮藏工艺要求，库内 CO_2 必须控制在一定范围内，否则将会影响贮藏效果或导致 CO_2 中毒。库内 CO_2 的调控首先是提高 CO_2 含量，即通过果蔬产品的呼吸作用将库内的 CO_2 浓度从 0.03% 提高到上限，然后通过 CO_2 脱除器将库内的多余 CO_2 脱掉，如此往复循环，使 CO_2 浓度维持在所需的范围内。

在气调贮藏过程中，因果蔬产品呼吸而释放的 CO_2 使库内 CO_2 浓度逐渐升高，当 CO_2 浓度达到一定程度时，将会导致 CO_2 伤害，并产生一系列不良症状，最终使之腐烂变质。因此，CO_2 脱除器（又叫 CO_2 洗涤器）在气调贮藏中是不可缺少的设备。最初，人们曾试用过多种简易的 CO_2 脱除办法，如水洗、用各种碱液或盐液吸收、消石灰吸收等，其中用得最多的是消石灰吸收法，但均达不到好的效果。

（3）气体组成和配比

①双指标，总和约 21%，普通空气中含 O_2 约 21%，CO_2 含量极少，仅约 0.03%。一般的植物器官在正常生活中主要以糖为底物进行有氧呼吸，呼吸商约等于 1。所以，将果蔬产品贮藏在密闭容器内，呼吸消耗掉的 O_2 与释放的 CO_2 体积相当，即 O_2 和 CO_2 体积之和仍接近 21%。如果把气体组成定为两者之和 21%，如 $O_2$10%、

$CO_2 11\%$ 或 O_2 6%、$CO_2 15\%$，管理上就很方便。只要把果蔬产品封闭后经过一定时间，当 O_2 分压降至要求指标时，CO_2 分压也就上升达到了要求的指标。此后，定期或连续地从封闭器内排出一定体积的气体，同时充入等体积的新鲜空气，就可稳定地维持这个配合比例。这是气调贮藏法初期常应用的气体指标。它的缺点是如 O_2 较高（＞10%时），CO_2 就会太低，不能充分发挥气调贮藏的优越性；如 O_2 较低（＜10%时），又可能因 CO_2 过高而招致生理损伤。将 O_2 和 CO_2 控制于相近的指标（两者各约10%，有时 CO_2 稍高于 O_2，简称高 O_2 高 CO_2 指标，这种配合可以应用于一些耐 CO_2 的果蔬产品，但其效果终究不如低 O_2 低 CO_2 好。不过这种指标因其设备和管理简单，在条件受限制的地方仍可使用。

②双指标，总和低于21%，O_2 和 CO_2 的含量都比较低，两者之和不到21%。这是当前国内外广泛应用的配合方式，效果要比第一种方式好。目前我国习惯上把气体含量在 2%～5%的范围称低指标，5%～8%的范围称中指标。总体而言，大多数果蔬产品以低 O_2 低 CO_2 指标适宜。但这种配合操作管理较严格，所需设备也较复杂。

③O_2 单指标，上述两种双指标配合，都是同时控制 O_2 和 CO_2 于指定含量。有时为了简化管理手续，或者有的作物对 CO_2 敏感，则可采用 O_2 单指标，即只控制 O_2 的含量，CO_2 用吸收剂全部吸收掉。O_2 单指标必然是一个低指标，因为当无 CO_2 存在时，O_2 影响植物呼吸的阈值大约为 7%，必须低于这个水平，才能有效地抑制呼吸强度。对于多数果蔬产品而言，效果不如上述第二种方式好，但比第一种方式要优越，操作上也简便，在我国当前的生产条件下容易推广普及。

上面是 CA 贮藏通用的 3 种气体指标，MA 贮藏不规定具体指标，仅凭封闭薄膜的透气性与产品的呼吸作用达到自然平衡。所以 MA 贮藏一般只适用于耐高 CO_2 和低 O_2 的作物，并限于短期的贮运，除非另有简便的调气措施。

④气体指标的调节与管理。气调贮藏容器内的气体成分，从刚封闭时的正常空气成分转变到所规定的气体指标，这期间有一个降 O_2 和升 CO_2 的过渡期，可简称为降 O_2 期。降 O_2 之后，则是 O_2 和 CO_2 稳定在规定的指标范围内的稳定期。降 O_2 期的长短、降 O_2 方法以及稳定期的气体管理方法，既关系到果蔬产品的贮藏效果，也涉及所需的设备器材，主要有下列几种方式：

a. 自然降 O_2 法（缓慢降 O_2 法）。封闭后依靠产品自身的呼吸作用使 O_2 逐渐下降并积累 CO_2。这类方式又可分为放风法和调气法。放风法即每隔一定时间，当 O_2 降至规定的低限或 CO_2 升至规定的高限时，开启封闭容器，部分或全部换入新鲜空气，再重新封闭。调气法即双指标总和低于21%及 O_2 单指标两种方式，在降 O_2 期用吸收剂吸除超过指标的 CO_2，待 O_2 降至规定指标后，定期或连续输入适量新鲜空气，同时继续使用 CO_2 吸收剂，使两种气体稳定在规定的指标范围内。

自然降 O_2 法降 O_2 速度缓慢。绿熟番茄在 $10\sim13\,^\circ\!C$，封闭容器内自由空隙占 $60\%\sim70\%$ 的情况下（这是番茄较适宜的贮藏条件），封闭后需 $2\sim3$ d O_2 才能降到 5%。在这 3 d 的降 O_2 期内，番茄一直处在 O_2 较高的气体中，呼吸和完熟过程得不到有效的抑制。呼吸强度较低的果蔬产品，或者贮藏温度较低的，降 O_2 期还要延长。不过对洋葱、大蒜类，只要在结束休眠之前完成降 O_2 过程，则降 O_2 期虽较长，实际上并无影响。两种气体的平均含量还是比较接近的，对于抗性较强的作物如蒜薹，这种气调法配合仍然优于常规冷藏法。为了克服自然降 O_2 法降 O_2 期长的缺憾，近年来我国一些单位采用了下述方法。

b. 充 CO_2 自然降 O_2 法。封闭后当即人工充入适量 CO_2（$10\%\sim20\%$），而仍使 O_2 自然下降。在降 O_2 期不断用吸收剂吸除部分 CO_2，使其含量大致与 O_2 相接近。也就是说，在降 O_2 期使 O_2 和 CO_2 同时平行下降，直到两者均达到规定的指标。这种方法是凭借 O_2 和 CO_2 的拮抗作用，用高 CO_2 来克服高 O_2 的不良影响，又不使 CO_2 过高造成伤害。根据上海园艺产品公司的经验，此法优于其他自然降 O_2 法，而且接近人工法。

c. 人工降 O_2 法（快速降 O_2 法）。人为地使封闭容器内的 O_2 迅速降低，CO_2 升高，实际上免除了降 O_2 期，封闭后立即（几分钟至几小时）就进入稳定期。快速降 O_2 法有两种方式：充 N_2 法和气流法。充 N_2 法即是封闭后抽出容器内的大部分空气，充入 N_2，由 N_2 稀释剩余空气，使 O_2 浓度达到规定的指标。有时同时充入适量 CO_2，也可使其立即达到要求的浓度。另一办法是封闭容器同降 O_2 机联成闭路循环降 O_2。气流法则是把预先由人工配制好的气体输入封闭容器，以替代其中的全部空气。在以后的整个贮藏期间，始终连续不断地排出内部气体并充入人工配制的气体。

（4）薄膜封闭气调法

20 世纪 60 年代以来，国内外对塑料薄膜封闭气调法开展了广泛的研究，已达到实用阶段，并继续向自动化调气的方向发展。薄膜封闭容器可安放在普通的机械冷藏库或通风贮藏库内，使用方便，成本低，还可在运输中应用。这是气调贮藏法的一个革新。

目前国内主要采用垛封和袋封两种方式。国外有一种集装袋封闭法，与垛封法相似，还有紧缩薄膜包装及开孔薄膜包装贮藏法。

①垛封法。贮藏产品用镂空通气的容器装盛，码成垛。先垫衬底薄膜，其上放垫木，使盛菜容器垫空。每一容器的上下四周都酌留通气孔隙。码好的垛用塑

料帐子罩住，帐子和垫底薄膜的四边互相重叠卷起并埋入垛四周的沟中，或用土、砖等物压紧。可用活动菜架装菜，整架封闭。密封帐都由 0.1～0.2 mm 厚的聚乙烯或聚氯乙烯做成。封闭垛多码成长方形，每垛贮藏量一般为 500～1 000 kg，也有到 5 000 kg 以上的，视果蔬产品种类、贮期长短以及中途是否需开垛挑选产品而定。中途要开垛检查者容量不宜过大，应使产品迅速检查，完毕立即重新封闭，不能在空气中长久暴露。塑料封闭帐的两端设置袖形袋（也用薄膜制成），供充气及垛内气体循环时插入管道之用，并可从袖形袋取样检查，平时将袋口扎住不漏气。帐子上还设有抽取分析气样和充入气体消毒剂用的管子，平时也把管口塞住。为防止帐顶和四壁薄膜上的凝结水浸润贮藏产品，应使封闭帐悬空，不要贴紧菜垛，也可在菜垛顶部与帐顶之间加衬一层吸水物。

生产上通常用消石灰作为 CO_2 吸收剂。如果是控制 O_2 单指标，可以直接把消石灰撒在垛内底部；在一段时间内可使垛内的 CO_2 维持在 1%以下；待到消石灰行将失效时，CO_2 上升，这时便添加新鲜的消石灰。如果是控制总和低于 21%的双指标，则应每天向垛内撒入少量的消石灰，使正好吸收掉一天内产品呼吸释放的 CO_2，这样才能使垛内的 CO_2 含量稳定在一定的指标范围内，也可以用充入 N_2 的方法来稀释 CO_2。

②袋封法。是将产品装在塑料薄膜袋内（多数为 0.02～0.08 mm 厚的聚乙烯），扎紧袋口或热合密封的一种简易气调贮藏方法，在果蔬贮藏上应用较为普遍。袋的规格、袋的容量不一，大的 30 kg 一袋，小的一般小于 10 kg 一袋，而在柑橘等水果上盛行单果包装。

③自发性气调贮藏——硅橡胶窗气调贮藏。由于塑料薄膜越薄，透气性就越好，但容易破膜加厚，虽然提高了薄膜强度，但透气性降低。因此，塑料薄膜在使用上受到一定限制，而橡胶窗气调贮藏则弥补了这一缺陷。

硅胶窗气调贮藏是将园艺产品贮藏在镶有硅橡胶窗的聚乙烯薄膜袋内，利用硅橡胶膜特有的透气性能进行自动调节气体成分的一种气调贮藏方法。硅橡胶薄膜的透气性是一般塑料的 100～400 倍，而且具有较大的二氧化碳和氧气的透气比［二氧化碳：氧气：氮气=1：6：（8～12）］。因此，利用硅橡胶膜特有的透气性能，使密封袋（帐）中过量的二氧化碳通过硅窗透出去，果蔬产品呼吸过程中所需的氧气可从硅窗中缓慢透入，就可以保持适宜的氧气和氮气浓度，创造有利的气调贮藏条件。

硅窗塑料袋大小可根据需要而定，但硅窗面积却是一个非常重要的条件，因为从理论上讲，一定面积的硅橡胶窗，经过一定的时间后，就能调节和维持一定的气体组成，即不同果蔬产品有各自的贮藏气体组成，有各自相适宜的硅窗面积。

硅窗面积具体决定于果蔬产品的种类、成熟度、贮藏数量和贮藏温度等。关于硅窗面积的大小，法国学者根据果蔬的重量和呼吸强度来确定。

总之，应用硅橡胶窗进行气调贮藏，需要在贮藏温度、产品数量、膜的性质和厚度及硅窗面积等多方面进行综合选择，才能获得理想的效果。对于一般果蔬而言，将氧气和二氧化碳的组成控制在 2%～3% 和 5%，有利于减缓果蔬的氧化过程，减少果胶和叶绿素等的分解，延长果蔬的贮藏寿命。

4. 气调贮藏条件

应用气调技术贮藏新鲜果蔬产品时，在条件掌握上除气体成分外，其他方面与机械冷藏大同小异。就贮藏温度来说，气调贮藏适宜的温度略高于机械冷藏，幅度约 0.5℃。新鲜果蔬产品气调贮藏时的相对湿度要求与机械冷藏相同。新鲜果蔬产品气调贮藏时选择适宜 O_2 和 CO_2 及其他气体的浓度及配比是气调成功的关键。新鲜果蔬产品要求气体配比的差异主要取决于产品自身的生物学特性。根据对气调反应的不同，新鲜园艺产品可分为 3 类：①对气调反应明显良好的，代表种类有苹果、猕猴桃、香蕉、草莓、蒜薹、绿叶菜类等；②对气调反应不明显的，如葡萄、柑橘、马铃薯、萝卜等；③介于两者之间气调反应一般的，如核果类等。只有对气调反应良好和一般的新鲜果蔬产品才有进行气调贮藏的必要和潜力。相同种类不同品种间气体配比也有差异。此外，栽培管理技术、生长发育的成熟度、生态条件等的不同也会对气调贮藏的条件（温度、气体配比）产生一定影响。当采用多指标气调贮藏时，还应将其他需调节的气体浓度考虑进来，如低乙烯气调贮藏时乙烯的浓度应低于规定的界限值，气调贮藏会对产品造成低 O_2 和高 CO_2 伤害，这在决定气体组分配比时应引起重视。

气调贮藏不仅要考虑温度、湿度和气体成分，还应综合考虑三者间的配合。三者的相互作用可概括为：①一个条件的有利影响可因结合另外有利条件作用进一步加强；反之，一个不适条件的危害影响可因结合另外的不适条件而变得更为严重。②一个条件处于不适状态可以使得另外本来是适宜的条件作用减弱或不能表现出其有利影响；与此相反，一个不适条件的不利影响可因改变另一条件而使之减轻或消失。因此，生产实践中必须寻找三者之间的最佳配合，当一个条件发生改变后，其他的条件也应随之改变，才能仍然维持一个较适宜的综合环境。双维气调即是基于此原理而研究出来的气调新技术。

双维气调，又称双变气调或动态气调，指贮藏过程中温度和气体成分同时变化的贮藏方式，其中温度变化多是随环境温度而变化，如苹果可采用双维气调。

5. 气调贮藏的管理

气调贮藏的管理与操作在许多方面与机械冷藏相似，包括库房的消毒、商品入库后的堆码方式、温度、相对湿度的调节和控制等，但也存在一些不同。

（1）新鲜果蔬产品的原始质量

气调贮藏对新鲜果蔬产品质量要求很高。没有入贮前的优质为基础，就不可能获得气调贮藏的高效。贮藏用的产品最好在专用基地生产，加强采前的管理。另外，要严格把握采收的成熟度，并注意采后商品化处理技术措施的配套综合应用，以利于气调效果的充分发挥。

（2）产品入库和出库

新鲜果蔬产品入库贮藏时要尽可能按种类、品种、成熟度、产地、贮藏时间要求等分库贮藏，不要混贮。气调条件解除后，产品应在短时间内一次性出清。

（3）温度

气调贮藏的新鲜果蔬产品采收后有条件的应立即预冷，排除田间热后入库贮藏。经过预冷可使产品一次性入库，缩短装库时间有利于尽早建立气调条件；另外，在封库后建立气调条件期间可避免因温差太大导致内部压力急剧下降，增大库房内外压力差而对库体造成伤害。贮藏期间温度管理的要点与机械冷藏相同。

（4）相对湿度

气调贮藏过程中由于能保持库房处于密闭状态，且一般不进行通风换气，能保持库房内较高的相对湿度，降低了湿度管理的难度，有利于产品新鲜状态的保持。气调贮藏期间可能会出现短时间的高湿情况，一旦发生这种现象即需除湿（如采用 CaO 吸收等）。

（5）空气洗涤

气调条件下贮藏产品挥发出的有害气体和异味物质逐渐积累，甚至达到有害的水平，气调贮藏期间这些物质不能通过周期性的库房内外气体交换方法等排除，故需增加空气洗涤设备（如乙烯脱除装置、CO_2 洗涤器等）定期清理以达到空气清新的目的。

（6）气体调节

气调贮藏的核心是气体成分的调节。根据新鲜果蔬产品的生物学特性、温度与湿度的要求决定气调的气体组分后，采用相应的方法进行调节使气体指标在短时间内达到规定的要求，并且整个贮藏过程中维持在合理的范围内。

气调库房运行中要定期对气体成分进行监测。不管采用何种调气方法，气调条件要尽可能与设定的要求一致，气体浓度的波动最好能控制在 0.3% 以内。

（7）安全性

由于新鲜果蔬产品对低 O_2 和高 CO_2 等气体的耐受力是有限度的，产品长时间贮藏在超过规定限度的低 O_2、高 CO_2 等气体条件下会受到伤害，导致损失。因此，气调贮藏时要注意对气体成分的调节和控制，并做好记录，以防止意外情况的发生，同时有助于意外发生后原因的查明和责任的确认。另外，气调贮藏期间应定期通过观察窗和取样孔加强对产品质量的检查。

6. 调库技术及发展前景

我国是果品、蔬菜的生产大国，在种植面积和绝对产量上均居世界首位。但我国又是一个果蔬保鲜贮运能力严重落后的国家，每年腐烂变质造成的损失高达总产量的35%左右，另有大批产品由于贮藏条件不良而降低了商品的价值，每年给国家和农民造成数百亿元的经济损失。大力发展高水平、高质量的果蔬保鲜贮藏装备，是我国目前亟待解决的大问题。

（1）气调冷藏库的优势

果蔬保鲜贮藏方法有两个范畴，即死体贮藏法与活体贮藏法。前者以速冻技术和真空冷冻干燥技术为代表。速冻法是将贮藏物在库内迅速降温至$-38\sim -24℃$，冻结成冷冻食品后在低于$-18℃$的条件下长期贮藏。由于其降温迅速，贮藏物组织内结冻的冰晶细小均匀，细胞组织未被破坏，因此其营养成分损失少，能基本维持原有品质，但解冻后必须立即食用，不准再复冻。真空冷冻干燥是一种低温脱水技术，即将新鲜果蔬先加工成速冻食品后，再在真空容器中使物品中冻结的水分实现固—气升华而脱水，这种食品可基本维持冻结物的外形和品质，食用时用水浸泡，使其吸水复原，其品质要大大优于风干、烘干或晒干的食品。在活体保鲜贮藏范畴内，除古老传统的堆藏、窖藏、冰藏、埋藏、假植、通风库等一些方法外（这些方法因贮量少、贮期短，适应品种少、贮藏质量差，技术落后、商业效益差而逐渐被淘汰），尚有如下几种方法。

①化学（药物）贮藏法。用消毒灭菌剂、生长抑制剂及保鲜剂等3类化学药剂喷洒在贮藏物上，以达到消毒杀菌、抑止后熟和保持其鲜艳色泽。使用时需要谨慎，针对性要强，保鲜期短，应用上有很大的局限性。

②辐射贮藏法。用适当剂量的放射性同位素（常用^{60}Co）对大蒜、洋葱及马铃薯等进行照射，可抑制其发芽，操作技术复杂，用途极窄。

③涂膜保鲜法。将酶性糊精保鲜剂、液态膜保鲜剂、紫胶水果保鲜剂等保鲜涂料，用涂蜡机等涂抹设备，在贮藏物表面涂上一层保护膜，以抑制贮藏物的呼吸作用，延缓其代谢和后熟过程及水分蒸发。此法保鲜期不长，大多作为辅助性保鲜措施使用。

④减压贮藏法。又称真空冷却或真空预冷法，它是将摘收后的果蔬置于密闭容器内，降低容器内的压力，使水的沸点降低，贮藏物因水分从表面蒸发而较迅速均匀地冷却，特别适用于蒸发表面大的果蔬，这是以牺牲贮藏物的水分为代价，

来换取温度的降低，温度每降5℃，就有贮藏物质量1%的水分被蒸发。此法不能用于长期保鲜贮藏。

⑤人工控温贮藏法。用机械制冷来实现人工控制贮藏环境的温度，使贮藏物的呼吸强度降低，以减少果蔬组织的内耗，从而达到较长期的保鲜贮藏效果。这是一种贮藏品种面较宽，贮存量较大，贮藏质量较好、较先进的贮藏方法，即通称的高温库（又称恒温库）。

⑥气调贮藏法（自然气调）。人为或利用贮藏物本身呼吸的吐故纳新作用，根据不同果蔬的生化特点，来相应地调节贮藏空间空气中氧和二氧化碳的含量，用低氧和高二氧化碳浓度来抑制贮藏物的代谢作用和微生物活动，以及抑制乙烯的产生和乙烯的生理作用。从而阻滞贮藏物的衰败达到保鲜贮藏的效果。常见的气调贮藏方法有塑料包装定期换气、人工降氧和洗涤二氧化碳等方法来调节库房内的空气成分等。

⑦气调冷藏法。即在高温库的基础上，对库体进行气密性处理，再配置气调系统和加湿系统，就构成了当今世界上最流行的，也是最先进的果蔬保鲜贮藏设施气调冷藏库。它贮藏量大、贮藏期长、贮藏品种多且贮藏质量好，代表着当今果蔬贮藏设施的发展方向和主流。

⑧空气中离子保鲜法。把果蔬贮藏环境中的空气在电晕放电下电离，使之产生离子和臭氧。这样，离子和臭氧同时作用到果蔬上，能抑制果蔬的呼吸作用，氧化果蔬代谢过程中产生的有害物，延缓其生命过程。同时可对贮藏环境和果蔬表面进行杀菌，从而达到保鲜效果。

⑨湿冷保鲜法。该法是采用湿冷系统达到保鲜的目的，系统内包括制冷剂、载冷剂和湿空气的3种循环，通过机械制冷、水箱蓄积冷量的方法，获得冰水混合液，再在混合换热器中进行气水的热质交换，使库内的空气在迅速冷却的同时还获得很高的湿度（95%～100%），然后经过通风与库内的果蔬进行热质交换，使其在短时间内得以冷却，并抑制其水分蒸发，保持新鲜的外观和良好的风味。

⑩冰温保鲜法。果蔬低温冻结时，冰结晶先在细胞外产生，细胞内的水分仍为液体。因液态的水蒸气压大于冰的水蒸气压，水从细胞内渗到细胞外，这样冰结晶都在细胞外，则缓慢解冻后果蔬能保持原有鲜度。

气调冷藏库能精确控制果蔬保鲜的三要素：气调冷藏库可根据贮藏物的生化特点，选择最佳的气调冷藏工艺参数（温度、空气成分、相对湿度），并通过制冷系统、气调系统和加湿系统的精确运作，有效地抑制贮藏物的生理变化，减弱其物理变化（水分蒸发）和化学变化（有机酸、淀粉、葡萄糖减少、果胶质分解、维生素损失），抑制细菌的活性和繁殖，达到长期保鲜贮藏的目的。

a. 控制温度。果蔬的呼吸强度与环境温度有密切关系，一般温度升高 1℃，果蔬的呼吸强度就增强 2～3 倍，新鲜的果蔬在常温下放 1 d，等于冷藏库内 2 d 的失鲜度，因此采收后的果蔬，应尽快入库。

降低温度可以最直接地减少果蔬的呼吸强度，有效保持果蔬质量和延长贮藏期。酵素是引起采收后果蔬腐烂的主要因素，它对温度十分敏感。在 25℃时，腐烂病菌繁殖最快，当温度降低病菌的繁殖就会变慢，甚至停止活性。理论上的果蔬贮藏最低温度的界限是 -2～0℃，这个温度是果蔬细胞组织的凝固点。

理想的贮藏温度是稍高于贮藏物的凝固点，使贮藏物的呼吸和代谢活动降至最小值，而且还不结冻。果蔬的生化特点多种多样，它们都有各自的理想贮藏温度。因此气调冷藏库的温度控制，由制冷系统来完成库间内的降温速度，需根据贮藏物的特性、大小、形状、结构（叶厚、皮厚等）组织成分（水分、可镕性物质）、包装形式及码垛方式来确定。

b. 控制相对湿度。果蔬组织内水约占 90%，它们在摘收后，就得不到水分补充。新鲜果蔬走向败坏的原因之一，就是由于蒸发使果蔬表面失去水分，导致皱缩和萎蔫，鲜度下降，硬度降低，质量和维生素都有损失，如果质量减少 5%～10%，许多果蔬就会失去商业价值。

一般的果蔬保鲜贮藏要求环境的相对湿度在 90% 以上，个别品种可高达 95%～98%，如果库间的相对湿度达不到要求，就要想办法增加空气的湿度，如往地上泼水或采用加湿系统来完成。

也有一些贮藏物害怕高湿度的环境，如种子、种球、花粉等在相对湿度超过 60% 时，就会出现霉变，这就要安置除湿机，将空气中多余的水分除掉。

c. 控制空气成分。首先是调节库房空气的含氧量。氧既是维持活体果蔬生命所必需的，又是使贮藏物产生内耗的主要因素。降低库房空气中的含氧量，无疑可抑制贮藏物的呼吸、后熟和衰老。正常空气中的氧含量是 21%，要使果蔬明显地降低呼吸强度，减少内耗，氧的浓度必须降至 1% 以下，降氧极限为浓度 3%～5%，若低于 1%，厌氧类细菌会大量繁殖，对贮藏物造成损害。

低氧环境还能抑制病菌的活性。减缓叶绿素的破坏速度，抑制乙烯的产生，当含氧量在 3% 以下时，就不能发挥乙烯的催熟作用。调节库房空气的二氧化碳含量。二氧化碳在果蔬贮藏中能起到抑制果胶质衰败的作用，从而使果蔬能长期保持组织的坚实和原有的香味，达到果蔬保绿、保脆。因此适当提高库房空气中的二氧化碳含量是十分必要的。空气中二氧化碳的含量仅 0.02%，果蔬对二氧化碳浓度的适应，由于品种不同，差别很大，如适应 1% 或更少的有梨等；适应 20% 或更多的有草莓、樱桃等；有些苹果在浓度达到 2% 时，就会受到伤害，而大部分蔬菜在低氧、低二氧化碳或无二氧化碳的空气中，能贮存较好。在库房内适当提高二氧化碳浓度的另一好处是可以抵消乙烯的催熟作用。

气调冷藏库比先进的高温库具有如下优点：一是保鲜贮藏期要比高温库长0.5～1倍；二是保鲜贮藏的质量好，贮藏物的养分损失极少，出库时贮藏物的各项指标与入库时出入不大，可保持贮藏物原有的色、香、味；三是气调贮藏的果蔬出库后，有一个从"休眠"状态向正常状态过渡的"复苏期"，可在2～4周保持其质量和外观不变；四是气调库的低温、低氧环境，可极大地抑制病虫害的发生，使这方面的损失在贮藏期间降到最低；五是能很好地保鲜贮藏一批在高温库中不能贮藏的难败品种，如猕猴桃、杧果、荔枝、葡萄等。此外贮存鲜花、苗木也能收到良好的保鲜效果；六是给气调库配置除湿系统后，可使一些喜欢低温、低氧和较干燥环境的贮藏物如花粉、种子、种球、药材等得以长期保鲜贮藏。

（2）我国与先进国家的差距

我国在20世纪70年代末引进极少的气调库，开始接触这项新技术，1984年大连市机电研究所研制成功了我国第一座现代化的气调冷藏库，之后又成功研制了气调库的关键配套设备——催化燃烧降氧机和洗涤二氧化碳机一体化的组合式气调机和超声波加湿器、离心式加湿机，完成了我国气调库全部国产化的任务，使气调库被国家列为替代进口产品。现在建造的钢结构骨架，夹芯绝热库板组成的"洋库"，除电控系统的自动化程度稍差外，其他各部分均已达到或接近当代国际先进水平，而且还结合我国国情在库体结构和气调库的功能与用途方面有所突破和创新，开发生产出中空纤维气调机和分子筛气调机。总体上说，我国气调库的建库技术水平与世界先进水平相比，差距不大。

我国气调库的推广普及程度和果蔬的气调保鲜贮藏量与先进国家比，相差悬殊。六七十年代发达国家的鲜果保鲜贮藏量占水果总产量的30%左右。而在我国，使用气调库的贮存量仅占水果总产量的0.3%。

制约我国推广普及气调库的主要因素：首先是人们的消费水平有限，对高品质的水果缺乏追求意识，我国的气调果品消费市场还未培育起来；其次是建造气调库的一次性投资较大，而目前我国的果品生产与销售是以家庭承包为主体，现代化产销联营的体制尚未建立；最后是对这项新技术的宣传工作没有开展。

尽管我国在推广普及气调库方面严重落后，但我国在研究、掌握这项新技术方面却不断创新。在全国各地已经建成不同库体结构形式、不同功能、用途、可贮藏不同品种（水果、蔬菜、花卉、花粉、种子等）和风格各异的气调库60余座。

（3）发展前景预测

我国经济体制改革的不断深化必将推动我国果品业的体制和运行机制的深刻

变革。我国要建立现代果品业，必然要将现在各自分散的、小农经济式的果树种植业、采后处理与贮藏加工业、营销体系和相关的科技服务业有机地结合起来，形成合力和规模经济，最终实现果品产后的多次增值，逐步走向产、工、贸一体化和果品产业集团化，为普及推广果蔬气调保鲜贮藏新技术铺平道路。随着人们生活水平的提高，对水果的质量也会逐渐讲究起来，高质量的气温贮藏果品必将成为人们习惯需求的商品。

目前，各行各业都在研究和规划"十三五"的发展蓝图。就果蔬保鲜贮藏业而言，正是筹划大展宏图的好时机。气调冷藏库是果蔬保鲜贮藏技术装备发展的方向和主流。但就我国目前的经济发展水平而言，存在着一定的超前期，目前正处于技术准备和创造条件阶段。预计我国的气调保鲜贮藏事业，将迎来自己的春天，进入迅速发展期，气调库贮藏量在果蔬总贮量的比例将以每年 1%的速度递增，气调库得到大面积的普及推广。

四、减压贮藏

减压贮藏又称低压贮藏，是在冷藏基础上将密闭环境中的气体压力由大气状态降低至负压，形成一定的真空度来贮藏果蔬产品的一种贮藏方法。减压贮藏作为新鲜果蔬产品贮藏的一个技术创新，可视为气调贮藏的进一步发展。减压的程度依产品不同而有所不同，一般为正常大气压的 1/10 左右（10.132 5 kPa），如用 1/10 大气压贮藏苹果，1/15 大气压贮藏桃、樱桃，1/7～1/6 大气压贮藏番茄等。

减压贮藏的新鲜果蔬产品其效果比常规冷藏和气调贮藏优越，贮藏寿命得以延长。一般的机械冷藏和气调贮藏较少通风换气，因而新鲜果蔬产品代谢过程中产生的 CO_2、C_2H_4、乙醇、乙醛等有害气体逐渐积累可至有害水平。而减压及其低压维持过程中，气体交换加速，有利于有害气体的排除。同时，减压处理促使新鲜果蔬产品组织内的气体成分向外扩散，且速度与该气体在组织内外的分压差及扩散系数成正比。另外，减压使空气中的各种气体组分的分压都相应降低，如气压降至 10.132 5 kPa 时，空气中的各种气体分压也降至原来的 1/10。虽然这时空气中各组分的相对比例与原来一样，但它的绝对含量却只有原来的 1/10，如氧气由原来的 21%降至 2.1%，这样就获得了气调贮藏的低氧条件，起到气调贮藏的效果。因此，减压贮藏能显著减缓新鲜果蔬产品的成熟衰老过程，保持产品原有的颜色和状态，防止组织软化，减轻冷害和生理失调，且减压程度越大，作用越明显。

减压贮藏要求的低压和低压状态的维持对库体设计和建筑提出了比气调贮藏库更严格的要求，主要表现在对气密程度和库房结构强度要求更高。气密性不够，设计的真空度难以实现，无法达到预期的贮藏效果；气密性不够还会增加维持低压状态的运行成本，加速机械设备的磨损。减压贮藏由于需较高的真空度才会产生明显的效果，库房要承受比气调贮藏库还要大的内外压力差，库房建造时所用材料必须达到足够的机械强度，库体结构合理牢固，因而减压贮藏库房建造费用较大。此外，减压贮藏对设备有一定的特殊要求。减压贮藏中需重点解决的一个问题是在减压条件下新鲜果蔬产品中的水分极易散失。为防止这一情况的发生，必须保持贮藏环境高的湿度，通常应维持在95%以上。要达到如此高的湿度，减压贮藏库房中必须安装高性能的增湿装置，达到一定真空度和维持要求需添置真空泵及相关的设备。

一个完整的减压贮藏系统包括4个方面的内容：降温、减压、增湿和通风。新鲜果蔬产品置入气密性良好的减压贮藏专用库房并密闭后，用真空泵连续进行抽气以达到所要求的低压。当所要求的压力满足后，保持从流量调节器和真空调节器进入贮藏库的新鲜空气补充量与被抽走的空气量达到平衡，以维持稳定的低压状态。由于增湿器内安装有电热丝能使水加热而略高于空气湿度，这样使进入冷藏库房的气体较易达到95%的湿度要求，且进入房库的新鲜高湿气体在减压条件下迅速扩散至库房各方位，从而使整个贮藏空间保持均匀一致的温、湿度和气体成分。由于真空泵连续不断抽吸库房中的气体，新鲜果蔬产品新陈代谢过程产生并释放出来的各种有害气体，迅速地随同气流经气阀被排出库外。减压过程中所需的真空调节器和气阀主要调控减压程度及库内气体流动量。

气调和负压（减压）保鲜是目前最先进的两种保鲜技术。其中气调保鲜技术已在发达国家普遍应用，而负压保鲜技术仍处于试验阶段，鲜见商业应用。

1. 负压气调库的概念和基本原理

负压气调库又可称减压气调库，是作者1999年提出的创意性概念保鲜库，其后设计建造了试验库型，2001年获国家专利。负压气调库其密封体内的气体成分组成比例按气调规范能任意调节，库内的压力可维持在一定的负压范围内。

气调保鲜是基于混合气中相对于空气的低 O_2 和高 CO_2 比例，对鲜活产品和病原微生物的生命活动进行有限度的控制。负压保鲜则基于空气中各组分含量的绝对量减小，对保鲜起主要作用的限量供应和有害气体的不断排除。负压气调保鲜则是按气调和负压两种方法相互补充，综合两种效应。即：按气调保鲜的方法，按密封库内的气体成分维持在要求范围内，然后通过特定装置使密封库内气压维持在一定的负压状态。这样密封库的气体组分与一般空气不同，对保鲜品有一定的气调效应。同时，密封库保持负压状态与常规气调库也不同，使保鲜品和病原微生物的生命活动受到双重控制，从而增强保鲜效果。尤其适用于对低 O_2 和 CO_2

敏感的产品采用比常规气调相对较高的,和相对低 O_2 的负压气调,在保鲜过程中,产品可免受低 O_2 和高 CO_2 伤害,在维持负压过程中,产品内部和密封体内的有害气体不断被排除,更有利于提高保鲜效果。

2．负压气调库的基本构造

负压气调库由围护结构、制冷系统、气密和负压结构、气调和负压调节系统、控制系统等五大部分组成。其中负压结构和负压调节系统是负压气调库的特有部分,其余部分与冷库、气调库基本相同。

（1）负压气调库的围护结构

负压气调库的围护结构与一般冷库的围护结构基本相同,包括各种形式的隔热保温墙体、屋盖和地坪、保温门等。与常规气调库的区别是围护结构不包含气密层,保温门也不需特制的气密结构。该种库的围护结构形式有多种,如土建夹心墙式、装配式和土建装配复合式等,其中以土建装配复合式最为经济实用,一般冷库、气调库的围护结构均可作为负压气调库的围护结构使用。

（2）负压气调库的制冷系统

负压气调库的制冷系统与常规冷库和气调库的制冷系统基本相同,以先进、高效、精制酚单元组合式为首选；负压气调库运行过程中要求制冷系统比一般冷库有更高的安全运行性能。设计选用 F6Qw 系列风冷高效室外壁挂式全封闭制冷机组,其压缩机为低噪声、高效涡旋式,轧花铝板吊顶冷风机,单元独立制冷方式,全自动化运行。

（3）负压气调库的气密和负压结构

负压气调库的气密和负压结构是该种库的特有结构,它与柔性气调库结构相近。但要有较好的耐压支撑骨架和负压保持装置。气密结构由柔性密封材料构成。其设计要求是：密封性能好,柔软可塑性强,低温条件下稳定,不变硬不易脆,有一定的机械强度,易热合加工等。材料可选用符合要求的塑料、橡胶和新型防水卷材等。最好选用两种或多种材料复合制成的气密结构。用透明或半透明材料作整体或部分结构可方便地观察密封体内的保鲜品。

负压气调库的气密和负压结构,是一个四周表面的内支撑全封闭系统。以柔性密封材料构成密封体,以内支撑骨架承受负压而保持密封空间的完整。柔性密封体四周表面与底面和顶面采取焊接和板筋加固形式,保持一定的抗撕裂机械强度。密封体上没有一个宽 8 m、高 1.5 m 的进出口（柔性封闭方式）,因此四周对向通道的面设置数个柔性观察口,以利于观察保鲜品和取样。柔性密封体内的支撑,用防锈钢管和高强度的工程塑材制成,采用焊接与紧固件经固结合的方式。不需要加厚型的钢质结构、制作工艺大为简化,成本大幅降低。

在负压气调库的密封体内，设置制冷系统的吊顶冷风机、加湿系统的加湿件、气调和负压系统的各种管道及控制系统的各种传感器等。

（4）负压气调库的气调和负压系统

气调和负压系统也是该种库型的关键结构。负压系统是特有结构。有两种形式结合使用，一是抽空装置，二是气调压力效应和进出气差量控制。通过计算和设计，二者配合操作，维持负压气调库内的负压状态。抽空装置采用低噪声、低真空度、高湿型设备配合气调系统自动运行。

气调设备设计配置有：氮气供应源、氮气调理器、二氧化碳清理器、杂气清理器、仪器仪表按制系统和加湿设备等。其中氮气供应源有两种形式可供选择。一种是钢瓶高压商品氮气，另一种是制氮机随机制氮，二者能方便地进行对换或交替使用。

（5）负压气调库的控制系统

负压气调库的按制系统有制冷控制、气调按制和负压控制三项内容。三部分各自独立，并没有互动、联动装置。制冷按制系统主要参数是温度。采用高精度组合仪表、三级保护，库温霜温分别即时显示，按温度和压力指示自动降温和自动化霜。气调控制主要是气体压力、库内湿度以及与负压系统的联动装置。库内的 O_2、CO_2 组分变化，通过取样泵正压进样，数显仪表显示和控制。利用低温型、高精度相对湿度传感器配套数显按制仪表控制库内的相对湿度。负压控制系统，主要控制进出库内舱气流量和压力，有两种按制方式。一种是气流量和压力远传仪表数显自控。另一种是单片微机编程控制，通过设计运算负压气调库内的气体进出量和压力进行定量综合控制，维持库内的负压水平。控制系统设计有温度、压力、相对湿度、O_2 和 CO_2 气体、气体流量、液压等多项多数的采集相处理系统。通过制冷、气调和负压控制单元的信号输出相接口，联接微机数据处理中心、对数据进行采集记录、分析存储和控制。

3. 负压气调库的使用与保鲜技术

负压气调库的操作和使用，比一般冷库和气调库都较复杂，因制冷系统可以独立控制，一般设定好温度的上下限和化霜温度控制，制冷系统即可安全自动运行负压气调库的调气程序：首先根据既定的气体指标，通过 O_2、CO_2 监控仪表进行充氮降 CO_2 操作，直至符合气体组成的要求为止。当 O_2 超过指标时，可启动 CO_2 清理器、启动杂质清理器除杂气。须注意清理器内的交换液应及时更换。负压气调库的负压程序也有两个过程：第一个是气调充 N_2 降 O_2 过程，即通过进出气量的控制，使库内的压力保持一个负压状态；第二个过程是调气程序完成后，进入负压限定和维持阶段，主要是通过真空装置扣除库内的部分混合气体，使库内达到要求的负压指标。另外，清理 CO_2 也会造成库内负压的轻微变化。

负压气调库内的湿度控制是通过相对湿度监控装置、保湿装置和加湿装置完成。对于含水量高的鲜活产品来说，负压气调库内的相对湿度往往低于要求指标，仅仅靠加湿达不到高湿要求。而加湿又往往会增加冷风机的结霜量和冷负荷，还会降低抽空机的效率和使用寿命。因此，负压气调库的高湿要求与一般气调库一样，主要在于保湿而不是加湿，加湿只是保湿的辅助性措施。所以，负压气调库的正常操作要尽量减少直接加湿。一般情况下，通过气体调理器和清理器的操作，进入库内的气体都接近水饱和状态，只要加强保鲜品的保湿措施（如运用原气调效应的保鲜包装及防蒸发覆盖等），都可达到保鲜品的高湿要求。

负压气调库的保鲜技术是一个综合性技术体系。首先要对产品的气调效应有初步了解，以便确定其气调指标。原则上，负压气调库的气调指标比常规气调库的 O_2 指标要稍低。

其次，应用负压气调库保鲜可增加一些辅助措施，如大型的果实上光打蜡、杀菌防腐保鲜剂处理、电子灭菌技术等。尤其是负压条件下，库内应用杀菌剂效果比常规冷库、气调库更好。因负压气调库兼有气调和负压综合效应，保鲜参数有更大的灵活性，结合温度、湿度、气体成分和负压环境、无有害气体积累等因素，适宜配藏保鲜的产品种类更多，保鲜效果优于常规冷藏、气调保鲜。负压气调库是一种新型保鲜库，从概念到实用库型及规范使用，都有一些问题需要深入研究，急需的有如下方面：负压气调库的气调和负压效应理论研究；优化设计研究；气密材料性能和负压结构的研究；主要设备的规范配置研究；负压气调库的模拟控制和规范保鲜技术研究等。

五、物理贮藏

近代物理技术的发展，产生了贮藏领域内一类崭新的应用技术即电离辐射、电场处理和磁场处理，统称为物理贮藏。其中电离辐射和电场处理的不同之处在于能量来源不同，前者利用原子能，后者利用电能；再者作用方式和途径也不同。其共同点在于使物质电离和激发，产性强的自由基和离子作用于生物体，它们在作用机理和生物学效应方面也有许多相似，故常将电离辐射和电场处理合称为电离保藏。

1. 辐照保藏（电离辐射）

（1）辐照保藏起源

1896 年，在发现 X 射线的第二年，Minck 指出，X 射线具有杀菌作用。第二次世界大战以后辐射保藏食品进入了实质性的发展阶段，为了安全地保藏食品，解决公众的食品安全问题和满足某些特殊需要，从 1953 年开始，美国许多研究单位、学校、军事科学研究机构，相关政府部门，分别陆续组织实施了多项食品辐射研究项目，涉及蔬菜、水果、肉类、鱼类及其他的制品数十种，在确切的研究成果基础上，美国陆军总部宣称，辐射保藏食品将造福于人类。与此同时，荷兰、加拿大、法国、日本、德国、苏联等许多国家也积极开展了多种食品的辐射保藏研究，从 1965 年开始，各国纷纷兴建现代化食品辐射工厂，使食品辐照迈进了实用化和商业化阶段。

全世界高度关注食品辐照事业，FAO、WHO、IAEA 等国际权威组织筹划、支持、组织了多方面的国际合作研究，定期召开国际学术会议，尤其对辐照食品的卫生安全性进行了极其严肃审慎的科学评价。1976 年，FAO/WHO/IAEA 联合专家委员会向世界宣布：经 10KGy 以下辐照剂量处理的食品对人体是安全的。自此以后，食品的辐照保藏在全球得到更快的发展，辐照保藏技术的应用日益广泛，政府批准可进行辐照处理的食品越来越多，作为一种不损伤食品品质的"冷杀菌"技术，越来越显示其重要的应用价值。

利用照射源发出的高能射线照射果蔬产品，照射后为其提供适宜的环境。一方面射线能量影响到果蔬产品内部的生理机制，使代谢强度降低，从而有利于保持品质和延长贮期；另一方面利用射线的杀菌灭虫效力，消灭食品附带或潜藏其中的病原菌、腐败菌和有害昆虫，防止污染，减少果蔬产品的采后损失。

①各种射线的特点：辐射保藏的效应是射线引起的，有必要对射线的特点做一扼要了解。射线是高速运动的粒子流或电磁波。放射性同位素核衰变时释放出 α、β 和 γ 射线，电子加速器可大量产生电子射线，高速电子冲击靶后会产生 X 射线，不同射线在电荷、能量、射程和穿透力方面各不相同。

α 射线是带正电的高速粒子流，但易被空气吸收，射程短；β 射线是带负电的高速电子流，但其穿透力弱；γ 射线不带电，是光子流，能量高射程长穿透力强；电子射线辐射功率大，方向性强能量利用率高，但穿透力较弱；X 射线不带电，是光子流、能量高、穿透力强，但使用成本高，实际应用受到限制；紫外线是一种短波辐照，对物质的原子和分子产生激发作用，引起生物大分子的光化学反应，但能量低，穿透力弱。基于上述特点，凡穿透力弱者只能对食品产生表面效应，所以适合用于食品辐照的只有 γ 射线和电子射线。射线照射时，可使被照射物的分子和原子产生离子化作用，所以又称为电离射线。常用的 γ 射线源是 ^{60}Co，^{137}Cs。

②辐射保藏原理：当果蔬产品被照射时，自身和携带的微生物、昆虫就会吸收射线的能量，使内在的物质结构和反应机制发生变化，出现不同程度生理异常，最终导致多种异常的生物学症状，甚至死亡。这一过程被称为辐射生物学效应，

是递进、发展的过程，具体说来：首先发生辐射物理过程，此期是分子和原子的离子化，产生激发分子；接着是辐射化学过程，此期是生物大分子蛋白质、酶、脂质结构的变化及 DNA 损伤；然后出现生物化学过程，生物大分子修复损伤或损伤扩大而引起代谢异常；最后是生物学过程，产生代谢或生长异常，细胞组织死亡，直至个体死亡。

生长发育正常旺盛的微生物对射线非常敏感，最易产生上述的辐射效应，其生物大分子结构发生微小变化，就会导致代谢紊乱，酶失活和生命活动受阻，从而加速死亡。

各种微生物对射线的耐受力不同，研究表明引起果蔬产品腐败的常见病原菌在较低的辐照剂量下就可被杀死。而果蔬等鲜活产品具有自身的生活机能，较低的剂量下，射线引发的生理损伤可经过一段时间的修复而走向正常，同时射线对生物酶活性可能产生适度的抑制，由此带来的抑制新陈代谢的效应正好符合延缓后熟衰老的需要。而谷物等干燥籽粒，自身对射线的敏感性已很低，辐射的作用主要体现在杀虫灭菌上。

（2）果蔬产品辐照生物学效应表现

①抑制新陈代谢，延缓后熟衰老。γ 射线进入有机体时，大量的水最易成为其作用目标，其次才是生物大分子。受作用的靶分子电离生成自由基和离子，它们可引发各种放射化学反应，对有机体的代谢产生影响和干扰。国外曾报道，香蕉辐照后，戊糖磷酸途径加强，游离果糖蓄积，使成熟相关的合成过程所需能量的形成受阻；Romani 等从低剂量辐射后的西洋梨中提取线粒体，发现其呼吸代谢中的苹果酸和α-酮戊二酸的氧化均有下降，但随时间延长又逐渐恢复，甚至变得比未经辐照的还高；樱桃辐照后线粒体的数目明显减少，其后又缓慢增加，最后与对照持平。由此可知，在射线作用后，生物体会调动自身生活机制进行修复，在一定的损伤效应范围内，经一定时间的逐步修复，能够恢复或接近恢复正常，这一过程表现为后熟衰老的延缓。

②抑制发芽和生长发育。产生这种效应的是有休眠的器官，生产实践中以低剂量辐照可有效防止洋葱、大蒜、马铃薯等在贮藏期中的发芽生长，已经得到广泛应用。

休眠器官存在着尚未活动的分生组织，一旦分生组织中核酸积累就会导致发芽。射线易引起核酸降解和结构变化，导致核蛋白变性及分生组织破坏；同时与发芽关系密切的生长素合成系统也对射线敏感。马铃薯辐照后生长素合成酶逐渐失活，内芽中 RNA 和 DNA 含量低于未经辐照产品，研究表明，辐照抑芽应把握时机，一般认为，收获干燥后，内芽尚未活动时及早处理是恰当的。

③杀灭微生物和昆虫。各类食品都存在微生物污染并引起食品严重的腐败损失。含水量高，营养丰富的食品则更易腐败。在果蔬产品范围内，粮食的生虫长霉是贮藏期中的主要危害。世界上许多国家都采用电离辐射处理粮食，除了防霉以外对粮食主要害虫，如米象、谷盗、抑谷盗、小扁甲等及其虫卵能有效杀灭，我国广西防城港已新建一个大型粮食辐照工厂，粮食辐照后稳定性大大提高，成本上升极其微小。

（3）影响辐照保藏效果的因素

①射线种类。基于γ射线的特点，在食品辐照上长期以来获得最广泛的应用，对于采用了密度高的包装材料的产品及大容积的包装食品直接照射，只有γ射线是适合的。

②辐照时机的把握。根据果蔬产品采后生理变化的特点及微生物的生长规律，原则上收获后要尽早辐照，这一原则也适合其他各类食品。

③照射剂量与剂量率

a.计量单位：射线的能量单位是电子伏特（eV），1 eV指一个电子通过电位差为1 V的电场时所获得的能量。伦琴（R），辐射剂量单位，使1 mL空气产生2.1×10^9个离子时的辐射剂量为1 R。戈瑞（Gy），吸收剂量的SI单位的焦耳每千克（J/kg），SI单位专名是戈[瑞]（Gray），1 Gy =1 J/kg实际处理时应根据保藏目的、保藏条件和食品的特点确定最适照射剂量。一般而言：

0.05～0.15kGy	是抑制发芽的照射剂量
0.1～1.5kGy	是杀死害虫照射剂量
1～5 kGy	是抑制部分微生物的照射剂量
3～7 kGy	适用于脱水蔬菜的照射剂量
15～60 kGy	是辐射完全灭菌的照射剂量

b.剂量率：单位时间内照射的剂量即为照射剂量率。事实证明，在一定范围内照射相同剂量，以高剂量率照射，所需时间短，效果好；以低剂量率照射，所需时间长效果较差。但剂量率与辐射装置和安全性有关，一般不能大幅提高。

④果蔬产品的性质。在抑制新陈代谢方面，产品的种类、品种、成熟度、生长发育阶段对辐射效果影响极大。高峰型果实只有在呼吸高峰前照射才有效果；对于未成熟产品，辐照可能降低其抗病性。如果辐照处理旨在控制腐烂，成熟的果蔬辐照后作用明显。此外，果蔬产品自身质量的好坏，是否受到机械损伤，原始污染的种类和程度，包装材料的密度等都对辐射保藏的效果有重要的影响。

⑤辐照后的贮运条件。辐照处理不是万能的，更不可能使品质差的产品品质

变好。辐照效果与贮运条件关系非常密切。如以 0.01 kGy 剂量照射洋葱，其后贮藏于 1~6℃的低温下，抑制发芽的效果优异，但如直接放置于室温下，抑制发芽的时间大大缩短。

⑥辐照与其他方式的配合。基于生物性食品的复杂性，要达到预期的保藏效果单一依靠辐照难以实现，有时还可能带来不利。适当地结合其他方式往往可产生协同效应。如为了使杧果保鲜，先用 45~50℃热水处理，再用低剂量辐射，在杀灭象鼻虫，防止杧果腐烂，延长保鲜期上取得明显效果；再如用较高 CO_2 短时间处理草莓后再进行低剂量照射，也有利于保持草莓品质延长货架期；先用低温，或涂膜，或添加维生素 C 等处理猪肉之后，再行照射，可防止猪肉颜色变暗或产生辐照异味。

（4）辐照保藏食品的安全性和该项技术在食品上的应用价值

①辐照保藏食品的安全性。通过世界各国有关机构和国际权威组织历经数年对辐照食品安全性的全面研究、调查、评审，在充分确凿的数据支持下，辐照食品的安全性已澄清。我国政府 1984 年正式颁布了马铃薯、洋葱、大蒜、大米、香肠、蘑菇、花生等 7 种辐照食品的卫生标准，并批准上市销售。1996 年颁布了"辐照食品管理办法"，进一步鼓励对进口食品、原料以及六大类食品进行辐照处理。1997 年公布了香辛料类、干果果脯类、熟禽肉类、新鲜水果、蔬菜类、冷冻包装畜禽肉、豆类、谷类及其制品的辐照卫生标准。世界各地和发达的国际贸易中，辐照食品只要在标签上注明，就可与一般食品一样销售。

②辐照技术在食品上的应用价值

a. 食品辐照是食品的"冷杀菌技术"，辐照后食品基本无温升，可保持营养和感官品质。

b. 可处理各种食品与包装，也可包装完毕再处理，防止二次污染。

c. 在不拆包装、不解冻的情况下杀灭深藏于食品内部的病虫害，对粮食害虫的防治特别经济有效，从而免除了化学防治带来的抗药性问题和环境污染。

d. 可以改善某些食品原料和食品的工艺性质。

e. 节能，处理后无残留，不污染环境。

f. 技术上尚待解决的问题：较高剂量下的安全性问题；辐照异味产生的放射化学机理尚未完全阐明；生物性食品的辐照工艺学研究尚待深入，很多产品的商业性应用技术规范仍需完善；辐照后部分营养素有所损失；辐照后部分酶活性尚存，对其应采取的技术措施。

2. 电磁处理

电磁处理是近年来应用于果蔬贮藏的一门新技术。实际上，很多学者早就开始从物理学的角度来认识生物体。地球上一切生物体都始终处在电场、磁场及带电粒子的作用之下。在地球高空的电离层，气体分子会因宇宙射线的作用而电离，产生一些带电粒子。这些带电粒子在地球电场的作用下，沿着电场强度方向运动，形成离子流，经过动植物和建筑物流入地下。有学者建议，就某种意义而言，地球上一切生物体都可以看成是一种生物蓄电池，因此，生物的进化、繁衍乃至生长发育过程，都必然会受到周围的电场、磁场及带电粒子的影响。所以，人为地改变生物周围的电场、磁场和带电粒子的情况，必然会对生物体的代谢过程产生某种影响。此即电磁处理技术的依据。

（1）磁场处理

果蔬产品在一个电磁线圈内通过，控制磁场强度和产品运动的速度，或者用相反的方式，产品静止而磁场不断改变方向，可使产品受到一定剂量磁力线的切割作用。据国外资料报道，水果在磁场中运动，其组织生理上总会产生某些变化，就同导体在电场中运动要产生电流一样。这种磁化效应虽然很小，但应用电磁测量的办法，可以在果实组织内测量出电磁反应的发生。据资料介绍，水分较多的水果（如蜜柑、苹果之类）经磁场处理，可以提高生活力，增强抵抗病变的能力。Boe 和 Salunkle（1963）曾试验，将番茄放在强度很大的永久磁铁的磁极间，发现果实的后熟加速，并且靠近南极的比北极的后熟更快。他们认为其机制可能是：①磁场有类似于植物激素的特性或具有活化激素的功能，从而起催熟作用；②激活或促进酶系而加强呼吸作用；③形成自由基加速呼吸而促进后熟。

（2）高压电场处理

将产品放在针板电极的高压电场中，接受连续的或间歇的或一次性的电场处理。在高压电场中，游离的离子将受到方向相反的作用力，做加速运动并与周围的原子或分子发生碰撞，产生新的离子，新离子即具有较高的动能，又可碰撞其他的原子或分子使之电离。由于针板电场的不均匀性，电离首先发生在曲率半径最小的针尖处、电场强度最大的地方。此时气体分子就会出现电子跃迁，从低能级跳到高能级，当它们从不稳定的高能级退回到低能级时，则释出能量而成形晕光，称为"电晕"。由于针极为负极，所以空气中的正离子被负电极吸引，集中在电晕套内层针尖附近。负离子则集中在电晕套外围，并有相当数量的负离子向对面的正极板运动，这个负离子流正好流经产品并与之发生作用。不仅如此，电晕放电中还有一部分 O_2 分子形成 O_3 分子，因此，高压电场处理，不只是电场的单独作用，还包括负离子和 O_3 的作用。据一些资料报道，负离子和 O_3 有以下几方面的生理效应。

①延缓衰老。把果蔬看成一种生物蓄电池，采后的一系列生理生化变化及衰

老过程，其实质是电荷不断积累和工作的过程（主要是正电荷）。通过空气中的负离子干扰果蔬的电荷平衡，即中和果蔬所带的正电荷，使其生理活动减缓减弱，即可延缓其衰老过程。

②减少乙烯的致熟作用。O_3具有极强的氧化能力，可使果蔬释放的乙烯被氧化破坏。

③灭菌。负离子和O_3对各种病原菌产生强烈的抑制作用和致死效应。

（3）负离子和臭氧处理

当只需要负离子或O_3的作用而不要电场的作用时，产品不放在电场内，而是采用负离子发生器。在负离子发生器中通过电晕放电使空气中气体分子电离，借助风扇将离子空气吹向产品，使产品在电场之外受到负离子或O_3的作用。表面的微生物在O_3的作用下发生强烈的氧化，使细胞膜破坏而休克甚至死亡，达到灭菌、减少腐烂的效果。另外O_3还能氧化果蔬产品释放出的C_2H_4，降低C_2H_4浓度，减轻其对产品的不利作用；还可抑制细胞内氧化酶的活性，阻碍糖代谢的进行，降低总的代谢水平，总之，延长果蔬产品的贮藏期。

总而言之，电磁处理果蔬是一项很新的技术，有关的试验研究和资料报道都相当少，有待于进一步探讨。

六、食品生物保鲜

生物技术在食品保鲜中的应用目前主要是酶法保鲜技术，能有效地防止氧化和微生物对食品所造成的不良影响。

1. 利用酶保鲜

（1）食品的除氧保鲜

葡萄糖氧化酶是一种理想的保鲜剂，它可有效防止氧化的发生，对于已部分氧化变质的食品也可阻止其进一步氧化。利用此酶保鲜的食品都应置于密闭容器中，同时酶也应和葡萄糖一起放进密闭容器中。现实工作中，一般都是做成吸氧保鲜袋使用的。各种吸氧保鲜袋的基本原理就是：把葡萄糖氧化酶与其作用底物葡萄糖混合在一起，包装于不透水而可透气的薄膜袋中，封闭后置于装有需要保鲜食品的密闭容器中，当容器中的氧气透过薄膜进入袋中，就在葡萄糖氧化酶的催化作用下与葡萄糖发生反应，从而除去容器中的氧，达到防止氧化和食品保鲜的目的。此外，葡萄糖氧化酶也可直接加入啤酒及罐装果汁、果酒和水果罐头中，不仅起到防止食品氧化变质的作用，还可有效防止罐装容器的氧化腐蚀。例如，将葡萄糖氧化酶按 4 U/L 酒的加量添加在啤酒清酒罐内，经测定啤酒中的溶解氧大幅度减少，口味明显变好，老化味明显减轻，澄清度提高，可延长保质期 1～2 个月。

（2）蛋制品的脱糖保鲜

蛋制品主要有蛋白片、蛋白粉和全蛋粉等，是生产糕点和糖果的原料。由于新鲜鸡蛋中含有约 0.5% 的葡萄糖，能引起制成品在贮存期发生褐变，这是葡萄糖与蛋白质发生美拉德反应（糖氨反应）所致，使产品色泽加深、蛋白质溶解度降低并有不愉快气味，严重者致使打擦度和泡沫稳定性降低。为此，必须进行脱糖处理。过去常用自然发酵法或接种乳酸菌法除糖，但不易控制，甚至使蛋白发臭。酶法生产干蛋白片工艺流程：鲜鸡蛋→照选→洗蛋→消毒→打蛋→蛋清→过滤（孔径 1.2 mm）→调 pH（6.8～7.2）→搅拌预热（30℃）→葡萄糖氧化酶处理（加酶量 250～500 U/kg→间断加双氧水（加 35‰ 的双氧水 2 mL/kg，30℃，5～6 h）→升温调 pH（7.5 左右）→加胰酶处理（加量 40～45 U/kg，4～6 h）→过滤（60～80 目）→烘干（52～55℃）→干蛋白片→包装。

2. 利用溶菌酶保鲜

食品腐败变质的主要原因是微生物污染。因此，防止食品腐败的基本方法通常是采用加热杀菌和添加化学防腐剂。但这些方法显然会对食品质量或人体健康产生一定的影响。利用溶菌酶对食品进行防腐保鲜，一般使用蛋清溶菌酶。我国工厂常用蛋壳上残留的蛋清为原料，在 pH=6.5 下用弱酸性阳离子交换树脂 732 吸附后，再用硫酸氨洗脱，经过透析再冷冻干燥而成，收率为蛋清的 0.1% 左右。该酶对人体无害，可有效防止细菌对食品的污染，已广泛用于各种食品的防腐保鲜。

（1）乳制品的保鲜

在干酪生产中，加入一定量的溶菌酶，可防止微生物污染而引起的酪酸发酵，以保证干酪质量。鲜奶或奶粉中加入一定量溶菌酶，不但起到防腐保鲜作用，且可达到强化目的，使牛乳更接近人乳（鲜牛乳含溶菌酶 13 mg/100 mL，人乳含 40 mg/mL），有利于婴幼儿健康。

（2）低浓度酒的保鲜

在清酒（酒精 15%～17%）中加入 15 mg/kg 的溶菌酶，即可防止一种称为火落菌的乳酸菌生长，起到良好的防腐效果。之前采用水杨酸防腐会对人体的胃和肝脏造成损害。

（3）水产品保鲜

使用酶法时，只要把一定浓度的溶菌酶溶液喷洒在水产品上，即可起到防腐保鲜效果。尽管如此，使用溶菌酶作为防腐剂也有很多限制因素，如卵清溶菌酶对 G—细菌无效或少效，因此有时会因 G—菌大量繁殖而使保藏失效。但将溶菌酶与甘氨酸同用，发挥协同作用，对 G—细菌的溶菌力可显著提高。

3．果蔬产品采后生物技术研究进展及展望

近十余年来，现代生物技术在农业、工业、医药、食品、环保等领域显示出强大的生产潜力和市场潜力，并逐步发展成为能够产生巨大社会效益和经济利益的现代生物技术产业。以农业为例，1998 年全球转基因作物的种植面积约为 3 000 万 hm^2，占全球作物栽培面积的 2%～3%，1999 年达到 4 000 万 hm^2。1995—1998 年，全球转基因产品的销售收入增加了 20 倍，仅 1998 年美国和欧洲就从转基因作物中获得约 200 亿美元的收益。全球转基因食品的销售收入从 1996 年到 2002 年增长了 60 倍，2010 年销售收入已超过 250 亿美元。

在巨大的经济利益驱动下，世界很多国家纷纷将现代生物技术列为国家优先发展的重点领域，投入大量的人力、物力和财力扶持生物技术的发展，以孟山都为代表的跨国公司也将投资重点转移到生物技术的进一步研究开发上。丰厚的利润和高额投资使现代生物技术在全球的快速发展成为一个不可阻挡的客观趋势。

（1）果蔬产品生物技术研究和应用的现状

①中国生物技术在果蔬产品上的研究和应用。中国有 13 亿人口，占世界总人口的 22%，这意味着中国将以占世界可耕地面积的 7%养活世界 22%的人口。城市化发展使耕地不断减少，而人口的持续增加，预示着对工农业生产有更高的需求，对环境将产生更大的压力。为提高农业生产，从 20 世纪 80 年代初，中国已将现代生物技术纳入其科技发展计划，过去 20 多年的研究已经结出了丰硕的果实。

在植物转基因研究中，除了标记基因外，抗病毒、抗细菌和真菌病害、抗虫和抗除草剂等重要目的基因也被广泛应用。截至目前，我国批准商业化的转基因作物有 19 种，其中作为食品加工原料的有 12 种，果蔬植物有马铃薯、番茄、甜椒、番木瓜、矮牵牛等。目前，抗虫棉、延迟成熟番茄、抗病虫番茄、抗病毒甜椒、改变花色的矮牵牛已被批准进行商品化生产。

据海关总署统计，2005 年我国进口的转基因大豆为 2 142 万 t，2009 年达到 4 100 万 t，2010 年为 5 480 万 t。

②国外转基因技术应用现状。美国是世界上最大的转基因作物的生产国和出口国，其种植面积、商业性销售出口均占世界首位。根据不完全统计，美国管理局至今已批准 40 多种转基因农作物进行商业性种植，2010 年种植面积超过 6 680 万 hm^2。目前，美国约有 60%零售食品中含有转基因成分。除了美国之外，英国、加拿大、阿根廷、澳大利亚、日本和欧盟部分国家已经批准某些转基因植物的田间试验、环境释放、商业化生产和贸易等，其中的园艺作物有番茄、油菜、马铃

薯、西葫芦、番木瓜、玉米等。

（2）果蔬产品转基因技术存在的问题及展望

随着现代生物技术的迅速发展，生物安全问题逐渐成为社会关注的问题之一。很多生物安全问题与现代生物技术产生的遗传饰变生物及其产品有关。人们担心GMOs及其产品可能对生态系统、物种和天然基因造成不利影响，损害人体健康，还可能对伦理道德、宗教带来冲击、对社会经济产生不良影响等。特别是1997年2月英国科学家Wilmut在《自然》杂志上报道了多莉羊（Dolly）的诞生以来，这种担心越来越强烈，不同的观点争论也越来越激烈。多莉羊是采用绵羊乳腺上皮细胞（即成年动物的体细胞）为细胞核供体经细胞核移植而获得的绵羊。它的出生，第一次证明哺乳动物已分化的体细胞核在移植后，可获得正常的克隆动物。为此，许多国家包括中国在内，相继出台了限制克隆人试验研究的法律或法规。

但是，从本质上来说，转基因生物和常规育种得到的品种是一样的，两者都是在原有基础上对某些性状进行修饰，或增加新性状，或消除原有的不利性状。有意识的杂交育种已经有100多年的历史了，对常规育种的品种不要求安全性评价，而为什么对转基因植物要进行安全性分析呢？专家们指出，常规育种有性杂交仅限于种内或近缘种间，而转基因植物中的外源基因可来自植物、动物和微生物，人们对可能出现的新组合、新性状会不会影响人类健康和生态环境，还缺乏足够的知识和经验，按目前科学水平还不可能完全精确地预测一个外源基因在遗传背景中会产生什么互作用。但从理论上讲，基因工程中所转化的外源基因是已知的有明确功能的基因，它与远源有性杂交中高度随机过程相比，其转基因后果应当可以更精确地预测，在应用上也更安全。

尽管如此，人们的担心还依然存在。随着全球贸易自由化步伐的加快，GMOs及其产品正在以公开或秘密、合法或非法、人为或自然的渠道进行跨国转移，从而使生物安全问题面临严重的形势，正在成为国际社会关注的焦点。目前，虽然尚未发生严重的生物安全事件，但我们可以看到，在生物安全问题上存在着诸多潜在的不稳定因素。

近年来，我国现代生物技术的研究开发已经取得了很大的成果。但是与欧美等发达国家相比，我国现代生物技术发展的总体水平还较低。为了保障现代生物技术的健康持续发展，必须加强对生物安全的管理。国家科委于1993年颁布了《基因工程安全管理办法》，用于指导全国的基因工程研究和开发工作。根据《基因工程安全管理办法》的要求，农业部在1996年出台了《农业生物基因工程安全管理实施办法》，农业部安全委员会于1997年正式开始受理农业生物基因工程产品的研究和开发申请。2000 年由国家环保总局牵头，8 个相关部门参与，共同制定了《中国国家生物安全框架》。总的来说，我国的生物安全管理应该坚持以下五个基本原则：

①现代生物技术与生物安全协调发展的原则，既不能过分强调生物安全问题而妨碍了生物技术的发展，又不能只注重生物技术的发展而忽视了生物安全问题。

②预防为主、防治结合的原则，坚决避免先发展后保护式的亡羊补牢或亡而不补的现象。

③根据生物技术及其产品的危害程度实行分级管理、区别对待的原则，在区别对待的前提下强化对不安全因素的防范。

④跨国越境转移 GMO 及其产品时实行提前知情同意的管理程序和损害赔偿的原则，坚持权利与义务的统一，利益与责任的统一。

⑤部门协调合作的原则。农业、林业、医药卫生、海洋等管理部门和环境保护、科技、教育、海关等综合管理部门均应在国家生物安全主管部门的统一领导下，通力合作，努力建立高效协调的生物安全管理监督体制。

目前，虽然中国在生物安全管理方面已初步进行了一些立法，有了一些专门的和相关的管理规定，但就生物安全管理的整个立法现状来说，还不能满足生物安全管理的需要，相关的安全评价技术、法律法规还不健全，广大消费者对转基因食品还比较生疏。我们可以更多地借鉴国外的经验，积极地制定相关法规，严格进行转基因食品的安全性评价和审查，维护广大消费者和研究开发及生产者的正当权益。但是，包括转基因技术在内的生物技术，随着它的成熟和发展，必将极大地造福于人类，并且对人们生活的影响也会越来越广泛和深远。

模块三　单项技能训练

一、贮藏环境氧气和二氧化碳测定

1. 训练目的与原理

采后的果蔬仍是一个有生命的活体，在贮藏中不断地进行呼吸，必然影响到贮藏环境中 O_2 及 CO_2 含量。如果 O_2 过低或 CO_2 过高，或两者比例失调，会危及果蔬正常生命活动。特别是在气调贮藏中，要随时掌握贮藏环境中 O_2 及 CO_2 的变化，所以果蔬在贮藏期间需经常测定 O_2 及 CO_2 的含量。

测定 O_2 及 CO_2 含量的方法有化学吸收法及物理化学测定法，前者是应用奥氏气体分析仪或改良奥氏气体分析仪以氢氧化钠溶液吸收 CO_2，以焦性没食子酸

碱性溶液吸收 O_2，从而测出它们的含量。后者是利用 O_2 及 CO_2 测试仪表进行测定，即使有高级的氧气和二氧化碳测试仪器，也要用奥氏气体分析仪作校核。

2．训练材料

（1）仪器

奥氏气体分析仪，其结构如图 4-2 所示。

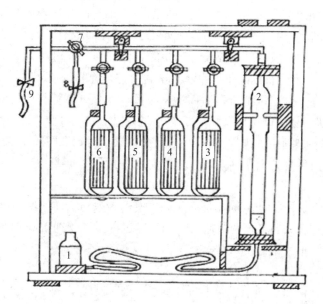

1．水准瓶；2．量气管；4、5．吸收瓶；3、6．吸收瓶（备用）；7．三通活塞；8．气管开关；9．取样管开关

图 4-2　气调分析器装置示意图

梳形管：是带有几个磨口活塞的梳形连通管，其右端与量气筒连接，左端为取样孔；吸气球；量气筒；调节瓶；三通活塞（磨口）；取气囊。

（2）试剂

焦性没食子酸、氢氧化钾或氢氧化钠、氯化钠、液体石蜡。

①氧吸收剂：取焦性没食子酸 30 g 于第一个烧杯中，加 70 mL 蒸馏水，搅拌溶解，定容至 100 mL；另取 30 g 氢氧化钾或氢氧化钠于第二个烧杯中，加 70 mL 蒸馏水，定容至 100 mL；冷却后将两种溶液混合在一起，即可使用。

②二氧化碳吸收剂：30%的氢氧化钾或氢氧化钠溶液吸收二氧化碳（以氢氧化钾为佳，因氢氧化钠与二氧化碳作用生成碳酸钠沉淀量过多时会堵塞通道）。取氢氧化钾 60 g，溶于 140 mL 蒸馏水中，定容至 200 mL 即可。

③封闭液的配制：在饱和的氯化钠溶液中，加 1～2 滴盐酸溶液后，加 2 滴甲

基橙指示剂。在调节瓶中很快形成玫瑰红色的封闭指示剂。当碱液从吸收瓶中偶然进入量气筒内，会使封闭液立即呈碱性反应，由红色变为黄色，也可用纯蒸馏水做封闭液。

3．训练步骤

（1）清洗与调整

将仪器的所有玻璃部分洗净，磨口活塞涂凡士林，并按图装配好。在吸气球管中注入吸收剂，3 中注入二氧化碳吸收剂，4 中注入氧气吸收剂，吸收剂不宜装得太多，一般装到吸收瓶的 1/2（与后面的容器相通）即可，后面的容器加少许（液面有一薄层）液体石蜡，使吸收液呈密封状态，调节瓶中装入封闭液。将吸气孔接上待测气样。调整：将所有磨口活塞关闭，使吸气球管与梳形管不相通，转动 8 呈"├"状，高举调节瓶，排出 2 中空气，以后转动 8 呈"┤"状，打开活塞 5 并降下 1，此时 3 中的吸收剂上升，升到管口顶部时，立即关闭 5，使液面停止在刻度线上，然后打开活塞 8，同样使吸收剂液面达刻度线。

（2）洗气

用气样清洗梳形管和量筒内原有空气，使进入中的气样保持纯度，避免误差。打开三能活塞，箭头向上，调节瓶向下，气样进入量气筒约 100 mL，然后把三通活塞箭头向左，把清洗过的气样排出，反复操作 2～3 次。

（3）取样

正式取气样，将三通活塞箭头向上，并降低调节瓶，使液面准确达到 0 位，取气样 100 mL，调节瓶与量气筒两液面在同一水平线上，定量后关闭气路，封闭所有通道。再举起调节瓶观察量气筒的液面，堵漏后重新取样。若液面稍有上升后停在一定位置上不再上升（证明不漏气），可以开始测定。

（4）测定

先测定二氧化碳，旋动二氧化碳吸气球管活塞，上下举动调节瓶，使吸气球管的液体与气样充分接触，吸收二氧化碳，将吸收剂液面回到原来的标线，关闭活塞。调节瓶液面和量气筒的液面平衡时，记下读数。如上操作，再进行第二次读数，若两次读数误差不超过 0.3%，即表明吸收完全，否则再进行如上操作。以上测定结果为 CO_2 含量，再转动氧气吸气球管的活塞，用同样的方法测出 O_2 含量。

（5）计算

$$CO_2含量 = \frac{V_1 - V_2}{V_1} \times 100\%$$

$$O_2含量 = \frac{V_2 - V_3}{V_1} \times 100\%$$

式中，V_1 —— 量气筒初始体积，mL；

　　　V_2 —— 测定二氧化碳时残留气体体积，mL；

　　　V_3 —— 测定氧气时残留气体体积，mL。

4．训练要求

要求学生掌握氧气和二氧化碳的测定方法和测定流程，掌握氧气和二氧化碳的测定结果分析并能对测定过程中遇到的问题进行分析和处理。

5．注意事项

（1）举起调节瓶时量气筒内液面不得超过刻度 100 处，否则蒸馏水会流入梳形管，甚至到吸气球管内，不但影响测定的准确性，还会冲淡吸收剂造成误差。最低液面应以吸收瓶中吸收剂不超出活塞为准，否则吸收剂流入梳形管时要重新洗涤仪器才可使用。

（2）举起调节瓶时动作不宜太快，以免气样因受压力大冲过吸收剂成气泡状而出，一旦发生这种现象，需重新测定。

（3）先测二氧化碳后测氧气。

（4）焦性没食子酸的碱性溶液在 15～20℃ 时吸收氧的效能最大，吸收效果随温度的下降而减弱，0℃ 时几乎完全丧失吸收能力。因此，测定室温一定要在 15℃ 以上。

（5）多次举调节瓶读数不相等时，说明吸收剂的吸收能力减弱，需重新配制吸收剂。

二、果蔬主要的贮藏方式

1．训练目的

了解当地贮藏的主要果蔬种类和品种。实地调查它们采前因素的差异与其贮藏差异之间的关系。

2．训练材料及设施

记录本、笔、相关果蔬、贮藏设施等。

3．训练步骤

（1）合理选择 3～4 种贮藏库的果蔬种类和品种；

（2）实地调研安排学生考察贮藏场所或仿真实景；

（3）在教师指导下通过多种信息途径查阅资料；

（4）完成贮藏设计。

4. 训练要求

要求学生在掌握理论知识的基础上明确训练的目的和目标，要求学生能根据不同种类和品种果蔬的贮藏特性、贮藏目的、是暂时的市场需求贮藏还是用于较长时期的贮藏，确定了上述条件后，结合果蔬具体的采前生长环境、贮藏量、贮藏环境等因素，设计具体的贮藏方案。

5. 知识提示

具体实例——蒜薹的贮藏保鲜技术

蒜薹营养丰富，其粗蛋白含量约 10%、糖 8%，每百克蒜薹含维生素 C 20～30 mg，钙 20 mg，磷 45 mg，铁 1 mg，此外，蒜薹还含有丰富的大蒜素。因此深受广大消费者的欢迎。

（1）贮藏特性和品种

蒜薹是大蒜的幼嫩花茎。采后新陈代谢旺盛，薹条表面缺少保护组织，采收时气温又高，所以容易失水、老化和腐烂，蒜薹变黄变空，纤维增多，薹苞膨大开裂，长出气生鳞茎，降低食用品质。

河北的永年、黑龙江的阿城、陕西的歧山、甘肃的泾川等地均产蒜薹。但山东苍山等地的蒜薹品质最佳。薹条粗而长，适于长期贮藏。蒜薹在常温下只能贮存 20～30 d，但用冷藏气调贮藏方法可将蒜薹贮藏 7～10 个月。

（2）贮藏条件

蒜薹的贮藏温度为 0～0.5℃，相对湿度为 85%～95%，氧气浓度为 2%～5%，二氧化碳浓度为 0%～8%。在贮藏过程中只要氧气和二氧化碳两项指标中有一项达极限标准时，就要立即开袋换气，每次换气时间为 2～3 h。袋内或帐内的氧气和二氧化碳浓度应每天或隔天进行测定（只测定代表袋），当二氧化碳浓度要超过上限时，可用消石灰吸收。消石灰可用生石灰加水制作，要待粉化的消石灰散热冷却后方可使用，消石灰应该在密封条件下贮存，否则会因吸收空气中的二氧化碳而失效。

（3）采收和贮前准备

①采收：蒜薹一般在气温较高的 5 月采收。提苗要避免在正午进行，尽量防止断条及损伤薹条。将采收下来的蒜薹捆扎成小捆，装入麻袋或其他包装容器内，立即运输到冷库进行预冷。

②贮前准备：蒜薹入库前要消毒冷库和所用器具，可用 10 g/m³ 硫黄熏蒸，或用 1%～2%甲醛喷洒，密闭 20～48 h 后，通风排除残留药味。其他用具用 0.5%的漂白粉溶液浸泡，晾干备用。蒜薹入库前先将冷库预冷到 0℃。蒜薹采后应立即堆放在预冷间、冷库内或阴凉通风的地方，除去田间热和呼吸热，待蒜薹降温

至 0℃后，再进行贮藏前的加工整理，加工应在冷库内或穿堂中进行，挑出有病和有损伤的薹条，将健康薹条的薹苞对齐，用塑料绳在距薹苞 3～5 cm 的薹茎部位捆扎，每捆 0.5～1.0 kg 重。将薹梢尖部剪去，保留 4～6 cm 长的薹梢，也可以不剪薹梢。

（4）贮藏方法及其管理

①塑料薄膜袋自然降氧冷藏：待薹温为0℃时，将蒜薹薹梢向外，码放在0.06～0.08 mm 厚、100～110 cm 长、70～80 cm 宽的聚乙烯或聚氯乙烯塑料袋内，每袋装蒜薹 18～20 kg，扎紧袋口，置于架上或包装容器内，当袋内的氧气降低到 1%～2%，二氧化碳在 12%左右时，开袋通气，使袋内氧气上升到 18%以上，二氧化碳降至 1%～2%，然后重新封袋。在 0℃冷库中小包装贮藏的蒜薹，放风周期为 10～15 d。贮藏中、后期放风周期逐渐缩短到 7～10 d。

②塑料薄膜硅窗袋气调冷藏：将薹温为 0℃的蒜薹，薹梢向外装在厚、长、宽均与上述塑料薄膜袋相同，但嵌有面积为 9 cm×13 cm 硅橡胶窗的硅窗袋中。置于菜架或包装容器中，由于硅窗袋对氧气和二氧代碳具有一定的通透性，基本上能满足蒜薹对气体成分的要求，因此在贮藏过程中不需要进行开袋通风换气的操作。

③塑料薄膜帐气调冷藏：用聚乙烯或聚氯乙烯薄膜帐进行气调贮藏时，先要在冷库地面上铺 0.23 mm 厚的薄膜，长宽与垛或货架的长宽相吻合，以便密封大帐。将加工、预冷后的蒜薹装入塑料箱内，每箱 20 kg，在上面码成垛，用 0.23 mm 厚的薄膜做成长方形大帐，罩在箱垛的外面，扣帐时每个垛顶放 3 个空箱，或将帐顶做成脊形，防止凝结水下滴，塑料帐扣好后，将其边沿与铺在地面的塑料薄膜一起卷起来，用砖块或其他物品压紧，造成密封环境。塑料帐的两侧要留充气和抽气袖口及取气嘴。封帐后，可用分子筛制氮机调节气体成分，向袋内输入氮气。快速降氧，使帐内氧气含量迅速降低到蒜薹所适宜的范围，也可通过自然降氧。利用蒜薹的呼吸作用降低帐内氧气含量。帐内加适量消石灰，将多余的二氧化碳吸收掉。帐内氧气过低时可通入新鲜空气。由于塑料袋或塑料帐内温度较高，容易引起微生物的繁殖，可加入 0.5 mL/L 仲丁胺，防止白霉或黑霉生长。

具体实例——番茄采后处理与贮藏技术

番茄又名西红柿、番李子，属茄科番茄属 1 年生或多年生草本，原产南美洲的秘鲁、厄瓜多尔等地，是我国重要的蔬菜作物之一。其形状、大小、颜色会因产地不同而不同，通常为圆形、扁球形、长椭形，色泽则以红色为主，表面平滑而肉汁多。

番茄属于喜温性蔬菜，较耐低温，但不耐炎热，在月平均温度 18～25℃的季节生长良好，但不同的生育阶段对温度的要求及反应是有差异的。番茄是喜光作物，生长发育需要充足的光照。充足的阳光不仅有利干植物的光合作用，而且对花芽分化和结果都有利。水分是番茄的重要组成部分，果实中有90%以上的物质是水分，水分还是番茄进行光合作用的主要原料和营养物质运转的载体。番茄植株高大，叶片多，果实多次采收，对水分需要量很大，要求土壤湿度在65%～85%。

番茄的根系发达，主要根群分布在30 cm的耕作层内，最深可达1.5 m，根群横向分布的直径可达1.3～1.7 m，根系再生能力强，幼苗通过移栽，主根被截断，容易产生许多侧根，从而使整个根系的吸收能力加强。因此，番茄对土壤条件要求不严格，但为了获得优质高产，肥沃的土壤比较好。

（1）番茄产业发展现状

目前，中国番茄的种植、加工和出口都处于持续增长态势，经过20多年的发展，中国已经成为全球最重要的番茄制品生产国和出口国，是继美国、欧盟之后的第三大生产地区和第一大出口国。2009年，中国加工新鲜番茄量430万t，生产番茄酱近70万t。2008年，中国出口番茄酱60.1万t，出口贸易额达到3亿美元。2006年，番茄酱出口再创新高，全年出口62.98万t，出口额3.56亿美元，出口数量和金额同比分别增长4.74%和18.83%，出口份额已经占到世界贸易量的三成。

据统计数据，2014年，云南省元谋县收获番茄总面积2 052 hm^2，销量达到143 563 t。机械采收主要引用机械化收获、精量播种、双膜覆盖、联合整地机等新技术。总结制定出相应的技术规程和管理办法，提高加工番茄种植的科技含量，降低人工劳动成本，增加效益。番茄生产全程机械化技术，实施集约化经营，增加种植科技含量，为农业持续发展创造了条件，有力地推动了农业现代化和产业化进程，增强种植户的组织化程度和集约化生产水平，增强参与市场竞争的能力，其社会效益十分显著。

（2）番茄的贮藏

番茄品种比较多，以果实颜色分有粉红色、大红色、金红色、黄色和橙黄色等颜色，从株型分有自封顶和无限生长类型。自封顶番茄有3穗果封顶，也有4～5穗果封顶，其特点是早熟，在保护地设施栽培未发展以前以露地生产为主，为提早上市，获得季节差价效益，自封顶番茄品种最受广大生产者欢迎。在各种保护地的设施栽培与露地配套已经实现了周年生产、供应，番茄生产由产量型向质量效益型发展，通过调节播种期，随时都有番茄产品上市，自封顶番茄品种的优势已不存在。生产者在选择品种时，首先考虑高产、优质、抗病、销路广的品种，自封顶番茄品种基本被无限生长型品种代替。

①贮藏条件

a. 温度：在生理温度范围内（5～35℃）呼吸强度因温度升高而加强。绿熟番茄在低于10℃的环境中稍长时间贮藏易发生冷害，而红成熟果贮藏温度一般为0～2℃。

b. 相对湿度：相对湿度是指一定温度下空气中的水蒸气压与该温度下饱和水蒸气压的百分比。番茄保水能力较强，贮藏环境相对湿度较高。

c.气体成分：气体中的氧含量应该控制在2%～5%，而二氧化碳的含量应该控制在2%～5%。

②贮藏技术措施

a. 品种选择：番茄贮藏一般应选用果皮较厚、果肉致密、子实少、干物质含量高以及含糖量在3.2%以上抗病性强的品种，如云南思农蔬菜种业发展有限责任公司引种的抗病"拉比"番茄等。

b. 采收前病害防治：在采收前7～10 d，在田间喷1次杀菌剂防治病虫害。用25%多灵菌可湿性粉剂加乙磷铝可湿性粉剂250倍处理，经此处理后的番茄在贮藏期间可降低病害发生率38%左右。雨后初期不宜立即采果，否则贮藏前果实易腐烂。

c. 贮藏中病害防治：在番茄贮藏过程中，如果冷库内的温度控制不适宜，同时消毒工作不彻底，就很容易造成番茄的果腐病、早疫病、晚疫病和灰霉病等。为防止此类病害的发生，应及时采取田间病害防病措施，严防机械损伤，仔细剔除病、虫、伤果，防止冷害和气体伤害，对冷库用具进行严格消毒。

d. 冷害的预防：冷害的症状是果面上出现一些斑点，凹凸不平，导致果实不会按期正常成熟。遭受冷害的番茄抗病性明显减弱，腐烂率明显增加。此外，绿熟果在田间也可能遭受低温侵害，所受的冷害有累计作用，在田间运输和贮藏的短期内果实极易腐烂，因此，应根据番茄果实成熟度选择适宜的贮藏温度。

e. 乙烯的应用：乙烯在植物衰老中同样起到关键作用，通过抑制脱落酸的形成，与添加植物抗衰老激素都可以有效抑制植物体内乙烯的合成，从而延缓植物衰老。不同品种的番茄对于激素浓度的要求不同，都有各自的最佳浓度，可以通过查阅相关资料来获得每个品种或品系的各个激素的浓度控制，从而延缓衰老、增加保鲜。

③贮藏方式

a. 简易贮藏：简易贮藏主要是利用地下室、阴凉间、通风库等进行贮藏，一般情况下可贮藏20～30 d。贮藏时，应选择通透性较好的贮藏容器，果实的堆放应厚度适宜，底层需要垫空。

b. 冷库气调：有冷藏条件并且需较长时间贮藏的地区，适宜采用冷库气调贮藏，其贮藏保鲜效果好。主要贮藏方法有聚氯乙烯膜贮藏法和塑料薄膜小袋包装贮藏法，元谋地区主要以后者作为普遍使用的方法。

c. 易筐贮藏法：绿熟果实采收后，轻放在衬有蒲包的条筐中，并快速运至室内再行挑选，重新装入筐底垫有 1 层泡沫塑料碎块的框中，然后码放堆垛。垛底要用砖块、板垫起，也可在垛下摆放 1 层筐底向上的空筐，以利空气流通。

贮藏期间每隔 7～10 d 倒动 1 次，倒动时及时挑出红熟果和腐烂果实。要注意室温管理，经常通风降温，温度控制在 11～13℃。采用这种方法，果实可贮藏 20 d 左右。

d. 货架贮藏法：将绿熟期的果实摆放在货架上，每层厚度为 3～4 个果高，温度控制在 11～13℃，相对湿度为 80%～90%。在贮藏过程中如发现腐烂变质的果实应立即处理，并对所在区域适当消毒。

（3）番茄运输与销售保鲜

①番茄运输

番茄运输要求速度快、时间短，尽量减少途中不利因素对果实的影响。按控制运输温度的方式，可分为常温运输、保温运输、控温运输 3 种。

一般铁路各种形式的敞车和箱式货车、公路卡车和水路船舶等都是常温运输工具。常温运输由于没有特殊的隔热保温设备，运输过程中果实质量下降快，气温在冷害和冻害温度以下时不能采用。保温运输车具有良好的隔热结构，外界气温不能迅速改变内部温度，冬季运输时可利用果实的呼吸热维持适宜的温度，夏季运输时则需要先进行预冷，然后利用保温车的隔热性能延缓温度的上升。保温车的温度调节能力有限，运输时间不能过长，适用于中、近距离的运输。控温运输是指在隔热性良好的运输工具中设置降温和加温装置，在夏季运输时利用制冷装置降温，冬季运输时可根据需要利用增温设施加温。

运输前后的装卸中，粗放操作及摔下时产生的强烈震动也会对番茄造成很大伤害。因此，番茄果实装卸时除考虑效率和成本外，重要的是保护果实避免机械损伤。番茄在运输车中堆码要稳固，避免碰撞、冲击损伤果实。装载量大时，应在包装容器与车壁之间以及堆垛之中适当留有缝隙，便于通风和热量交换。

②销售保鲜

番茄销售过程中需注意温度的变化，夏季应避免高温，冬季注意防止冷害和冻害。为了保鲜和销售方便，在销售前可将番茄用塑料薄膜袋和塑料托盘做成小包装形式，如 500 g 左右装 1 塑料袋或 2～3 个番茄放在 1 塑料托盘上，再用粘着膜包裹好。塑料袋和粘着膜上可打几个直径为 5～8 mm 的孔，以利于换气。这种小包装可以作为一个销售单位，上面还可以标明品种名称、重量、产地、出产日期等。这样既有利于果实保鲜，又提高了销售档次。

（4）结论

目前，番茄作为一种蔬菜，已被科学家证明含有多种维生素和营养成分，如番茄含有丰富的维生素 C 和维生素 A 以及叶酸、钾这些主要的营养元素。特别是它所含有的茄红素，对人体的健康更有益处，而一些水果如西瓜、柚、杏只含有少量的茄红素。

从番茄的加工产业方面分析元谋番茄产业的竞争优势。①元谋一年四季都能种收番茄，"元谋番茄"不仅存量大，而且质量好、风味独特，富有卖点，"元谋番茄"是其中的代表。它质地结实不松软，甜脆可口咬劲足，历来是番茄中的上品，菜市上招客的牌子货。②元谋独特的地理环境、干燥的气候条件，使得采用露地种植的小番茄产量高、含糖量高、味道好、耐储存运输，适宜加工为小番茄果脯。③元谋番茄品种繁多，有大番茄和小番茄之分。大番茄有大红色、粉红色、橙红色和黄色番茄，其中红色番茄营养成分含量高，尤其是番茄红素的含量更高。由于番茄营养丰富、品种众多、果形色泽各异、便于食用，既可作为蔬菜又可作为水果，深受人们喜爱，具有礼品开发的价值。

具体实例——柑橘商品化处理及贮藏技术

柑橘（Citrus）是芸香科柑橘亚科柑橘属植物，常用作经济作物栽培的有枳属、柑橘属和金柑属，其中柑橘属在全世界柑橘栽培中占最大比例。我国柑橘资源丰富，优良品种繁多，栽培历史悠久，是柑橘的重要起源地之一。在我国，柑橘的栽培面积和产量均居南方果品之首，位于世界第一。柑、橘、甜橙、柚、柠檬、金柑、佛手等主要柑橘栽培类型在我国都具备了规模化、专业化的生产基地。据不完全统计，柑橘在发达国家的采后损失一般在 10%～20%，发展中国家是发达国家的两倍，而我国的采后损失在 20%～30%。柑橘商品化处理和贮藏保鲜技术成为降低柑橘产业经济损失的重要措施，是保证果农及柑橘企业稳定经济效益的关键之一，已经越来越为人们所重视。

（1）商品化处理

柑橘在采后、贮藏、运输到销售等各个环节中的失水和腐烂是造成柑橘采后损失的主要原因。柑橘采后处理的方法可以分为物理处理、化学处理、生物处理和综合处理等。化学处理是目前柑橘采后防腐保鲜处理中使用最多的方法，并且在相当长的一段时间里仍然是柑橘采后处理中应用的主流方法。化学处理的方法主要特点在于成本低、易操作、效果明显。

①化学处理

化学处理能够有效减少柑橘的青霉病、绿霉病、蒂腐病、黑腐病等多种采后病害，明显减低采后腐烂率。果实采后化学保鲜处理一般采取涂抹、熏蒸或者浸泡化学药剂的方法，简单便捷。国内柑橘上常用的保鲜剂、杀菌剂有抑霉唑、咪鲜胺、双胍盐、噻菌灵等。目前为了保证防腐保鲜效果，单用咪鲜胺或抑霉唑等药剂已经不是最好的选择，多种药剂组合使用才可以提高并且保证对病害的防治效果。使用化学药剂对果蔬进行防腐保鲜处理虽然效果显著，但是长期使用容易导致果蔬表面病原微生物产生抗药性而降低防腐保鲜效果，同时化学药剂使用过量还容易导致果实表面药剂残留，对人体健康造成很大影响。随着人们对饮食健康的日益关注，原本的化学药剂处理的安全性受到了消费者的质疑，寻找安全无毒的化学替代物越发受到研究者的关注。

②物理处理

进入 21 世纪以来，人们的生活水平逐步提高，对果实品质的要求也随之提高。绿色食品的概念迅速被大众接受和认可，因此化学药剂的使用就受到了一定程度的限制。物理方法进行柑橘采后处理具有无菌、无残留和无污染等优点，为此广受关注。物理处理是指利用物理的方法处理柑橘，常用的物理处理主要有热处理、低温处理、汗处理、气调贮藏、紫外线照射处理和电力辐射处理等。

a. 热处理。热处理指的是在采后以适宜温度处理果蔬，以杀死或抑制病原菌的活动，改变酶活性，达到延缓果实衰老，延长保鲜期的目的。自从 Fawcett 在 1922 年首次报道使用热处理防治柑橘炭疽病引起的腐烂病后，热处理技术在果实采后使用已经有 90 多年的历史。热处理在柑橘上的使用也越发频繁，常见的热处理方式有热空气处理、热水处理法和蒸气加热法。柑橘的热空气处理是指把柑橘放在一定温度的房间或者可以调节气流的密闭仓中，保持一定的时间从而达到保鲜的目的。柑橘的热水处理法主要包括热水浸渍法和热水喷淋法。热水浸渍法处理的水温一般是在 50～55℃，浸渍的时间是数分钟到数十分钟不等；和热水浸渍法相比，热水喷淋法的处理水温稍有提高（55～60℃），处理时间却短很多（20～30 s）。柑橘的蒸气加热法是指用适当温度的饱和水蒸气对柑橘进行加热处理的方法。

b. 低温处理。低温处理又叫冷藏处理、控温保鲜，是指通过人工制冷的方式获得相对稳定的低温环境，从而降低由病原菌引起的病害发生率，降低柑橘的呼吸作用达到延长柑橘贮藏的目的。柑橘属于热带、亚热带果树，果实对低温环境比较敏感，因此如果贮藏的温度过低容易造成果实的冷害，降低柑橘品质，缩短贮藏寿命。在使用低温处理时应该根据不同的柑橘品种特性选择不同的库内温度，如蕉柑 7～9℃，甜橙 2～3℃。

c. 发汗处理。发汗处理是指把初采的柑橘放置在阴凉通风处使柑橘的果皮适当失水软化变得富有弹性，降低鲜果内部呼吸作用、代谢活动，达到延长柑橘贮藏的目的。如柚经过发汗处理能大大减少绿腐病的发病率，柠檬经过发汗处理虽然没有柚效果显著，但是也能明显减少腐烂率。

d. 电力辐射处理。电力辐射是指利用 X 射线等照射果实达到防腐保鲜的目的。电力辐射处理在果蔬产品上的保鲜研究已经有几十年的历史。美国、加拿大、印度等国家研究者已经证实，电力辐射在延长甜橙、木瓜、香蕉、蘑菇等的贮藏时间上有显著的效果。我国在 1979 年就对电力辐射能否对宽皮柑橘贮存保鲜起作用进行了研究探讨。X 射线不仅可以有效控制果实病害发生，还可以杀死检疫性虫害，因此在果蔬的保鲜处理中应用比较多。

e. 其他。常见的物理处理方法还有紫外线照射和气调贮藏等。用紫外线照射能直接杀死柑橘果面的病原微生物，降低果实的发病率。但是紫外线照射的效果不如化学药剂处理的效果明显，所以一般不单独使用，配合其他处理方法一起使用效果更佳。气调保鲜贮藏实质是在冷藏库的基础上增加了气体成分调节设备，但是和冷藏库相比更先进。气调贮藏被认为是最先进的果蔬保鲜贮藏设备及技术，已经在国外广泛使用。气调贮藏主要可以调节呼吸跃变型果实的衰老进程，对非呼吸跃变型果实效果不太明显，所以柑橘中运用气调贮藏的方法比较少。

③生物处理

生物处理主要是利用微生物之间存在的拮抗作用，选择对果实没有危害而对病原菌具有强烈抑制作用的微生物来防治果实病害，达到延长保鲜期的目的。随着农药残留等问题的出现和化学药剂致癌报道的增多，人们越来越关注食品卫生安全。寻找无毒的化学药剂替代物是一个比较漫长的过程，研究进展相对比较缓慢。生物处理作为一种新型保鲜技术，慢慢受到人们的推崇。生物处理主要是利用有益微生物及其代谢产物对有害微生物的竞争关系，达到抑制病原微生物生长的目的。生物处理最大的优点是既不会污染环境，没有农药残留，又不会使病原微生物产生抗药性，同时，生物处理具备处理费用低廉、目的明确的优点。

（2）贮藏保鲜

柑橘是我国南方主要水果之一，正确、合理、科学地贮藏是减少柑橘贮藏期虫害病变，提高柑橘品质，保证柑橘质量，增加果农收入的关键。

①适时采收

用于贮藏的果实，一般以果皮有 2/3 转黄色，油胞充实，在果肉尚坚实未变软时采收。采收过早，会降低果品重量和质量；反之则落果率增加，宽皮柑橘类易发生浮皮病，甜橙则易发生青绿霉病。采收时应使用圆头果剪，用"两剪法"采果：一手托果，一手持剪，第一剪于果蒂 1 cm 处剪下果实，第二剪齐果蒂剪平，需整齐剪去果柄，避免过长或过短。装果容器内应衬垫柔软的麻袋片、棕片或厚的塑料薄膜等，以防擦伤果皮。要切实做到轻采、轻放、轻装、轻卸，尽量避免机械伤，为贮藏与运输打好基础。同时边采边将病果、虫果、机械伤果、脱蒂果和等外次果剔除，以减轻分级时的压力。

②分级和预贮

先要剔除病虫伤果、畸形果、脱蒂果、青皮果和过熟果，然后根据果实的色泽、形状、成熟度、果面等分成若干等级，最后按果径大小分级。将经过洗果、防腐处理过的果实、原筐堆码在阴凉通风的果棚、选果场或专门的预贮室内，让其自然通风、散热失水；也可在预贮室内安装机械冷却器和通风装置，以加速降温、降湿，缩短预贮时间，提高预贮效果。理想的预贮条件为：温度 7℃，相对湿度 75%。通常入预贮库 3～4 d（宽皮橘类要 7～10 d），一般控制宽皮橘失重率为 3%～5%，甜橙失重率为 3%～4%。待果温降低，用手轻压果实时，果皮已软化，但仍有弹性，则已达到预贮目的，即可出库。

③贮藏保鲜

贮藏前搞好内包装。目前柑橘果实的内包装一般采用聚乙烯塑料薄膜，制成小袋、小方片、大袋使用。以小袋单果包装效果最佳，其规格为 18 cm×13 cm，薄膜厚度为 0.015～0.02 mm，将单个果实装入袋内，扭紧袋口即可。柑橘贮藏条件为：a. 温度：最适宜的贮藏温度要结合种类、品种、栽培条件、成熟度和采收期的不同灵活运用。一般，在南方柑橘产区，贮藏期的最适宜温度为 2℃左右。b. 湿度：贮藏时，橙类一般采用较高的相对湿度，保持在 95%左右。对于宽皮橘类，由于在高湿的环境中易产生枯水，一般采用 80%～90%相对湿度。c. 气体成分：柑橘贮藏一定要注意场所的通风换气，以防果实代谢散发的气体如二氧化碳、乙烯和其他挥发性物质积累过多，毒害果实。

④几种贮藏方法

a. 室内贮藏：选择干燥、凉爽、通风条件好且不受阳光直射的贮藏室。贮藏室严禁使用存放过化肥、酒精、香蕉水等物质的地方。选好后，在柑橘采收前 2 d，用 50%的多菌灵 600 倍液进行室内消毒，地面铺上 3～5 cm 厚洁净稻草，将采收、分选后的橘果用施保克 1 500～2 000 倍液消毒处理。具体方法是：首先将 1 袋施保克兑水 4～5 kg。另将 1～1.5 g 2,4-D 用少量温水充分溶解倒入已配好的溶液中，再将采收好的果实放入药液中浸泡 1～2 min，捞起晾干后即入室贮藏。一般码放高度为 25～35 cm，过高易使果品变形，失去商品优势。贮藏期内早、晚开窗通风，每半月补充水分 1 次。具体方法：将麻袋清洗干净，浸湿，挂于门窗通风口处即可。用这种方法贮藏橘果果实腐烂率可由 15%降至 0.3%左右。

b. 地窖贮藏：入窖前的准备：修窖，主要是整平修光，并在入窖前 30 d，根据室内的干湿程度，适当灌水 100～150 kg，保持窖内相对湿度在 90%～95%。入窖：先在窖低铺一层稻草，果实整齐地沿窖壁周围摆放，在稻草上成 5～6 轮。果蒂向上；大果放低层，小果放上层，在底留一卸口（空地）28～35 cm，以便检查时翻果实之用。管理：果实入窖 2 d 后将草垫放在窖口周围，盖上石板密封，此后每 7～10 d 开窖检查 1 次。入窖前扇风换气，并点火试探，以免发生危险。彻底检查病果，注意避免病原菌传播。

c. 通风库贮藏：果实在通风库内贮放的方式大致可分为架藏和箱藏两种。架藏即是在库内用木料或金属材料搭架，将果实直接放置在架板上，有的还在架板上垫泥土或细沙、松针、纸等，包果或不包果。此法通风良好，检查方便，病害蔓延较慢，入库时需人工上下架，耗费劳力多，若不加其他处理，果实易失水萎蔫。而箱藏则是在库内果箱堆码贮藏，堆放时排间留间隙，以利通风换气。根据通风系统的装置，果箱排列成井字形或品字形。采用此法果品出入库方便，一定容积内装载量大，但在贮藏期间检查不便。利用季节和日夜间的温度变化，通过通风换气调节库内温度。通风换气同时排除库内不良气体和控制库内相对湿度，必要时可在地面或墙壁喷雾，或在库内放置水盆，利用棉布吸水以增大蒸发面积，从而提高库内的相对湿度。

具体实例——枇杷的预处理及贮藏保鲜技术

枇杷别名卢橘，属于蔷薇科枇杷属植物，是我国亚热带地区的珍稀特产水果。枇杷原产于我国，根据各方面的调查，我国四川汉源、泸定、湖北长阳、恩施、云南、贵州等地都有野生枇杷的分布。枇杷是我国南方特有的珍稀水果，每年春末夏初成熟，早熟的枇杷在南方素有"早春第一果"之美誉，为调节鲜果市场淡季起到了很好的作用。枇杷色彩艳丽，外形美观，果肉柔软多汁、酸甜适度、风味独特、营养丰富、老少皆宜，深受国内外消费者的喜爱。优良的枇杷品种果实可食率一般在 65%～75%，果汁含可溶性固形物 8%～19%。

（1）预处理技术

①采前处理：采收前使用 40 mg/L 萘乙酸甲酯处理，可降低酸含量，改善果实质量，处理后有利于采后保鲜。批把果实发育阶段，在 40 mg/L 赤霉素的处理下可改善果实质量，并拥有可观的保存期。而枇杷培育则可使用果实套袋技术，不仅显著防止果皮腐败现象，还使果实色泽变的明亮，果实的品质和质量也得到提高。

②果实的采后处理

a. 果实的采收：非呼吸跃变型果实在采摘后没有后熟功能，所以枇杷必须在将近成熟时进行采摘。在不同阶段采收会影响果实各方面的理化性质，过早采摘无法体现果实的特有感官性质，从而影响销量。若销往远地，可在约八成熟时提前采摘。

b. 果实的选别、分级：果实采摘后应迅速送到相关收集室进行选别、分级与包装。先折断果柄较长的，保证果柄长短相同，再将存在腐烂变质、外形不佳、受病虫危害、过小或过熟果剔除，另行处理。其余完好果根据果实大小与质量按相关标准进行分级，以利于保存运输，提高销量。

c. 钙处理：章泳等将枇杷用 0.5%氯化钙溶液泡洗 0.5 h，晒干后用双层薄膜袋包装，接着用电烙铁密封，各自在 5℃与常温下存放。最后实验显示，使用氯化钙溶液浸泡过的果实腐烂程度较小，在 5℃下可保存近 30 d，果实腐烂指数仅为 3.6%。另外，钙处理加强了枇杷果实体内的呼吸作用，提高了超氧化物歧化酶、过氧化物酶的活性。

d. 果实二氧化硫处理：郑永华等通过实验提出，枇杷果实在经过二氧化硫处理后，有效降低了可溶性固形物（TSS）和可滴定酸（TA）含量，减少了过氧化氢的积累，显著降低了腐胺的含量，在存放 5 周后，枇杷果实并未有木质化的现象产生。通过实验可知，经过二氧化硫处理后，果实内活性氧代谢平衡得以保持，确保果实在较低温度下不会木质化，使果肉长时间处于新鲜状态，延长保存期。

e. 果实热激处理：吴光斌等在47～53℃中对果实进行热处理后保存在2～5℃的环境中，实验表明，枇杷果实的果实腐烂率在热激处理后下降不少，这是由于热激处理能有效防止果皮表面病原微生物的繁殖。故热激处理后再冷藏可获得可观的保存期。

f. 冷激处理：许莹等通过实验提出，冷激处理后，枇杷果实的植物多聚半乳糖醛酸酶（PG）活性被明显降低，使细胞膜渗透变得困难。

g. 低温涂膜处理：庄宇翔等通过低温涂膜包装贮藏果实的实验证明，该方法能有效地减少枇杷果实的水分流失和腐烂变质等问题，低温涂膜包装不仅能改善果品质量，还能延长保存期。在贮藏 40 d 后，好果率仍可达 80%以上。再者，涂膜处理能去除果面上的化学物质或其他有毒元素，减小物理防腐引起的颜色异常、果实腐烂及口感不正的影响。

（2）主要的贮藏保鲜技术

①通过调节环境条件延长贮藏期

a. 冷藏。低温贮藏是水果保鲜中最常见也是普及最广的保鲜方法。低温可降低果实采后的呼吸作用和内源乙稀的产生，可保持贮藏期间生理代谢相对平稳，同时抑制 SOD、POD 等酶活性上升减少枇杷果肉褐变、降低腐烂率及延缓品质下降。但是不同枇杷品种适宜的贮藏温度有一定差异，"解放钟"枇杷的最佳贮藏温度为 7℃，低于 6℃将产生冷害，而 8℃为"大五星"的最佳贮藏温度，4℃低温能引起细胞膜损伤，果实易发生冷害。此外，程序降温贮藏法对延长贮藏期、保持品质也有较好的效果。

b. 热处理。在贮藏前对"解放钟"枇杷果实进行 38℃、5 h、36 h、48 h 和 45℃、3 h 热空气处理，均可以调节活性氧清除酶的活性，减轻腐烂，冷藏后枇杷可以保持较好的食用品质。"白玉"枇杷贮藏前先用 48～52℃热水处理 10 min，再用热空气 38℃、24 h 处理后低温贮藏，明显改善果实品质，腐烂率下降，贮藏 30 d 仍然保持较好的果实品质和商品价值。

c. 气调包装。气调贮藏被认为是水果贮藏效果最好的技术之一。枇杷气调包装技术研究也有许多报道，采用适宜的 O_2 和 CO_2 比例（如 O_2 体积分数 6%，CO_2 体积分数 10%），结合低温贮藏，可以使果实贮藏 50 d 以上仍有较好品质和风味。

d. 臭氧处理。经 0.4 mg/L 臭氧处理 10 min，能显著抑制枇杷果实失水、可溶性固形物、总酸和维生素 C 含量下降，贮藏 20 d 后还能保持果实新鲜外观与酸甜适口的内在品质。

②涂膜保鲜

涂膜保鲜技术是在果实表面涂上一层高分子液态膜，干燥后成为一层很均匀的膜，隔离果实与空气之间的气体交换，从而抑制果实呼吸作用，减少病原菌侵染和腐烂，延长贮藏期。目前已经在枇杷上有应用的成膜物质有壳聚糖、羧甲壳聚糖、蜂胶、海藻酸钠等，这些物质在枇杷表面成膜后可以降低失水率，抑制呼吸强度，较大限度减少维生素 C、可滴定酸和可溶性糖等营养成分损失，延长贮藏时间，并且这些物质本身都是可食用的，安全方便。

③药剂处理保鲜

研究表明，对果实进行 1-MCP、SO_2、SA、Ca、GA_3 等处理，均可降低采后枇杷果实呼吸速率，延缓枇杷果实衰老进程，减轻腐烂，延长贮藏保鲜期。

（3）新型保鲜技术

①湿冷保鲜技术在枇杷贮藏上的研究应用

现今的湿冷保鲜技术是根据低谷电力机械制冷、果蔬压差预冷、高湿环境及臭氧的相互结合来达到对果蔬的冷藏和保鲜，湿冷保鲜技术在生产、商品流通、市场需求、市场消费链上发挥着不可磨灭的作用，促进精品农业的发展。

这种技术融合了臭氧杀菌技术与湿冷的效果，能有效达到对果蔬的预冷处理和保存，不容易造成果蔬在保存过程中的再次污染，改善果品的食用品质。枇杷为非跃变型果实，容易腐烂变质，新型保鲜技术将拥有较大的经济与社会效益。

②现代生物技术在枇杷贮藏上的研究应用

现今转基因技术日渐成熟，在改良农产品的品质、提高农产品的抗性上取得较好成果。可通过在枇杷上导入近缘种的抗病和耐贮性基因，用来培育具有良好的抗性力、耐贮运、易贮藏的优良品种，从本质上解决室温下枇杷出现烂果和运输、贮藏中造成机械损伤等问题。

③枇杷新型保鲜剂

集美大学研究者通过实验分析造成枇杷果实采后腐烂的原因，并研发了枇杷专用新型保鲜剂，其具有实用性高、保鲜效果好、安全无毒、操作简单等特点，可有效延长枇杷果实的保存期。理论上，采用该枇杷专用新型保鲜剂后，农产品的保存期将延长至 70～90 d。经过实际检测，枇杷专用新型保鲜剂能有效延长的保存期为 40～60 d。

模块四　项目实施

一、任务

为保证果蔬的品质、防止贮藏期间病害的发生，每组以 1～2 种果蔬为例设计完整的贮藏方案和贮藏管理，保证上市时的果蔬品质达到市场需求。

二、项目指导

1. 项目设计的内容

项目设计内容应该包含果蔬贮藏方案；能够根据市场要求，合理选择适宜的贮藏品种；能够控制好贮藏的环境条件；掌握果蔬的主要贮藏方法，并能结合实际选择适宜的贮藏方法；能够控制好贮藏期间的病虫害；能对果蔬贮藏期间的品质进行综合监控并能根据监控数据提出整改措施；能够合理控制果蔬的后熟过程等。

2. 工作情景模拟

通农运输有限公司，现有一批苹果和梨（可选其他）的优良品种需要进行长期贮藏保鲜，准备在春节和五一节前后上市销售，为了保证果蔬的新鲜品质，防止果蔬贮藏期间失重、失鲜和病虫害等的发生，要求技术人员设计贮藏方案和管理措施，并能对技术环节进行调控，保证该批果蔬上市时达到市场要求，现以该公司技术员身份对其方案进行整体规划设计。

3．分组讨论

（1）各组讨论确定其具体的果蔬产品。

（2）个人查阅资料设计方案。

（3）分组讨论推荐一份较好的方案，小组进行充分的讨论，组员补充方案内容；教师组织全班同学讨论，评价每个小组推荐的方案，选出最佳。

三、评价与反馈

1．自我评价

（1）为了做好果蔬的贮藏方案，你都做了哪些准备？查找了哪些资料？有哪些设想？

（2）学习本项目后，说一下你的收获体会。

（3）你们所在小组在该项目的设计过程中遇到了什么问题，你们是如何解决的？

2．小组评价

3．综合评价

（1）教师评价，对学习过程进行综合评价。

（2）学生评价，对教师的教学设计有何想法？提出在本项目教学中你的收获和看法。

习 题

简答题

1．简述常见果品的贮藏方式和管理技术。

2．简述本地区主要果品的贮藏特性、贮藏条件和贮藏方式。

3．选择1～2种具有代表性的果品，叙述其贮藏保鲜的技术要点。

4．简述本地区主要蔬菜的贮藏特性、贮藏基本条件和贮藏方式。

5．结合本地区蔬菜特性，简述本地区应采取的主要贮藏方式和管理措施。

6．分别说明叶菜类、果菜类、根菜类和茎菜类的贮藏特性。

项目五　果蔬运输与销售

模块一　项目任务书

一、背景描述

1．工作岗位

果蔬采购销售人员等。

2．知识背景

我国幅员辽阔，南北方物产各有特色，只有通过运输才能调节市场全年供应，运输是果蔬生产和销售的桥梁，也是果蔬商品经济发展必不可少的因素。新鲜的果蔬由于水分含量多，采后生理旺盛，易损、易腐烂，因此只有具备良好的运输设施和技术，才能达到理想的运输效果，保证应有的经济效益和社会效益。

3．工作任务

在本项目中，要求学生以大型果蔬采购和销售人员的身份对果蔬在采购和销售过程中运输环节进行技术把握。

二、任务说明

1．任务要求

本项目需要小组和个人共同完成，每4名同学组成一个小组，每组设组长一名；本次任务的成果以报告的形式上交，报告以个人为单位，同时上交个人工作记录。

2．任务的能力目标

了解果蔬运输过程中常出现的问题；掌握果蔬运输和销售过程中的保鲜技术；能够结合生产实际设计出合理的果蔬运输和销售保鲜方案。

三、任务实施

1．在教师指导下查阅相关资料，深化基础理论学习，掌握相关知识。

2. 小组讨论交流后，模拟设计运输和销售保鲜方案。

3. 实施。

模块二　相关知识链接

一、果蔬运输

随着人民生活水平的提高，人们对果蔬产品的数量、质量、花色品种的要求越来越高，同时果蔬产品生产受地域限制，但又必须全年供应，均衡上市，调剂余缺，这就对运输提出了更高的要求。良好的运输必将对经济建设产生重大影响。具体体现在：第一，通过运输满足人们的生活需要，有利于提高人民的物质生活水平；第二，运输的发展可推动新鲜果蔬产品的生产增长；第三，对货畅其流，加速周转、提高流通效率，运输是一个重要的环节；第四，一部分果蔬产品通过运输出口创汇，换回我国经济建设所需物资。果蔬产品出口商品的质量和交货期，直接关系到我国对外信誉和外汇收入。在某些发达国家，水果约90%、蔬菜约70%是经运输后被销售。近年来随着我国商品经济的飞速发展，果蔬运输也受到了前所未有的重视。

运输可以看作是动态贮藏，运输过程中产品的振动程度，环境的温度、湿度、空气成分、包装、堆码和装卸等都对运输效果产生重要影响。新鲜果蔬与其他商品相比，运输要求更为严格。

1. 运输的基本要求

我国地域辽阔、自然条件复杂，在运输过程中气候变化难以预料，加之交通设备与运输工具与发达国家相比还有一定的差距，因此必须严格管理，根据果蔬的生物学特性，尽量满足果蔬在运输过程中所需要的条件，才能确保运输安全，减少损失。

（1）快装快运

果蔬采后仍然是一个活的有机体，新陈代谢作用旺盛，由于断绝了从母体的营养来源，只能凭借自身采前积累的营养物质的分解，来提供生命活动所需要的能量。果蔬呼吸越强，营养物质消耗越多，品质下降越快。

运输只不过是果蔬流通的一种手段，它的最终目的地是销售市场、贮藏库或包装厂。一般而言，运输过程中的环境条件是难以控制的，很难满足运输要求，特别是气候的变化和道路的颠簸，极易对果蔬质量造成不良影响。因此，运输中的各个环节一定要快，使果蔬迅速到达目的地。

（2）轻装轻卸

合理的装卸直接关系到果蔬运输的质量，因为绝大多数果蔬含水量为80%～90%，属于鲜嫩易腐性产品。如果装卸粗放，产品极易受伤，导致腐烂，这是目前运输中存在的普遍问题，也是引起果蔬采后损失的一个主要原因。因此，装卸过程中一定要做到轻装轻卸。

（3）防热防冻

任何果蔬对温度都有严格的要求，温度过高，会加快产品衰老，品质下降；温度过低，产品容易遭受冷害或冻害。此外，运输过程中温度波动频繁或过大都对保持产品质量不利。

现代很多交通工具都配备了调温装置，如冷藏卡车、铁路的加冰保温车和机械保温车、冷藏轮船以及近几年来发展的冷藏气调集装箱、冷藏减压集装箱等。然而，我国目前这类运输工具应用还未普及，因此必须重视利用自然条件和人工管理来防热防冻。日晒会使果蔬温度升高，提高呼吸强度，加速自然损耗，雨淋则影响产品包装的完美，过多的含水量也有利于微生物的生长和繁殖，加速腐烂。遮盖是普通的处理方法，但要根据不同的环境条件采用不同的措施。此外，在温度较高的情况下，还应注意通风散热。

2．运输对环境条件的要求

运输可被看作是在特殊环境下的短期贮藏。在运输过程中温度、湿度、气体等环境条件对果蔬品质的影响，与在贮藏中的情况基本类似。然而，运输环境是一个动态环境，故在讨论上述环境的同时，还应重点考虑运动环境的特点及其对果蔬品质的影响。良好的运输效果除了要求果蔬产品本身具有较好的耐贮运性外，同时也要求有良好的运输环境条件，这些环境条件具体包括振动、温度、湿度、气体成分、包装、堆码与装卸等六个方面。

（1）振动

在果蔬产品运输过程中，由于受运输路线、运输工具、货品堆码情况的影响，振动是一种经常出现的现象。果蔬产品是一个个活的有机体，机体内在不断地进行旺盛的代谢活动。剧烈的振动会给果蔬产品表面造成机械损伤，促进乙烯的合成，促进果实的快速成熟。同时，伤害造成的伤口易引起微生物的侵染，造成产品的腐烂。另外，伤害也会导致果实呼吸高峰的出现和代谢的异常。凡此种种都会影响果蔬产品的贮藏性能，造成巨大的经济损失，所以在果蔬产品运输过程中，应尽量避免振动或减轻振动。振动可以引起多种果蔬组织的伤害，主要为机械损伤和导致生理失常两大类，它们最终导致果蔬品质的下降。显而易见，外伤通常可刺激果蔬的呼吸代谢强度急剧上升，即使是在不至于造成外伤的振动强度下，果蔬的呼吸也会有明显的上升。中村等（1975）对番茄的试验结果表明，振动一开始，呼吸上升即开始，在停止振动后，呼吸异常还会持续一定时间。在一定的振动时间范围内，振动越强，呼吸上升越显著，但在强振动区，呼吸反而被抑制。因此认为，番茄可忍耐一定强度的振动刺激，超出此范围，生理异常就会出现。已观察到苹果、梨、温州蜜柑、茄子等也有大体相同的趋势。

影响运输车辆振动的因素主要有：①车辆状况。卡车的车轮数与车体垂直振动强度，轮数少，即车体小、自重轻的车子振动强度低；摩托车、三轮车的振动强度大，加速度可达 3～5 g。车轮内压力高时，振动大。在同一车厢中，后部的振动强度高于前部，上方的振动强度高于下方。②车速及路面状况。一般而言，铁路及高速公路最为平缓，因而运输的振动很少超过 1 g。而且在铁路及高速公路上，行车速度与振动关系不大。在不好的路面（未铺或失修）上行车时，则车速越快，振动越大。道路状况常是运输中振动大小的决定因素。③装载状况。空车或装货少的车厢振动强度高。另外，在货物码垛不合理、不稳固时，包装与包装之间的二次碰撞，常会产生更强的振动。振动加速度可达 31 g。④运输方式。铁路运输的振动较小，垂直振动在 0.1～0.6 g，货车与货物发生共振时稍大。公路运输的振动最大，在路况不好的情况下，常会发生 3 g 左右的振动。水上运输的振动最小，据报道 6 000 t 级的香蕉运输船振动 0.1～0.15 g，轮船的摇摆虽然相当大，但摆动周期长，因此振动加速度很小。

一般而言，由于果蔬具有良好的黏弹性，可以吸收大量的冲击能量。因此，作为独立个体的抗冲击性能很好。中马等（1970）实验表明，高达 45 g 的加速度才会造成单个苹果的跌伤。因此，在不考虑其他因素时，通常运输中的加速度不至于造成果蔬的损伤。但实际上 1 g 以上的振动加速度就足以引起果蔬的损伤，这是因为货车车厢的振动常激发包装和包装内产品的各种运动。这些因素的叠加效应常可在一般的振动强度下对某些个体果蔬造成损伤的冲击。此外，对于还不至于发生机械损伤的振动，如果反复增加作用次数，那么果蔬的强度也会急剧下降，此后如果遇到稍大的振动冲击，也有可能使果蔬产品受到损伤。中马等（1970）曾报道，草莓在运输中，由于微小的振动，包装上部的果实软化加重，运输距离越长，硬度下降越快。在实际运输中，果蔬能忍耐的振动加速度是一个非常复杂的问题。一般而言，按照果蔬的力学特性，可把果蔬划分为耐碰撞和摩擦、不耐碰撞、不耐摩擦、不耐碰撞和摩擦等类型（表 5-1）。

表 5-1 果蔬运输振动加速度表

类型	种类	加速度的临界/g
耐碰撞和摩擦	柿、柑橘类、青番茄、甜椒、根菜	3.0
不耐碰撞	苹果、红熟番茄	2.5
不耐摩擦	梨、茄子、黄瓜、结球蔬菜	2.0
不耐碰撞和摩擦	桃、草莓、西瓜、香蕉、绿叶菜类	1.0
脱 粒	葡萄	1.0

振动通常以振动强度表示，它表示普通振动的加速度大小，振动强度受运输方式、运输工具、行驶速度、货物所处的不同位置的影响，一般铁路运输的振动强度小于公路运输，海路运输的振动强度又小于铁路运输。铁路运输中，货车的振动强度通常都小于 1 级，公路运输其振动强度则与路面状况、卡车车轮数目有密切关系。

（2）温度

与贮藏相同，运输温度对产品品质起着决定性的影响，因而，温度也是运输中最受关注的环境条件之一。现代果蔬运输最大的特点，是对温度的控制。温度是果蔬产品运输过程中的一个重要因素，随着温度的升高，果蔬产品机体的代谢速率、呼吸速率、水分消耗都会大大加快，促进果实快速成熟，影响果实的新鲜度和品质；温度过低，会给果蔬产品有机体造成冷害，影响其耐贮性。根据运输过程中温度的不同，果蔬产品的运输分为常温运输和低温运输。常温运输中的货箱温度和产品温度易受外界气温的影响，特别是在盛夏和严冬时，这种影响更大。南菜北运，外界温度不断降低，应注意做好保温工作，防止产品受冻；北果南运，温度不断升高，应做好降温工作，防止产品的大量腐烂。

在运输中，果蔬产品装箱和堆码紧密，热量不易散发，呼吸热的积累常成为影响运输的一个重要因素。在常温运输中，果蔬产品的温度很容易受外界气温的影响。如果外界气温高，再加上果蔬本身的呼吸热，产品温很容易升高。一旦果蔬温度升高，就很难降下来。这常使产品大量腐败。但在严寒季节，果蔬紧密堆垛的温度特性（呼吸热的积累）则有利于运输防寒。

在冷藏运输中，由于堆垛紧密，空气循环不好，未经预冷的果蔬冷却速度通常很慢，而且各部分的冷却也不均匀。有研究表明，没有预冷的果蔬，在运输的过程中，产品温度都比要求温度高。可见，要达到好的运输质量，在长途运输中，预冷是非常重要的。另外，运输所采用最低温度的确定原则也与冷藏基本相同，即以能够导致冷害的温度为限。实际上在严寒地区需保温运输的条件下，也可适当放宽低温限，因为大多数果蔬短期内对冷害的忍耐是较强的。

　　根据上述条件以及果蔬本身的特性，可确定果蔬的最适运输温度。一般而言，果蔬的运输温度在 4℃以上。当然，最适运输温度的确定，还应考虑运输时间的长短。一般而言，根据对运输温度的要求，可把果蔬分为四大类。

　　第一类为适于低温运输的温带果蔬，如苹果、桃、樱桃、梨，最适温度为 0℃。

　　第二类为对冷害不太敏感的热带、亚热带果蔬，如荔枝、柑橘、石榴，最适温度为 2～5℃。

　　第三类为对冷害敏感的热带、亚热带果蔬，如香蕉、杧果、黄瓜、青番茄，最适温度常在 10～18℃。

　　第四类为对高温相对不敏感的果蔬，适于常温运输，如洋葱、大蒜等。

　　（3）湿度

　　果蔬产品是鲜活产品，其水分含量为 85%～95%。运输环境中的湿度过低，加速水分蒸腾导致产品萎蔫；湿度过高，易造成微生物的侵染和生理病害。在果蔬产品运输过程中保持适宜稳定的空气湿度能有效地延长产品的贮藏寿命。为了防止水分过分蒸腾，可以采用隔水纸箱或在纸箱中用聚乙烯薄膜铺垫或通过定期喷水的方法来提高运输环境中的空气湿度。在低温运输条件下，由于车厢的密封和产品堆积的高度密集，运输环境中的相对湿度常在短时间内达到 95%～100%，且在运输期间一直保持这个状态。一般而言，由于运输时间相对较短，这样的高湿度不至于影响果蔬的品质和腐烂率。但也有报道指出，从日本运往欧洲的温州蜜柑，由于船仓内湿度高，导致水肿病发病率的增加，用蜡处理的果实表现尤为明显。此外，如果采用纸箱包装，高湿还会使纸箱吸湿，导致纸箱强度下降，使果蔬容易受伤。为此，在运输时应根据不同的包装材料采取不同的措施，远距离运输用纸箱包装产品时，可在箱中用聚乙烯薄膜衬垫，以防包装吸水后引起抗压能力下降，用塑料箱等包装材料运输时，可在箱外罩以塑料薄膜以防产品失水。

　　（4）气体成分

　　除气调运输外，新鲜果蔬产品因自身呼吸、容器材料性质以及运输工具的不同，容器内气体成分也会有相应的改变。使用普通纸箱时，因气体分子可从箱面上自由扩散，箱内气体成分变化不大，CO_2 的浓度一般不超过 0.1%；当使用具有耐水性塑料薄膜贴附的纸箱时，气体分子的扩散受到抑制，箱内会有 CO_2 气体积累，积聚的程度因塑料薄膜的种类和厚度而异。从实际运输情况看，果蔬在常温运输中，环境的气体成分变化不大。在低温运输中，由于车厢体的密闭性，运输环境中产生 CO_2 的积累。但从总体来说，运输时间不长，CO_2 积累到伤害浓度的可能性也不大。在使用干冰直接冷却的冷藏运输系统中，CO_2 浓度自然会很高，可达到 20%～90%，有造成 CO_2 伤害的危险。所以，果蔬运输所用的干冰冷却一般为间接冷却，在可控的情况下，干冰直接制冷的同时还可提供气调运输所需的CO_2源。气调在运输中的好处，由于运输时间短暂而不能充分体现。此外，应当注意的是，即便使用气调冷藏车运输，也不能省去预冷步骤。

（5）包装

包装可提高与保持果蔬产品的商品价值，方便运输与贮藏，减少流通过程的损耗，有利于销售。包装所用的材料要根据果蔬产品种类和运输条件而定。常用的材料有纸箱、塑料箱、木箱、铁丝筐、柳条筐、竹筐等，抗挤压的果蔬产品也有采用麻布包、草包、蒲包、化纤包等包装。近年来纸箱、塑料箱包装发展较快，国外果蔬产品的运输包装也主要以纸箱、塑料箱为主。

（6）堆码与装卸

果蔬产品的装运方法与货物运输质量的高低有重要关系。常见的装车法有"晶"字形装车法，"井"字形装车法，"一、二、三，三、二、一"装车法，筐口对装法等。无论采用哪种方法都必须注意尽量利用运输工具的容积，并利于空气的流通。新鲜果蔬产品流通过程中，装卸是必不可少的重要环节，常见的装卸工具有集装箱、托盘。其中集装箱是一种便于机械化装卸和运的大型货箱。国际标准化组织对集装箱下了定义，提出集装箱必须具备以下条件：①能长期反复使用，具有足够的强度；②在途中转运时，无须移动容器内货物可直接换装，即从一种运输工具直接换到另一种运输工具上，以达到快速装卸；③便于货物的贮运，装运和机械化装卸；④具有 $10 \ m^3$ 以上的容积。

3．运输方式及工具

（1）铁路运输

铁路运输具有运输量大、速度快、运输振动小、运费较低、连续性强、受季节性影响小等优点，适于长途运输。其缺点是机动性能差。铁路运输运输量大，约占我国果蔬产品运输的 30%，运输成本略高于水运，为公路运输平均成本的1/20～1/15，最适于大宗货物的中长距离运输。目前，铁路运输中一般采用普通棚车、机械保温车、加冰冷藏车箱进行运输。我国机械保温车数量有限，还不能满足果蔬产品运输的要求，从而限制了果蔬产品铁路运输的发展。以下重点介绍几种铁路运输工具。

普通棚车：目前我国运输主要利用敞车内放置冰堆、打冰墙，或在内夹冰，然后在车底和四面用草包、棉被等衬垫覆盖运输，通常叫作"土保温车"。在我国新鲜果蔬运输中普通棚货车仍为主要的运输工具。车厢内没有温度调节控制设备，受自然气温的影响大。车箱内的温度和湿度主要通过通风、草帘棉毯覆盖、炉温加热、夹冰等措施调节。毕竟土法保温难以达到理想的温度，常导致果蔬腐烂，损失严重，损失率随着运程的延长而增加。

加冰冷藏车：加冰冷藏车有多种型号，如 B11 型、B6 型和 B8 型，其中以 B11 型运输性能最好。车厢有较好的保温隔热效果，车厢内设有存放冰块的容器，同时设有排水、循环通风及温度检测等设备。温度的控制是靠冰融化时吸收车内果蔬释放出的呼吸热。根据冰盐制冷理论，冰盐制冷最低可达−21.2℃，但实践证实，加冰保温车利用冰盐混合物冷却，在外界气温为 25℃时，车内最低只能保持在-8℃左右。我国加冰保温车以 B11 型车顶式冰箱保温车为主，它有 6 个鞍形冰箱均匀分布在车顶上，每个冰箱分两个冰槽，每边 3 个冰槽连通，共用 1 个排水器，所以每侧两个排水器。每个冰箱容积为 1.7 m^3，全车共能载冰 10.2 m^3。6～8 t，车厢装有隔热材料聚苯乙烯，底部装有地搁栅（或隔板），侧墙、端墙设有通风木条，以便冷空气在车内流通，保持车内温度均匀。加冰保温车在运输中当冰融化到一定程度时要加冰，因此，在铁路沿线每 350～600 km 距离处要设置加冰站，站内有加冰台、储盐库及其他设备，或有可移动的加冰车。根据广东商业部门的经验采用 B8 型车顶式加冰保温车，将全部 6 个冰箱加满，在平均 25～30℃的外温下，24 h 内的降温过程耗冰量为 1.8～2.0 t，以后每 24 h 耗冰量为 0.8 t 左右。B8 型车内温度一般较为稳定。为了获得更低的温度，可向冰块中加入一定比例的食盐，加盐的比例主要根据所运果蔬对温度的要求而定。采用该车运输果蔬效果要比普通棚车效果好得多，但在运输途中，需在铁路沿线定点设置制冰、加冰场站（350～600 km 设一加冰站为宜，但随列车提速可适当加大距离）使车厢能及时补加冰块，从而始终维持稳定的低温。同时，融化后的盐水对车体及铁路设施有一定腐蚀作用；车内的温度不能灵活控制；沿线加补冰块也减慢了运输速度。

机械冷藏车：采用机械制冷和加温，配合强制通风系统，能有效控制车厢内温度，而且装载量比加冰保温车大大增加。由于使用制冷机，可以在车内获得与冷库相同的低温，在更广泛的范围内调节温度，有足够的能力使产品迅速降温，并可在车内保持均匀的温度，因而能更好地保持易腐商品的质量。该车备有电源，便于实现制冷、加温、通风、循环、融霜的自动化。由于运行途中不需要加冰，可以加快货物送达，加快车辆周转。但与加冰冷藏车相比，其造价高，维修复杂，还需要配有专业维修、管理人员。我国现用的机械冷藏车主要有 B16、B17、B19、B18、B20 等，B16 型机械冷藏车组是由 23 辆车组成，B17 型由 12 辆车组成，它们都是集中发电和集中制冷。B19、B18、B20 型机械冷藏车是集中供电，每辆货车单独制冷，车内装有风机，使空气进行循环，以增加冷却效果。它们分别由 10 辆、5 辆、9 辆车组成一个车组。仅 B19 型机冷车组是国产，其他多为进口车。其中 B18、B20、B22 均是从德国进口，以 B22 型性能最好。

防寒车：防寒运输是在冬季北方运输果蔬时常用的一种方式。外界气温-5℃以上时，可以使用棚车进行防寒运输。采用车底垫 2~3 cm 厚的谷糠，车壁钉挂草帘，货物上用草帘加盖，以防止货物冻伤。若外界气温不低于-15℃，运送时间在 7 d 以内，可以用有防寒装置的冷藏车，可将排水管用稻草堵塞，地板上铺上稻草，因车角冻坏的风险性大，稻草应铺得厚些。

（2）水路运输

我国幅员辽阔，江河纵横，海岸线长，沿江河湖海多为新鲜果蔬产品盛产地，所以水路运输也是果蔬产品运输的重要途径。以冷藏船为代表的水路运输是果蔬产品出口的重要运输渠道。其特点是运输成本低，耗能少，运输过程平稳，产品受机械损伤较轻。但因受自然条件的限制，水运的连续性差，速度慢，联运货物要中转换装等，延缓了货物的送达时间，也会增加货损。

近年来冷藏集装箱的发展使果蔬产品的水路运输得到了进一步的发展。水路运输工具用于短途转运或销售的一般为木船、小艇、拖驳和帆船；远途运输的则用大型船舶、远洋货轮等，远途运输的轮船有普通舱和冷藏舱。发展冷藏船运输果蔬产品，是我国水路运输的发展方向。

（3）公路运输

果蔬产品的公路运输是目前最重要的运输方式。目前果蔬短途公路运输所用的运输工具包括汽车、拖拉机、畜力车和人力拖车等。汽车有普通货车、冷藏汽车、冷藏拖车和平板冷藏拖车等。汽车运输虽然成本高，载运量小，耗能大，劳动生产率低等不利方面，但是它具有投资少，灵活方便，货物送达速度快等特点，特别适宜于短途运输，可减少转运次数，缩短运输时间。在发达国家由于高速公路网遍及各地，汽车性能好，组织服务规范，因而公路运输在果蔬产品运输中占有相当的地位。

随着高速公路的建成，高速冷藏集装箱运输将成为今后一段时间公路运输的主流。以下（表 5-2）介绍几种常用的车型及其性能。

表 5-2　常用车型及其性能表

车　型	性　能	特点及适用范围
普通厢式货车	除有布及绳索等无其他设施	费用低。受空气影响较大，运输质量不好，损耗大。适合短途运输
保温汽车	有良好保温隔热性能车体，但无任何冷却设备；在装车起运前要做充分的预冷处理或用冰等作冷源	适于蔬菜或大众果品的运输
机械冷藏车	车厢保温、隔热性能良好，并装有发电、制冷或空调等设备，能维持车内低温条件	适于新鲜果蔬的中、长途运输

（4）航空运输

航空运输速度快，平均送达速度比铁路快 6～7 倍，比水运快 30 倍。但运输成本高、运量小、耗能大，目前在果蔬产品运输上只能用于一些特需或经济价值很高的果蔬产品运输，如草莓、鲜猴头菇、松蘑等。美国草莓空运出口日本的利润很好。我国出口日本的鲜香菇、蒜薹也采用空运，近年来，山东烟台樱桃空运至广东的实例也不少。

由于空运的时间短，在数小时的航程中常无须使用制冷装置，只要果蔬在装机前预冷至一定温度，并采取一定的保温措施即可取得满意的效果；在较长时间的飞行中，则一般用干冰作冷却剂，因干冰装置简单，重量轻，故障率低，较适合航空运输的要求。

（5）集装箱

集装箱是当今世界发展迅速的一种运输工具，既省力、省时，又保证产品质量。集装箱突出的特点是：抗压强度大，可以长期反复使用，便于机械化装卸，货物周转迅速，能创造良好的贮运条件，保护产品不受伤害。冷藏集装箱可利用大型拖车直接开到果蔬产地，产品收获后直接装入箱内降温，使果蔬在短期内即处于最佳贮运条件下，保持新鲜状态，直接运往目的地。这种优越性是其他运输工具不可比拟的。以下（表 5-3）是几种常见的集装箱及其性能。

表 5-3　常见集装箱及其性能表

种　类	结构性能	用　途
保温集装箱	铝制内柱式集装箱，用聚氨酯为隔热材料，并在集装箱的前端壁和箱门上各设有几个通风口，有百叶窗进行开闭通风，用冰作为冷源	适合多数果蔬贮运
外置式冷藏集装箱	只有隔热保温架构，没有制冷设备，在运输途中需要另外制冷设备供给冷气	适合冷冻食品和果蔬产品的远途运输
内置式冷藏集装箱	在隔热保温集装箱内设有发电、制冷设备，可单独发电制冷，也可外接其他电源制冷，保证箱内适宜的低温	
冷藏气调集装箱	箱体有很强的气密性，内部除设有制冷设备外，同时以液氮作为辅助冷源，并由氧反应器、控制器、液氮放射器和液态氮罐等装置来调节控制氧和氮的浓度	适合果蔬产品的远途运输

近年来，集装箱运输已发展成为一种新的运输方式。它是将一批批小包装货物集中装在大型的箱中，形成整体，便于装卸运输。①冷藏集装箱是在集装箱的基础上，增加隔热层和制冷装置及加温设施，确保箱内温度为果蔬产品贮藏所需的温度条件。一般冷藏集装箱分 6.1 m 和 12.2 m，载重分别为 20 t 和 40 t。利用

冷藏集装箱运输果蔬产品，可以从产地装载产品，封箱，设定箱内条件，利用汽车、火车、轮船等多种运输工具，在机械化的集装箱装卸设备的配合下，进行长途运输，节省大量人力和时间，保证在各种运输条件下产品的环境温度始终保持设定值，保证产品的质量，实现了"门对门"服务，使产品完好、及时地运达目的地。②气调集装箱则在冷藏集装箱的基础上，在箱体内加设气密层，并改变箱内的气体成分，即降低 O_2 浓度，增加 CO_2 浓度，使运输的产品保持更加新鲜的品质。

4．运输的注意事项

目前，我国果蔬运输的设备有汽车、轮船、火车和飞机，有条件的地方可使用保温或冷藏设备。为了搞好运输，应注意以下几点。

（1）车船消毒卫生。在装载果蔬前，运输工具应彻底消毒，确保卫生。

（2）产品符合质量要求。运输的果蔬质量应符合运输标准，没有败坏，成熟度和包装应符合规定，且新鲜、完整、清洁，没有损伤和萎蔫。

（3）快装快运，现卸现提。装运应简便快速，尽量缩短采收与交运的时间，避免撞击、挤压、跌落等现象，尽量做到运行快速平稳。

（4）堆码安全，利于通风。堆码要稳当，有支撑与垫条，防止运输中移动或倾倒。堆码不能过高，堆间要留适当的空间，以利通风。运输时要注意通风，保温车船要有通风设备。

（5）防雨、防晒、防寒。如用敞篷车船运输，果蔬堆上应覆盖防水布或芦席，以免日晒、雨淋。冬季应盖棉被进行防寒。

（6）不同种类的果蔬最好不要混装。因为各种果蔬释放的挥发性物质相互干扰，影响运输安全。尤其是不能和产生乙烯量大的果蔬在一起装运，因为微量的乙烯可促使其他果蔬提前成熟，影响果蔬质量。

（7）长距离运输最好用保温车船。在夏季或南方注意降温，在冬季或北方注意保温防寒。

二、冷链流通

1．定义

所谓"冷链流通"又称"冷链物流"，是指果蔬采收后经过商品化处理，在贮藏、运输、销售及消费的全过程中均处于适宜的低温条件下，保持果蔬新鲜所要求的温度、湿度和气体含量。可以说，果蔬从离开地头的那一刻起，直到消费者的餐桌前，都在"冷链"中流通。为了确保果蔬的贮运品质，从果蔬产品生产到消费过程需要维持一定的低温条件，这种低温保藏技术体系可称为低温冷链运输系统。果蔬冷链的核心就是全程控制温度。

2．冷链流通操作流程

冷链流通的操作流程：产品采收（冷藏车）→分级、包装的预冷（冷库）→调运批发（冷藏车）→超市、小卖部等零售点（冷藏柜）→产品采购（车载冰箱或小型冷藏车）→家庭、饭店（电冰箱）。如果在冷链系统中缺少任何一个环节而断链，就会破坏整个冷链保藏运输系统的完整性。这一系统包含着低温冷藏技术和低温运输技术，其中低温运输技术起着联系冷链完整性的中间作用。随着果蔬低温冷链运输系统的广泛应用,研究制定各类果蔬能适应的低温范围已十分必要。国际冷冻协会提出了关于新鲜果蔬低温运输适宜的建议温度，对实施冷链运输有一定的参考价值。

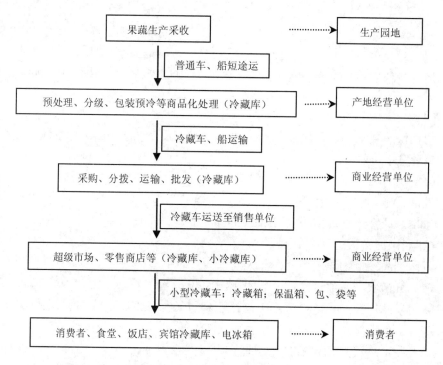

图 5-1 冷链保藏运输系统示意图

3．冷链各环节的运作原则

（1）产品质量优良；

（2）采后快速降温；

（3）连续适宜低温。

4．冷链流通的三个阶段

（1）生产阶段：采后处理、贮藏阶段，冷链设施为冷库；

（2）流通阶段：冷藏运输，冷链设施为各种运输工具；

（3）消费阶段：短期贮藏，冷链设施为冷柜或小冷库。

5．实现冷链流通需具备的条件

恒定低温是冷链流通的基本特征和基本要求，但要实现真正的冷链流通，还必须具备以下五个条件。

（1）"3P"条件

进链质量要求：果蔬原料（Products）品质好；处理工艺（Processing）质量高；包装（Package）符合原料特性。

（2）"3C"条件

流通质量要求：操作细心（Care）；清洁卫生（Clean）；低温冷却（Chilling）。

（3）"3T"条件

质变时温关系：耐藏性或容许质变量（Tolerance）；贮藏温度（Temperature）；贮藏时间（Time）。

（4）"3Q"条件

协调快速要求：设备数量（Quantity）协调；质量（Quality）标准统一；组织作业快速（Quick）。

（5）"5M"条件

辅助设施要求：工具手段（Means）健全；机械设备（Machine）到位；方法（Methods）成熟；管理措施（Management）完善；市场（Market）广阔。

6．我国冷链流通存在的不足

我国产品冷链物流主要存在五大问题。

（1）鲜活农产品通过冷链流通的比例偏低

欧美发达国家肉禽冷链流通率已经达到 100%，蔬菜、水果冷链流通率也达 95%以上，而我国大部分生鲜农产品仍在常温下流通。

（2）冷链物流基础设施能力严重不足

我国人均冷库容量仅 7 kg，冷藏保温车占货运汽车的比例仅 0.3%，现有冷冻冷藏设施普遍陈旧老化，且区域分布不平衡，大型农产品批发市场、区域性农产品配送中心等关键物流节点缺少冷冻冷藏设施。

（3）冷链物流技术推广滞后

生鲜农产品产后预冷技术和低温环境下的分等分级、包装加工等商品化处理手段尚未普及，运输环节温度控制手段原始粗放，发达国家广泛运用的全程温度自动控制没有得到广泛应用。

（4）第三方冷链物流企业发展滞后

在农产品冷链物流发展过程中，优质优价的机制仍没有形成，冷链物流的服务体系尚未完全建立。现有冷链物流企业以中小企业为主，实力弱，经销规模小，服务标准不统一，具备资源整合和行业推动能力的大型冷链物流企业刚刚起步。

（5）冷链物流法律法规体系和标准体系不健全

冷链物流各环节的设施、设备、温度控制和操作规范等方面缺少统一标准。

7. 发展我国果蔬冷链物流的对策

（1）加大宣传力度，培养人们果蔬冷链物流的意识；

（2）加快建立健全果蔬冷链物流相关标准体系；

（3）积极创造良好的市场环境，加快发展第三方果蔬冷链物流；

（4）加强冷链物流硬件设施建设；

（5）积极发展果蔬冷链软技术；

（6）多途径培养专业果蔬冷链物流操作和管理人才。

三、市场销售

果蔬产品采收后经处理、包装、运输等一系列活动，最后到达销售地，果蔬产品只有销售出去，才能实现其商品价值。组织好果蔬产品的销售工作，能促进国民经济的发展，促进人民生活水平的提高和农民收入的增加。

果蔬产品市场销售的特点及对策

（1）要求果蔬产品市场要做到全年供应、均衡上市、品种多样、价廉物美。果蔬产品生产具有季节性、地域性，只有做好果蔬产品的贮藏运输工作，才能保证其均衡上市，全年供应，这样有利于保持物价稳定，维护社会经济稳定。

（2）新鲜果蔬是易腐性产品，市场流通应及时、畅通，做到货畅其流，周转迅捷，才能保持其良好新鲜的商品品质，减少腐烂损耗。为此需要产、供、销协调配合，尽量实行产销直接挂钩，减少流通环节，提高运输中转效率。大中城市和工矿逐步建立批发市场，加强生产者，零售网点与消费者之间的联系，使新鲜果蔬产品及时销售到千家万户。

（3）果蔬产品商品性强，发展果蔬产品生产的目的在于以优质、充足的商品提供销售，满足人民消费的需要。

（4）果蔬产品必须适应市场需要，才能扩大销售。经验告诉我们，只有那些适应市场的产品才能经久不衰。为了了解产品的市场占有情况，必须加强市场信息调查，预测行情变化趋势，根据调查预测结果有效组织销售。

总之，果蔬产品的采后处理对提高商品价值，增强产品的耐贮运性能具有十分重要的作用。

模块三　项目实施

一、任务

每组以一种果蔬为例，设计其运输销售环节具体的保鲜技术，为果蔬生产和销售部门生产出合格的果蔬产品提供技术支持。设计果品和蔬菜的销售模式，为把握市场行情和将来的就业打下基础。

二、项目指导

项目设计的内容包括运输工具的选择、运输过程中保鲜的具体操作。重点注意销售环节的把握、销售模式的选择等。

三、知识提示

（一）国外水果营销策略

欧美等西方发达国家对于果蔬产品尤其是水果的营销策略主要有以下几种。

1．庞大的广告开支。水果进入国际市场前，即已制订周密庞大的广告计划，其开支得益于政府的法律支持和财政补贴。

2．统一价格和长期供应优势。国外水果商不仅能做到全年供货，而且能统一价格，避开内部恶性竞争。

3．重视质量和分级包装。国外重视商品质量，水果都要经高级选果机挑选、分级、打蜡、包装，不仅大小一致，包装漂亮，而且耐贮藏。

4．注意改善品质，迎合消费者口味。通过市场调查，不断培育出适合消费者口味的新品种。

5．国内市场竭力垄断经营。发达国家国内市场大多数都由果蔬集团实行直销和连锁经营。

6．水果协会在生产和销售中的作用举足轻重。

（二）网络营销与水果类农产品冷链物流的改善

1．水果类农产品冷链物流的发展现状

水果属鲜活农产品，显著的特点是生鲜易腐，需要通过低温流通才能使其最大限度地保持天然食品原有的新鲜程度、色泽、风味及营养。不同的水果由于其特性不同，对温度和湿度的要求也不尽相同，合适的温度和湿度会延长其保存期，反之，则会使水果加速腐坏。而在实际的调研中发现，水果的运输、仓储和配送等环节都存在着不同程度的冷链断链现象。正是由于冷链设施建设滞后、保鲜储运能力不足、物流人员操作不规范等问题，导致水果的流通腐损率居高不下。据不完全统计，2011 年我国果蔬的流通腐损率达到 20%～30%，损失折合人民币多达近千亿元。

2．网络营销中水果冷链物流存在的问题

网络平台销售的水果种类较多，其产品往往来自于不同的供应商，更有一些进口水果涉及国外供应商。此外，消费者在网上选购时，存在着下单批量较小、配送范围较大、定制化需求较多、时效性要求较高的特点。这些都使原本水平就不高的水果冷链物流暴露出更多问题。

3．改善冷链物流的网络营销策略

网络营销的某些特点为水果冷链物流的发展带来了一些负面影响，但网络的广泛传播性，信息的互动性，用户消费的超前性、可诱导性，都能有效利用，成为改善冷链物流现状的网络营销策略。

（1）时间引导

水果是一种保鲜期相对较短的农产品，这对于商品的采购、仓储和配送都提出了较高的要求。在网络营销时，如能通过分时段促销的方式加强对消费者购买时间的引导，则有利于促进商品快速流转，减少水果在物流环节的停滞，缓解冷链物流的压力。

①上市前的宣传

网络消费行为具有明显的超前性和可诱导性。对于那些即将上市的水果，电子商务网站可进行前期的引导和宣传。通过图片、专题报道介绍某产地（品牌）水果的外观、营养功能；利用用户体验报告、视频资料等方式介绍水果的口感；借助于影视植入广告、论坛故事等形式赋予水果"情感价值"，从而增强人们对该品类水果的购买欲望，使得水果在上市前已形成一定的购买需求，一旦上市即能以一个较高的价格快速实现水果的销售。此外，还可以通过"订购省""尝鲜价"的方式，以 9～9.5 折的上市价格提前接受商品预定，以较少的成本对商品需求进行预判，避免出现商品需求方面大的偏差，利于批量采购和安排库存。

②上市后的销售

水果一旦上市，由于其保鲜期较短，因此要求采购、仓储、配送各个环节都要在尽可能短的时间内完成流转，这就需要有一套完善的网络营销策略。例如，在产品刚上市的时候，围绕"好友分享"这一主题，推出"分享有礼""加购立减""推荐优惠"等活动，鼓励消费者将自己购买该水果的信息利用自身的社交网络（如微博、MSN、QQ群、飞信等）传播出去，推荐、影响其好友也来该网站购买水果。对于已经进入成熟期的水果，可采用"家庭欢乐装"的方式，通过捆绑销售，加速商品的销售。而对于即将进入过熟期的水果，可通过"会员积分换购"、在有冷链条件的自提点"超低价自提"等形式，一方面赶在水果腐坏之前处理完毕，另一方面也可以较低的成本回馈老客户、吸引新客户，增强网站的凝聚力。

（2）区域引导

水果的网络营销存在着批量小、品种多、配送范围较广的特点，这无疑增加了配送的成本，也使得很多冷链相关技术和设备无法使用。因此，利用网络消费的可诱导性，加强用户配送区域的引导，能够从根本上减少电子商务对物流的负面影响。

①分区团购策略

有些水果的特点和价位影响了其购买对象。例如，对于一些价位比较高的进口水果，消费人群主要集中在都市白领、孕妇、企业礼品和探亲访友等领域。因此，从配送区域整合的角度考虑，可针对城市中相对集中的白领聚集区、医院周边等客户相对集中的地方开展网络上的区域团购。通过适当的价格倾斜，带动某一区域需求的增加，从而提高单次物流的配送量，降低物流成本。当配送量达到一定规模，还可使用冷链技术更好的专用车辆进行巡回配送，既保证了配送车辆的装载率，也提高了配送质量。

②分区自提策略

分区自提策略是指充分利用网络平台，在大范围接单的情况下，通过差异化运费的引导，结合区域已有的冷链条件，在订单相对集中的区域，与居民区的便利店、小型超市相结合，提供分区域自提业务。将该区域可自提的所有订单集中配送至自提点，在自提点的冷藏设备中进行保存，直至用户取走。这一策略对于中、青年人聚集区的上班族尤为适用，消费者可以上班时网络下单订货，晚上回家时在居住小区的便利店自提。对于消费者来说，既节省了采购时间，又可以获得高品质的水果，还可以在自己方便的时间收货；对于配送来说，也可节省运输和多次投递的成本。

③产品引导策略

网络营销传播范围广，对于改善由单个客户需要量较小带来的整体采购批量偏小且很难预测的情况有着一定作用。因此，利用网络平台通过水果功效宣传、特定群体推介、果篮定制等方式进行水果选购类型的引导，有助于提高单个品种的水果销量。

a. 功效宣传。不同的季节会有不同的水果上市，这些水果本身就有很多有利于身体健康的营养成分。例如，梨水分充足，富含维生素 A、维生素 B、维生素 C、维生素 D、维生素 E 和微量元素碘，有助于软化血管，促使血液将更多的钙质运送到骨骼；柚子含有的果胶能降低低密度脂蛋白，减轻动脉血管壁的损伤，维护血管功能，预防动脉硬化和心脏病。结合水果上市的季节，在网络平台开辟养生频道，利用图片、文字、视频植入式广告、科教电视节目等方式宣传水果功效，促进水果销量。

b. 特定人群推介。不同的水果适合不同的人群，特别是处于特殊状态的人群对水果的要求更高。例如，对于孕妇来说，西柚里含有很多叶酸，而秋梨则可以治疗妊娠水肿及妊娠高血压，这些水果是有利的；而山楂会引起宫缩，荔枝、桂圆性热，这些则是孕妇要慎食的。再如，每天都要与电脑为伴的 IT 族，经常食用橘子、杧果、枇杷、西瓜等富含维生素的水果有助于保护眼睛，缓解精神压力，提高抵抗力。因此，可针对不同人群定期开展主题团购，推出适宜某类人群的水果，集中采购。

c. 果篮定制。果篮定制也是产品引导的一种策略。该策略主要针对特定的节日、纪念日、场合或是人群设计不同的果篮搭配，供消费者选择。其中，对于常见的用途，如拜访恩师、探望病人、中秋佳节等，以网站事先准备、消费者直接下单方式为主；而对于消费者个性化的需求，特别是涉及稀有果品的搭配时，需要消费者提前下单，并提供数量搭配等具体细节。果篮定制，不仅要在个人消费者中推广，更要面向企业客户，对于企业的礼仪用水果进行长期的协议供给是保证水果销量的重要措施。

④SNS 营销策略

SNS（Social Networking Services）营销，是一种基于社交网络、利用用户主动获取信息和分享信息的形式，是在六维理论的基础上实现的一种营销。对于水果这种体验性很强的商品，在网络营销中多通过 SNS 平台，借助于朋友日记、推荐视频、社区活动、专题论坛等参与性、分享性、互动性较强的形式，可以增强消费者对于产品的认同感，从而利用口碑营销将网站、产品的形象广泛传播。在这方面，悦活品牌的种植大赛、伊利舒化奶的开心牧场等都是值得借鉴的成功模式。通过 SNS 营销策略，可以增加体验类产品的销售量；也可以利用这个平台实施时间引导、区域引导、产品引导的相关策略，通过好友的口碑宣传、资源推荐等病毒式营销的方法取得更好的实施效果，从而有利于冷链物流在时间和空间上的组织安排。

⑤包装自选策略

对于高档的水果或是用户要求较高的定制水果，网站还可以供包装自选功能。用户可以自行承担费用，在"最后一公里"电动自行车宅配的过程中，使用功能型保鲜瓦楞纸箱低温贮藏水果，这也是现阶段水果保鲜的有效手段。具有隔热功能的瓦楞纸箱，在传统箱内、外包装衬上复合树脂和铝蒸镀膜，或在纸芯中加入发泡树脂，可防止在流通途中水果自身温度的升高，达到保鲜的目的；具有气体控制功能的瓦楞纸箱，在纸箱内衬和外衬中夹进保鲜膜，或在造纸阶段混入能吸附乙烯气体的多孔质粉末，从而防止水果的水分部分蒸发，取得控制气体含量的效果，保持水果的鲜度。用户根据需要自选包装既提高了冷链配送的水平，也解决了配送成本的问题。

综上所述，网络营销就是水果冷链物流的一把双刃剑。它配送区域广、订单批量小、种类多、客户需求个性化、时效性要求较高等特点，为水果类农产品的冷链物流带来了很多问题。同时，网络营销用户参与程度高、消费行为具有超前性和可诱导性的特点也为解决水果类农产品冷链物流的困境提供了新的思路。

（三）具体实例——烟台水果的互联网+地方特产营销建议

近年来，伴随网络经济的高速发展，具有特色的地方性产品特别是土特产成为网络热销商品。我国现有近 7 亿网民，伴随人们网络消费习惯的养成和网络信息经济在农村的渗透，个体农户或中小企业合作社开店销售特产的比重日益提升。特产因商品自身的特殊属性在跨地域需求旺盛、农业电子商务迅速发展的大环境下呈现良好态势。

山东烟台素有"北方水果之乡"的称号，春秋季节果瓜飘香、蟹肥酒美。经过多年的整合已形成以栖霞、牟平、招远、蓬莱、龙口、福山、海阳等为主的苹果、葡萄、樱桃、梨产业带。阿里研究中心 2014 年发布的《农产品电子商务白皮书》中称，农产品电子商务正呈现加速发展的态势，网络卖家达 76 万余个。自2014 微商元年开始，2015 年地方特产得到微商高度青睐，通过小众看行业，地方特产的网络经济大时代已经来临。

在外部机遇优良的情况下，目前我国土特产行业的发展现状还存在相当多的问题，平台食品运营管制、地方品牌宣传意识不够、产品质量良莠不齐、网络运营手法匮乏、农产品保鲜运输保障不足都是地方特产网络经济所需面临的困境。因此解决以上问题是拉动地方特产网络经济快速发展的首要任务，综上将从以下几个方面提出建议：

1. 配套便民窗口，解决网络平台入口瓶颈

2015 年新修订的《中华人民共和国食品安全法》提案通过同期网络食品交易第三方平台要求卖家须上传"食品流通许可证"，10 月 1 日前完成准入登记，对入网食品经营者进行实名登记，明确其食品安全管理责任。未按规定上传证件的，将被禁止发布新商品，对于已上架商品进行下架处理或管控。建议地方工商部门在便民大厅设立网商专门窗口并公告个体工商户营业执照及食品流通许可证办理流程，方便网络卖家实现开店资质审核，开设个人店铺或者企业店铺。

2. 加大地方特产宣传力度，扩大受众范围

落实中央政策，树立福山张格庄、栖霞蛇窝泊、开发区八角等 10 个电子商务进农村综合示范村，并拿出专项资金，帮助这些村庄农户或者合作社建立电商孵化基地，完善物流基础设施，培训农村电商从业人员电子商务基本操作和网络营销技巧，宣传成功网络创业典型事迹，推动水果生产加工户从思想上融网，技术上触网，效益上靠网。利用电视、广播、基础公共设施、大型户外平面媒体、高速公路广告、城市代言、旅游宣传等多种渠道进行城市特产宣传，吸引水果生产加工户参与旅游采摘、旅游季节免费品尝等活动，加大城市形象地方特产比重。

3. 强调市场经济质量效益

互联网上买卖双方不见面，交易建立在卖家对买家信任的基础上，而且当前网络平台售后评价公开透明，第三方监督与惩罚体系健全。商品实物与描述不符，性价比低的商品在竞争中势必被清扫出局，要保证各网络平台销售地方特产的质量，这就需要农业局等有关部门，结合当地生态特色，引导农民进行科学的种植和加工产生。加强自然灾害防御机制，减少损失。减少农残投放，加工环节要加强监督和质量检查，确保产品质量合格。此外，还应加强创新，随着各种因素的变化，进行技术革新，包装升级，更加凸显特产的特色，使其在市场竞争中保持优势。

4. 多种营销方式结合

网络营销与传统营销模式不同之处在于它更注重于消费者的互动，传统营销手法相对单一，网络营销则可以根据特产的独特属性，吸引目标客户群，通过人文风俗、创业故事、企业文化来加强渲染，塑造品牌魅力，形式新颖、多样，达到网络营销效果。

（1）发挥文案营销魅力

文案营销是通过行文的方式让消费者对商品进行了解，进而达到激发消费者购买欲望、实现销售的目的。文案编辑应秉承"实、新、美、简、情"五字法则。

文案的写作第一要走心，走心其实是要代入，代入你的消费者，换位成消费者，体味消费者所想、所感。

第二要引入，文案是最需要按部就班来引入的，文案的切入是得搞懂产品。明确产品有哪些优势，有哪些好处。

第三要体现差异化，差异化的实质就是给顾客一个购买理由，即为什么买你的而不买别人的。差异化主要体现在品种方面差异化、养料方面差异化、加工工艺方面差异化、渠道方面差异化、功能方面差异化、服务方面差异化、形象方面差异化。文案写好后的推广也是关键，在具有一定影响力的行业网站或者阿里巴巴论坛发表是不错的选择。

（2）适当的价格策略

竞争中如何引导消费者做出购买决策是关键，网络开放性特点加之消费者搜索能力的提升使得消费者对网络市场中的价格掌握力度大幅提升，消费者通过对比很容易找到最低价格。在这样的情况下，卖家通过价格策略获得营销成功应注重强调自己产品的性能价格比，以及与同行业竞争者相比之下自身产品的特点。除此之外，由于竞争者的冲击，市场风云变化无端，网络营销的价格策略应该适时调整，可根据竞争情况制定不同价格策略。例如，在前期推广阶段可以用低价来吸引消费者，在计算成本基础上，减少利润进而占有用户。市场占有率达到一定阶段后，对价格进行调整，通过规模化生产降低成本或者提升产品附加价值来适时调整价格策略。

（3）生动的网络促销手段

网上促销不可能实现人员面对面推荐产品或者现场体验的传统促销效果，取而代之的使用多种形式的网络广告来达到促销效果。这种做法对于特产卖家来说可以节省大量人力、财力支出。通过网络视频、文字链接等形式实现全网营销，挖掘潜在消费者，也可以利用网络的丰富资源与特产相关供应方达成合作联盟，及时发布促销活动信息、新产品信息、经营动态，以此促进销售。

（4）便捷开放的渠道策略

网络营销渠道是以方便消费者为原则构建的，为了满足顾客享受外地正宗地方特产的购物需求，可以采取在网络中吸引消费者关注自家（本公司）的产品，可以根据自家（本公司）的产品联合其他土特产农户（企业）的相关产品为自己的产品外延，吸引消费者的关注，为了方便购买还要提供多种支付方式，让消费者有更多的选择，同时利用网站、个人社交平台、购物分享 App 等多种渠道发布商品，以此促进销售。

（5）冷链物流保鲜技术

根据众多店家网售水果所面临的问题，冷库保鲜、快递宅配等费用较高，一般占总成本 40%以上，如果冷链质量不高，可能会导致全部货损而前功尽弃。冷链的投入不是一般的农产品电商个人或中小企业能够投得起的，连续的资产投入，加之投资回报周期长，这都是一般的生鲜电商个人或者中小企业无法企及的，因此目前我国大部分生鲜物流呈现碎片化、价格居高不下态势。为此农村专业化冷库投入、高时效宅配服务、地方性宅配费用优惠是解决目前问题关键所在。

"互联网+地方特产"可以形成集地区美食、人文遗产、生态发展、农业经济为一体的生产模式，有效解决我国地方特产长远健康发展的痛点。搭乘互联网经济潮流，系统改造传统农业生产，实现资源合理化配置、投入产出精准管理、生产绿色健康、高性价比产品（服务）。借助互联网，还可以建立全程可追溯、互联共享的产品质量和食品安全信息平台，健全从北方到南方、从南方到北方的产品质量安全过程监管体系，保障人民群众"舌尖上的绿色与安全"、"视觉上的品味与艺术"。

（四）具体实例——百果园水果连锁超市的现状及营销策略

水果超市是分类商品便利店的一种形式，不同于大型综合超市的水果专区，更有别于一般水果摊位，它采用专业化经营与超市化服务为消费者提供新鲜优质的水果以及多体验性的营销服务，迎合了水果消费从传统走向现代，从粗放走向精细的趋势，推动了水果消费量的增加。因其具有品种丰富、价格适宜、购买环境干净卫生、消费档次较高、服务快捷、购买便利等独特优势，与当前综合性超市和水果摊档形成竞争，可望成为水果市场消费主流模式。

1. 百果园水果连锁超市基本情况

深圳市百果园实业发展有限公司是国内较大的集果品生产、贸易、零售为一体的企业。2002 年 7 月开办了首家百果园水果专卖店，经过 13 年的发展壮大，现已在我国 8 个省、18 个市开设超过 1 000 家门店，并计划实现 2020 年门店数达 5 000 家目标。十多年来，百果园改变了人们购买水果的习惯，同时也创造了水果连锁销售的奇迹。百果园水果专卖连锁店冲破了水果零售传统业态，开创了新的水果专卖连锁营销模式，引领了水果行业发展的潮流，产生了良好的经济效益与社会效益，影响和带动了果品零售行业的发展，成为水果专卖连锁的营销典范。面对越来越多的竞争者，百果园在市场扩张和品牌化的过程中，必然会遇到许多困难，如何进一步开拓市场、扩大经营规模，实现良性发展是亟待解决的问题。

2. 水果超市消费市场经营现状

目前我国人平均年果品占有量约为 55 kg，与健康标准要求 70 kg 还有不小的差距，与国外人均年消费水果 80 kg 相比，国内人均消费差距仍较大。随着我国人口的持续增长和城镇化水平的提高将推动水果消费总量增加，水果消费需求将持续增长。据有关数据调查，到 2020 年，我国人均水果消费量预计将达到 92 kg/人，其中城镇居民为 105 kg/人，农村居民为 72 kg/人，全国水果消费量预计达到 1.3 亿 t，可以看出水果消费市场巨大。

据调查统计，我国水果专卖超市已超过 10 000 家，单店年营业额 360 万元以上规模的水果超市超过 1 000 家，年零售额超过 100 亿元，占市场零售总额的 5% 左右，泰纳国际果业（北京）有限公司总经理饶印文认为水果超市发展潜力巨大，最终可达到整个水果销售市场份额的 80%，水果连锁店数量及销售规模以每年 20%～30%的速度在增长。以广州市花都区市场为例，从 2014 年开始，花都地区水果"连锁"超市在社区、街道等遍地开花，百果园、千鲜汇、好果园、果森林等品牌纷纷抢占花都市场，积极地扩展自己的市场，通过高密度大量开店，扩张市场。花都区花城街就有百果园近 20 家，好果园 3 家，其他像千鲜汇、果森林等单店品牌百余家，而且其中绝大部分主要分布在花都区花城街（新城区）。水果连锁加盟类品牌很多，但成熟性的大品牌却很少，目前国内比较大的水果连锁品牌主要有百果园、百森、水果先生等少数几家。在不同地区都有不同的主流品牌，尚无一家覆盖全国。在许多城市，水果连锁超市还处在跑马圈地，扩张门店数量，打造品牌时期，缺乏优势品牌，且集中度不高的状况。因此，从一个地区市场来说，谁先抢占市场先机，打出品牌知名度，拉拢了消费者，谁就有希望成为当地水果专卖市场的老大。

3. 百果园水果超市的市场竞争形势分析

目前来说，水果连锁专卖店的主要市场竞争对手有三大类，第一类是以超级市场、农贸市场、流动摊贩为代表的传统水果销售；第二类是近几年来新兴的各种品牌水果连锁店，如千鲜汇、好果园等；第三类就是垂直电商，如地方农产品的网店销售，通过直采、直销的模式，实现零级渠道销售，另外一些知名电商也纷纷开辟水果专区。

（1）综合型超级市场、农贸市场、小摊贩选择性强

小摊贩的特点是流动性强，水果种类单一，水果的价格便宜，容易招揽客户，水果还算新鲜，但水果缺乏必要的质量保障，种类少，档次也不高。农贸市场，

人流密集，购买便利，消费者可以在购买蔬菜肉品的同时购买水果，农贸市场水果摊档相对流动摊贩来说品种较多，但相似程度高，质量不一，购物环境卫生较差。大型综合超级市场生鲜类食品一直是聚客利器，水果种类繁多，同时进口水果种类也较多，购物环境优美，高中低各档次水果都有，赢得了许多消费者的青睐，但超级市场购买限制较多，去一趟超级市场少则一个小时，多则一天，消费者一般只能在周末或节假日，进行一站式购齐，缺乏便利性，并不能保证家庭水果日日新鲜的消费需求。

（2）水果连锁店同行竞争激烈

好果园、千鲜汇、百果园等连锁店基本运营方式是一样，专卖店选址、销售方式、店面装修、服务等方面相似程度很大，特别是在发展会员这一做法上，都希望通过发展会员，鼓励会员充值，使用消费积分、会员价等方式，吸引客源，稳定客源，培养自己的忠诚顾客。以花都地区为例，目前百果园有 20 多家，千鲜汇有 1 家，好果园 3 家，但都主要集中于花都新城区，在花都凤凰路上，百果园与千鲜汇相距不过 500 m，就有超过 5 家水果超市，而经营相似度如此之高，可以想象这几家水果连锁店的竞争异常激烈。

（3）垂直电商分流消费群体

随着网络的蓬勃发展，线上水果消费市场发展迅速，尤其是进口果品。目前已有 1 号店、顺丰优选、天天果园、京东、中粮我买网、亚马逊等均涉足水果电商，线上的水果零售分流了消费群体。在淘宝网上输入"水果"关键词，随即搜索出相关店铺 63 597 家，其中广州地区就有 200 多家，虽然百果园已经开设了网上电商平台，但配送范围还仅限于深圳，且配送起送价格根据不同区域分别为 500 元和 1 000 元。对于普通消费者来说，一次上千元的水果消费显然在承受范围之外。而且果品种类少，只有少数几种水果，导致网店销量不佳。

4. 百果园水果超市目标市场定位

百果园水果超市定位于中高收入社区目标消费者,这类消费者经济收入较高，受教育程度也较高，易于接受新兴事物，工作、交际、生活忙碌，日常消费品的采购喜欢集中在节假日大型超市实现一站式购买，但对于水果来说又显示出追求健康饮食，新鲜的、新奇的喜好和偏向，重视水果质量，喜欢符合自己口感的果品，而不太重视果品价格。因此，百果园在经营过程中要制定符合目标消费者的需求及购买行为特征的营销策略，做到与时俱进。

5. 百果园水果超市营销策略优化思路

不同品牌水果超市的不断涌现，意味着水果消费的升级，消费者购买水果的途径已经开始转化，水果作为必需品和快消品，具有巨大的市场潜力，运营水果超市是一项技术活，应对激烈的市场竞争，百果园只能采取进一步优化营销策略，满足目标消费者需求，努力提升其企业品牌竞争力，才能占据市场优势地位，扩大市场销量。

（1）产品策略

①扩大产品种类，满足不同消费需求

增加新、奇、特产品。百果园店面面积一般在 20～30 m²，由于店面面积不大，且部分水果体积较大（如西瓜、哈密瓜、榴梿等），不便于陈列，导致水果品种不够丰富，花都地区大润发、华润万家等超市陈列品种有近百种，而百果园通常只有二三十种，且一般都是常见水果，像苹果、西瓜、香蕉、梨。当然，相对大型购物超市来说，百果园单店能陈列的水果种类总是有限的，而受到门店面积的限制，百果园无限增加产品的种类是做不到的。因此，可以采用增加一些新奇特的产品来吸引消费者。对于经常到水果连锁店购买果品的消费者来说，新产品的接受程度要高于其他购买渠道消费者，百果园应及时增加一些新品，如蔬果类新品，水果玉米、水果萝卜，还有一些水果中另类新品，如方形西瓜、人参果型香瓜，这些水果业的新兴明星产品，较容易引起消费者的好奇心，符合这部分消费者敢于尝试购买特征，常常能刺激其购买。

增加水果采摘体验。百果园是我国水果种植基地最多的水果连锁企业，建有32个水果生产基地，依靠已有水果基地，开展水果采摘体验活动应该是顺理成章的事情，可以用来奖励那些年度购物冠军消费者，一方面，可以拉拢已有的消费者，让其对百果园的水果产地，果品质量有一个最贴身的感受；另一方面，有利于鼓励顾客重复购买，批量购买，培养忠诚顾客。

增加鲜果饮品。在商场和购买中心，饮品店中普通一杯鲜果汁饮料可以定价十几元到二十几元一杯，百果园在销售水果的同时，可以尝试销售鲜果汁饮品，增加销售收入的同时，能更好地处理部分滞销产品，从而降低损耗率，有利于提高水果经营利润空间，可以说，发展鲜果饮品不失为一条盈利捷径。

②增加附加价值，提高顾客满意度

现代市场竞争，除了产品本身的竞争外，还更多地体现在服务的竞争上，利用已有的双汇商业连锁供应链管理系统，建立顾客信息档案，如消费者的购买品种、购买数量、居住地、个人偏好等，为顾客提供个性化服务。帮助购买果品的消费者进行鲜果的加工，如制作成果盘，像菠萝、榴梿这类水果，提供免费的削皮服务，提供安全卫生一次性果盘，都能较好地提高消费者购买率。

③实施品牌战略，提升产品品质，打造绿色无公害形象

市场战就是品牌战，做连锁经营必须打好品牌战。如何让消费者在想买水果

的时候想到自家的品牌是企业品牌定位的关键。水果的独特性导致各品牌水果连锁店商品的同质性大，要想打造特色品牌，百果园更多的只能通过服务差异化来体现。另外，和君咨询农产品专家胡浪球根据近年来中国统计年鉴发现，2010年全国城镇居民每年人均新鲜水果消费量为54.23 kg，2011年，全国城镇居民每年人均新鲜水果消费量为 52.02 kg，近几年水果人均消费量有所下降，原因主要是居民购买时更重视水果新鲜度，消费者从追求量多转身讲究质优、绿色、环保、无污染、无公害，成为水果产业发展新的主题。生产无公害水果，确保产品质量安全，发展绿色水果产品是企业发展的前提。百果园应努力确保自身水果的质量安全，率先在水果连锁专卖店行业中打造绿色无公害形象，为人们的身体健康提供有利保障，提供安全可靠的水果产品。

（2）价格策略

①增加新的结账方式，方便顾客购买

手机支付、微信支付、支付宝等在我国许多一线城市已经被越来越多的消费者所使用，百果园可通过增加新的结账方式，方便消费者购买，如在广州地区许多消费者都经常使用羊城通，百果园可以与羊城通公司合作，开通羊城通结账方式。

②灵活运用招徕策略，吸引消费者购买

百果园可以充分利用好店门口的货架，适当摆放一些低价的对消费者购买有刺激作用的果品，来提高商品的销量，在店面门口堆头摆放当季水果。购买量大的产品或是一些促销的产品，对于许多消费者来说，低价产品往往能吸引其更多的注意力，激发其购买行为，通过这种方式，使更多的消费者走进店内同时选购其他产品。

③提高会员价格优势，发展忠诚顾客

通过价格优惠、冲值优惠等策略，发展会员往往是连锁店经营的拢客之道，而百果园会员价优势不明显，充值优惠赠送金额相对于其他品牌水果连锁专卖店来说较少，百果园中的果品都标注有两个价格，一个是会员价，另一个是非会员价，但是会员价和非会员价相差无几，95%以上果品也就是两三角的差别，最多四角，更夸张的差别只有几分钱，以黑美人西瓜为例，会员价与非会员价一斤相差9分钱，即使一个大的黑美人西瓜5 kg重，会员也只便宜了1元钱不到。事实上对于许多消费者来说，水果都不可能是成批量购买的，2.5 kg 水果最多比非会员节省2元钱，这样可以说会员与非会员之间没有任何的优势可言，给予会员更多的优惠，是连锁经营会员制应该体现出来的。

（3）渠道策略

①突破选址限制，规避同行恶性竞争

水果超市的布点主要是大型社区，据调查，近80%的水果超市将社区作为选址的第一选择，由于水果连锁超市在选址上雷同，导致百果园与其他水果连锁超市直接形成恶性竞争。以花都市场为例，在许多居民社区都可见到百果园、好果园、千鲜汇，这些门店相距不过100 m，这样消费者可以更直接地进行比较选择。为了避免竞争，百果园可开辟一些新地点，如医院等人流大的地方，也可以依托大型购物商场的人流优势进行选址，打破常规，避免恶性竞争。

②开拓电商平台，实现多渠道分销

由于水果的不易保鲜，易损坏，导致许多水果连锁店无法直接走传统的电商模式，百果园可采用O2O的营销模式，与线下的店面结合起来，通过网店的形式聚拢人气，消费者也可以通过网店购买的方式下单，然后在就近的水果超市提货的方式，百果园应充分利用社区超市的优势，实现就近网店送货，覆盖实体店社区消费市场。

③与快递公司合作，覆盖远距离市场

随着我国互联网平台的快速发展，加上现代物流已达到了前所未有的水平，实现网络销售已成为一种必然。互联网销售已覆盖需要新鲜度极高的水果蔬菜。顺丰快递于2014年9月开始进军冷链物流业，百果园可以争取与其合作，开辟远距离市场。

（4）促销策略

①免费试吃，增加销量，降低损耗成本

百果园致力于做最好吃的水果，让天下人享受水果好生活，但水果的品质往往由于消费者的喜好不同，很难进行准确的判定，百果园虽然开创了给水果定标准进行分类，但比如酸度、甜度、爽脆度等常常因人而异。通过促销人员的嘴巴，难以让每一位消费者都获得适合于自己的果品，顾客常常在购买过程中表现出怀疑态度，通过开展免费试吃，可以让消费者得到最亲身的体验，一旦产品符合其要求，很容易达成购买的行为。虽然免费试吃可能会增加店铺的经营成本，但一般的水果都会有10%左右的损耗，这些水果因为碰撞导致表皮破损难以进行销售，消费者体验差，这部分水果就可以用来试吃，把损耗转化为成本。

②短信推送，提高促销力度

百果园使用的会员卡即是消费者的手机号码，但是却没有很好地利用这一资源。现在许多连锁店都采用手机短信推送的方式进行商品销售，如：海王星辰药店，每当有促销活动或新品上市等，都会通过发短信的方式告知消费者，对于某些消费者来说，往往具有较好的促动作用，鼓励其进店购买，同时带动其他商品的销售。

③参加社区公益活动，树立良好企业形象

积极参与公益活动，承担相应的社会责任，通过公关宣传活动把绿色、健康、无公害等形象传播到消费者心中，百果园可依靠电视、报纸、网络等多种媒体形式进行宣传，开创绿色食品消费等。在消费者群体中深化文化营销，如消费者购买绿色、无公害水果，买的不是水果，而是一种环境保护的精神。

我国水果超市市场巨大，竞争异常激烈，水果连锁超市的江湖仍在混战中，面对越来越多的市场竞争者，百果园水果连锁要想继续发展壮大，抢占更多的市场，实现品牌化经营，只能在保持高品质和新鲜度的基础上，不断提高服务水平，树立品牌优势，以创新的经营模式来满足消费者不断提升的消费需求，提高市场竞争力，这样才能得到更多消费者的认可。

习　题

一、名词解释

1. 冷链流通

2. 冷链流通运作原则

3. 进链质量"3P"

二、简答题

1. 运输的基本要求有哪些？

2. 简述运输的几种方式及其相应的工具。

3. 实现冷链流通所需具备的条件有哪些？